AF347165

COURS D'AGRICULTURE,

DE VITICULTURE

ET DE JARDINAGE.

COURS D'AGRICULTURE,

DE VITICULTURE

ET DE JARDINAGE,

dédié

AUX ÉLÈVES

DE L'ASILE-AGRICOLE DE CERNAY,

PAR MATHIEU RISLER, PÈRE.

MULHOUSE,

IMPRIMERIE DE P. BARET, PLACE DE LA BOURSE, N° 2.

1849.

EXTRAIT

La commission chargée de l'examen du *Traité d'agriculture pratique*, par M. Risler, rend à l'assemblée un compte avantageux de cet ouvrage, et conclut à ce qu'il soit accordé une médaille d'or à l'auteur, en témoignage de la haute estime que la Société d'agriculture lui porte, comme à l'un des agronomes les plus distingués du département.

La commission permanente adopte cette proposition à l'unanimité.

Pour copie conforme :

Le Secrétaire perpétuel,

R. KAEPPELIN,

Officier de l'Université.

AVANT-PROPOS.

J'écris ce livre pour la jeunesse, pour lui apprendre à se familiariser avec l'agriculture, qui est la mère nourricière de l'homme et la source la plus certaine de son bien-être.

Nous avons d'excellents ouvrages sur l'art de cultiver les champs, les vignes, les arbres, d'élever les animaux domestiques; mais la majeure partie de ces livres sont trop étendus, trop coûteux, souvent trop savants, pour être mis en usage dans les écoles; car, c'est à l'école que les préceptes de l'agriculture doivent s'enseigner: le travailleur adulte, dont tous les moments sont absorbés par le dur labeur, n'a plus de temps à donner à l'étude.

Pour tirer l'agriculture de son état arriéré, pour relever son crédit, pour qu'elle fournisse un travail utile aux bras oisifs, pour en inspirer le goût à la jeunesse, il faut qu'elle fasse la base de l'éducation.

L'augmentation toujours croissante de la population rend les besoins alimentaires de jour en jour plus impérieux; ce n'est qu'en tirant un meilleur parti des terres en culture, qu'en défrichant une forte partie des dix-sept millions d'hectares de sol encore inculte de la France, qu'on pourra l'affranchir de l'énorme tribut qu'elle paye à l'étranger en achat de céréales.

Notre savant agronome, M. de Gasparin, nous apprend que la moyenne des vingt dernières années donne en France un déficit annuel de neuf cent mille hectolitres de blés, et que le déficit des dix dernières années est en moyenne de plus de douze cent mille hectolitres par an. Nous demandons où s'arrêtera cette effrayante progression, si l'accroissement de la population continue à dépasser les progrès de l'agriculture ?

La Providence, toujours admirable dans ses œuvres, nous a doués d'intelligence, pour nous apprendre à tirer le meilleur parti de l'immense surface de territoire consacrée à la culture, et qui, mieux cultivée, pourrait nourrir le double de population ; pour utiliser judicieusement les eaux des sources et des rivières nécessaires à la vie des plantes, à la croissance des herbes ; pour que d'abondantes récoltes de fourrages fournissent largement sa nourriture au nombreux bétail nécessaire à la production de l'engrais indispensable à l'entretien de la parfaite fécondité du sol.

L'industrie, proprement dite, par son appel à la science, est devenue éminemment progressive ; l'agriculture n'a pas fait les mêmes progrès. Pourquoi ? Elle manquait d'instruction, et, par conséquent, d'ouvriers parfaits ; parce que, dans toute industrie, la perfection ne s'acquiert que par la réunion des connaissances théoriques et pratiques.

Pour remédier à ce défaut d'instruction, il a fallu créer des écoles-agricoles : le gouvernement l'a parfaitement compris ; mais, il nous manquait un livre d'agriculture peu volumineux, peu coûteux et qui renfermât, nonobstant, tout ce qui a rapport à l'exploitation d'une propriété rurale et à l'éducation des animaux domestiques.

J'ai essayé d'écrire cet abrégé, en consultant nos meilleurs auteurs : je me suis arrêté aux procédés les mieux expérimentés ; j'ai donné les théories les plus accréditées ; j'ai parlé des faits, sans trop m'étendre sur les réflexions qu'ils font naître ; parce que la réflexion doit provenir naturellement des faits, et qu'il faut l'indiquer plutôt que la faire ; plus elle est rapide, mieux elle pénètre : elle perd sa force dès qu'elle devient verbeuse.

Je dédie mon livre aux élèves de l'Asile-agricole de Cernay ; ce sont mes enfants adoptifs. Cette première école agricole, selon les principes de Fellenberg et de Wehrly, où la moralisation joue un aussi grand rôle que l'instruction, sera le premier pas fait en France vers un meilleur système d'éducation. Je suis convaincu que, pour ramener parmi nous la simplicité des mœurs, le goût des travaux champêtres, il faut élever les enfants sur des exploitations rurales, où leur développement physique s'opère en même temps que celui de leurs facultés intellectuelles. Car, il ne suffit plus aujourd'hui de savoir manier la charrue et la faulx, de savoir panser le bétail : pour cultiver avec profit, il est nécessaire de connaître la théorie de son art, tout aussi bien que la pratique. Il faut étudier la nature du sol qu'on exploite, le climat, les besoins de la consommation ; il faut comprendre l'importance du labourage, du sarclage, de la fumure ; il faut connaître les règles des assolements alternes ; il faut être familiarisé avec le mécanisme des machines et des instruments aratoires.

L'heureuse influence de la science dans les travaux agricoles est incontestable ; sans des notions de physique, de chimie, de mécanique, etc., le praticien ne marche qu'en tâtonnant, il tombe d'erreur en erreur et finit par se ruiner : parce que rien n'est ruineux comme l'ignorance ; tandis que chaque pas dans la voie des améliorations est un acheminement vers un meilleur avenir.

Si la jeunesse trouve d'utiles leçons dans mon ouvrage ; si, par l'instruction qu'elle y puise, elle se prépare une heureuse existence, à l'abri des privations et du besoin, j'aurai atteint le but que je me suis proposé : celui de me rendre utile à mon pays.

Math. RISLER, père.

COURS D'AGRICULTURE,
DE VITICULTURE
ET DE JARDINAGE.

CHAPITRE PREMIER.

Avant de mettre la main à la charrue, il est du devoir du cultivateur d'étudier la nature du sol qu'il est appelé à cultiver, afin de savoir comment il doit être cultivé et quelles sont les plantes qu'on peut lui confier en toute sécurité, pour en tirer avantage et profit.

La connaissance du climat est tout aussi importante, à cause de sa grande influence sur la végétation.

L'air atmosphérique joue le rôle principal dans la vie des plantes comme dans celle des animaux : privés d'air, les uns et les autres dépérissent et meurent.

L'air est absorbé par les feuilles, il active la circulation de la sève et lui fournit les substances nutritives qui se dégagent du sol. L'air est enfin l'agent principal de la décomposition et de la dissolution des engrais confiés à la terre, et c'est pour la mettre en contact avec lui qu'un labourage souvent renouvelé devient indispensable.

La chaleur n'est pas de moindre influence sur la croissance des plantes ; les rayons réchauffants du soleil réveillent au printemps la nature engourdie, les bourgeons se développent, les fleurs s'épanouissent et les fruits mûrissent pendant les saisons chaudes, tandis que la végétation perd son activité et cesse tout à fait avec le retour du froid.

L'eau, qui fait une des parties constituantes des plantes, est indispensable à leur existence. C'est elle qui dissout les sels que le sol reçoit des engrais ; les racines les absorbent et en alimentent les canaux conducteurs de la sève.

L'humidité du sol est nécessaire pour développer la germination des graines et pour faire croître les plantes. Elle neutralise le pouvoir desséchant de la chaleur de l'été et donne aux terrains légers la liaison nécessaire pour devenir propres à la culture.

La lumière, enfin, influence considérablement la végétation ; c'est elle qui donne les couleurs, le goût, l'odorat et la maturité.

Les fruits qui croissent dans l'ombre, privés des rayons du soleil, sont sans saveur, et les mauvaises herbes ne viennent pas dans un champ couvert d'une belle végétation qui intercepte la lumière.

Du sol et de la nature diverse des terres.

Le sol supérieur rendu propre à la végétation, par le travail de l'homme, par la décomposition des plantes qui y ont poussé, par l'air qui le pénètre, par les rayons du soleil qui l'échauffent et par l'humidité qui y entretient la végétation, se nomme *terre végétale* ou *sol arable*.

Cette couche de terre, plus ou moins épaisse, pose sur un sol inculte, encore tel que les eaux l'ont amené ou déposé, et qu'on nomme le *sous-sol*.

Un sous-sol d'argile pur, impénétrable à l'eau, ne vaut rien pour la culture de la luzerne, de l'esparcette, etc. ; par contre, les haricots, les vesces, le froment, l'avoine, le trèfle et les herbacés s'en accommodent. Un sous-sol marneux, ou argilo-sableux convient à la luzerne, au trèfle, aux haricots, à l'orge et au froment. Un sous-sol glaiseux est défavorable à presque toutes les plantes.

Le sous-sol se qualifie selon sa composition : il est chaud et desséchant, s'il est composé de sable, de cailloux, de pierres; il est froid, lorsqu'il est composé de glaise ou d'argile.

Il est perméable, si l'eau le traverse facilement, et imperméable si l'eau reste stagnante sur sa surface.

Les terres arables se divisent en trois classes principales : les *sableuses*, les *argileuses* et les *calcaires*, sans compter celles où paraît dominer l'*humus*, formé de substances organiques décomposées.

Chaque classe se sousdivise en *genres*, *espèces* et *variétés*; ainsi les terres sableuses peuvent être des sables mélangés, des graviers, ou des sables purs et fins.

1° Le Sable est l'élément le plus abondant; c'est le produit de la destruction, ou du broyement des rochers, amené dans la plaine par les eaux qui découlent des montagnes.

2° L'Argile (terre glaise) n'est qu'un mélange de sable et d'alumine, coloré par l'oxide de fer : mais si compacte qu'on ne peut les séparer par aucun moyen mécanique.

3° La Chaux n'existe jamais pure dans le sol; elle y est toujours à l'état de chaux carbonatée (*craie*), ou de sulfate de chaux (*plâtre*).

Les terres sableuses, connues sous la dénomination de *sols légers*, sont des terrains secs et chauds, parce qu'ils sont bons conducteurs de la chaleur et la retiennent avec force; mais ils perdent promptement l'humidité si nécessaire à la végétation et comptent, à cause de cela, parmi les terres sèches et arides, dans lesquelles les plantes souffrent facilement dans des années sèches; elles conservent cependant dans le fond une certaine fraîcheur qu'il faut attribuer à leur porosité.

Ces terrains ne comportent pas d'engrais; ceux dits *longs* leur conviennent encore, tandis que les *pulvérulents* sont immédiatement entraînés par les pluies; leur action trop prompte à se développer peut occasionner ce qu'on appelle la brûlure. Il faut donc préférer autant que possible les engrais gras, en en mettant peu à la fois, et souvent.

Sous le rapport du travail, les terres légères n'exigent ni le talent, ni la dépense, ni la force musculaire des terres fortes ; on peut les labourer en toute saison et y employer des instruments aratoires qui ne pourraient pas convenir aux terres fortes. Sous le rapport des produits, ils sont faibles mais savoureux ; les fruits y sont délicieux, les arbres forestiers y acquièrent plus de densité et leur bois est recherché.

L'ARGILE donne un sol compacte qui s'échauffe lentement et comporte aussi fort mal les engrais. Ceux dits longs lui conviennent pour le diviser et permettre à l'air de le pénétrer ; mais la température froide et humide de ce terrain est un obstacle qui s'oppose à une décomposition assez prompte pour produire l'effet que l'on attend de la fumure. Il faudrait, pour bien faire, en employer de longs qui agiraient comme amendement, et de courts qui serviraient d'engrais proprement dit ; mais mieux vaut-il employer le sable, les cendres, même celles de houille, pour rendre le sol moins compacte.

Les terres argileuses, connues sous le nom de *terres fortes*, peuvent être fumées en grande quantité ; parce que les fumiers ont la propriété de s'y conserver pendant longtemps et que leurs sucs nutritifs ne se trouvent pas exposés à être entraînés par les eaux, comme dans les terres légères qui les laissent passer facilement.

Sous le rapport des travaux, les terres argileuses sont très-difficiles à travailler. Dès les pluies, elles deviennent inabordables ; on ne peut les remuer que par un beau temps. Si la sécheresse les surprend brusquement, elles forment une croûte dure comme un pavé, devant laquelle la charrue menace de se briser. Les labours exigent une grande perfection : il ne doit rester aucunes parties sans avoir été atteintes par le soc de la charrue, dont le versoir doit être disposé de manière à renverser la terre à 45 degrés environ, inclinaison la plus convenable pour présenter une surface suffisante aux influences atmosphériques, telles qu'à l'air, aux rayons solaires, à l'action de la gelée, etc.; influences dont ces terres compactes ont plus besoin qu'aucune autre. Il est bon d'observer ici que ces terrains doivent être labourés avec la charrue sans avant-train, nommée *araire*, qui permet d'entrer davantage en terre, afin de pouvoir la retourner aussi profondément que possible.

Les produits de ces terres fortes sont abondants, volumineux, mais moins bons que celles des terres sableuses. Comme elles conservent longtemps l'humidité nécessaire à la végétation, les plantes y résistent beaucoup mieux à la sécheresse que dans les terres légères.

Mélangées, dans les proportions voulues, avec des sables et des parties calcaires, les terres argileuses acquièrent toutes les qualités des terres de première classe, terres à froment, propres à toutes les cultures, et qui payent richement les peines du cultivateur.

Les terres entièrement calcaires ou craieuses sont aussi peu propres à la culture que les argiles ou les sables purs; mais mélangées dans des proportions plus ou moins convenables, elles deviennent bonnes ou au moins médiocres. Les terres calcaires, comme celles de la Champagne, veulent des fumures fréquentes; ce qui tient à leur mobilité et à la facilité qu'elles ont de laisser passer l'eau, qui entraîne avec elle des engrais. Les travaux des terres calcaires sont à peu près les mêmes que pour les terrains sableux; si elles deviennent pâteuses, cela n'a pas de durée.

La quatrième classe de terres propres à la culture, c'est la végétale ou l'*humus*, formée de la décomposition des corps des animaux et des végétaux, nommées *matières organiques*. C'est ainsi qu'on forme le *terreau* pour les jardins , en entassant des plantes arrachées et les laissant pourrir.

La Marne est un mélange d'alumine , de chaux et de sable fin , intimement liés ensemble ; elle forme un excellent amendement.

Les terres sableuses mélangées avec plus ou moins d'argile , appelées *sablo-argileuses*, sont des terres à seigle par excellence ; si le sable prédomine fortement , le froment n'y réussit pas ; mais les orges, les sarrasins , les pommes de terre et les petits froments appelés engrains, y viennent assez bien.

Les fourrages sont presque nuls dans ces sortes de terres ; les lentilles , le lupin blanc , quelques gesses , le trèfle blanc, peuvent être essayés. En plantes oléagineuses, la gaude et la cammeline sont les seules qu'on y rencontre ; le colza y est médiocre.

Les terrains sablo-argileux , où l'argile est en plus forte dose , constituent les meilleures terres pour les engrains , l'épautre , etc. ; il en est de même du maïs , du millet , du sorgho , qui donnent des produits superbes. Les trèfles y brillent de toute la richesse de leur végétation ; la vesce , la luzerne et toutes les légumineuses sont dans le même cas, ainsi que le colza, le pavot ou œillette , le tabac, etc. Les froments blancs, sans barbe , qui sont les plus fins et les plus délicats, appartiennent à ces sortes de terres. En résumé , les terrains sableux peuvent s'améliorer facilement par les amendements argileux , et ils en valent bien les frais , par les résultats heureux qu'on est certain d'en obtenir.

Les terrains où l'argile prédomine , s'appellent *argilo-sableux* et comprennent comme les autres une foule de variétés. Là où l'argile est en trop forte proportion , les trèfles ne réussissent pas , la luzerne y vient mal , les betteraves n'y font aucun progrès ; ces terres ne conviennent qu'aux choux , aux choux-navets et autres légumineuses.

Les trèfles ne viennent pas non plus dans les calcaires, mais le sainfoin ou esparcette y fait la richesse du cultivateur.

Les terrains pierreux usent promptement les instruments aratoires et ne conviennent pas aux plantes pivotantes. Beaucoup de pierres échauffent trop le sol dans la saison d'été, et le dessèchent promptement s'il est léger. L'humus se dissout trop vite, par l'influence atmosphérique et la chaleur qui se développe ; au reste, ces pierres favorisent le séjour des escargots, des vers et des insectes. Il y a cependant des cas où les pierres qui se trouvent dans le sol sont avantageuses : par exemple, dans les sols composés de sable fin, pour leur donner plus de fixité.

Dans les terres-glaises, de petites pierres rendent le sol moins compacte et l'échauffent davantage.

Dans le vignoble, les pierres, qui s'échauffent pendant le jour, conservent la chaleur au sol pendant la nuit.

On peut, au reste, reconnaître la nature du sol à la simple vue, par les marques suivantes :

Si le sol est coupé par le soc de la charrue en tranches compactes, reluisantes, qui ne tombent pas en grumeaux, quelque tems après le labourage ; c'est preuve d'un terrain *d'argile pur*. Si, par contre, les tranches tombent en morceaux et se divisent, le terrain labouré est de la *marne-calcaire*.

Chaque laboureur doit savoir qu'il y a grand préjudice de labourer ces deux sortes de terrain, pendant l'été, dans leur état d'humidité ; il gâterait ses récoltes, par là, pour plusieurs années.

Le terrain est *sableux*, ou *sablo-argileux*, si, labouré dans son état d'humidité, le soc ne forme pas des tranches reluisantes ; mais, par contre, les mottes se réduisent de suite en grumeaux.

La charrue forme des mottes plus grandes dans les terres *argilo-sableuses*, et ces sortes de terrains prennent des fentes plus ou moins grandes pendant les sécheresses, selon que le sol se rapproche plus ou moins des terres argileuses.

Les terres *glaiseuses* s'attachent fortement à la charrue, labourées dans leur état d'humidité.

Les sols *calcaires* ou *craieux* ont un aspect blanchâtre. Ceux *argileux-férugineux* sont jaunes ou rougeâtres.

Les terres contiennent de l'*humus*, si elles sont noirâtres ou d'un brun foncé. Dans les endroits marécageux cette couleur est une marque de la présence de la tourbe.

Le sol est sans humus, si, en en cuisant une petite quantité dans l'eau, elle n'en est pas sensiblement colorée, ou si, après en avoir calciné un morceau, sa couleur ne devient pas noirâtre.

S'il y a effervescence en versant du vinaigre concentré, ou de l'acide hydrochlorique, sur un sol, c'est preuve qu'il est *calcaire* ; si, par contre il n'y a pas boursoufflement, le terrain ne contient pas de chaux.

L'aspect des arbres qui croissent dans une contrée, laisse immédiatement juger de la valeur du sol. Si nous voyons ces arbres d'une belle venue, vieillissant sans se couronner, le sol végétal est profond ; si, au contraire, la végétation est faible, si les feuilles tombent dès la moitié de l'été, si les arbres se couronnent avant l'âge, il est certain que le sous-sol est impropre à la végétation.

⚫

CHAPITRE II.

Des instruments et des machines aratoires.

La connaissance des diverses sortes de terrains étant acquise, nous allons passer à celle des outils et des machines, dont on se sert pour travailler le sol.

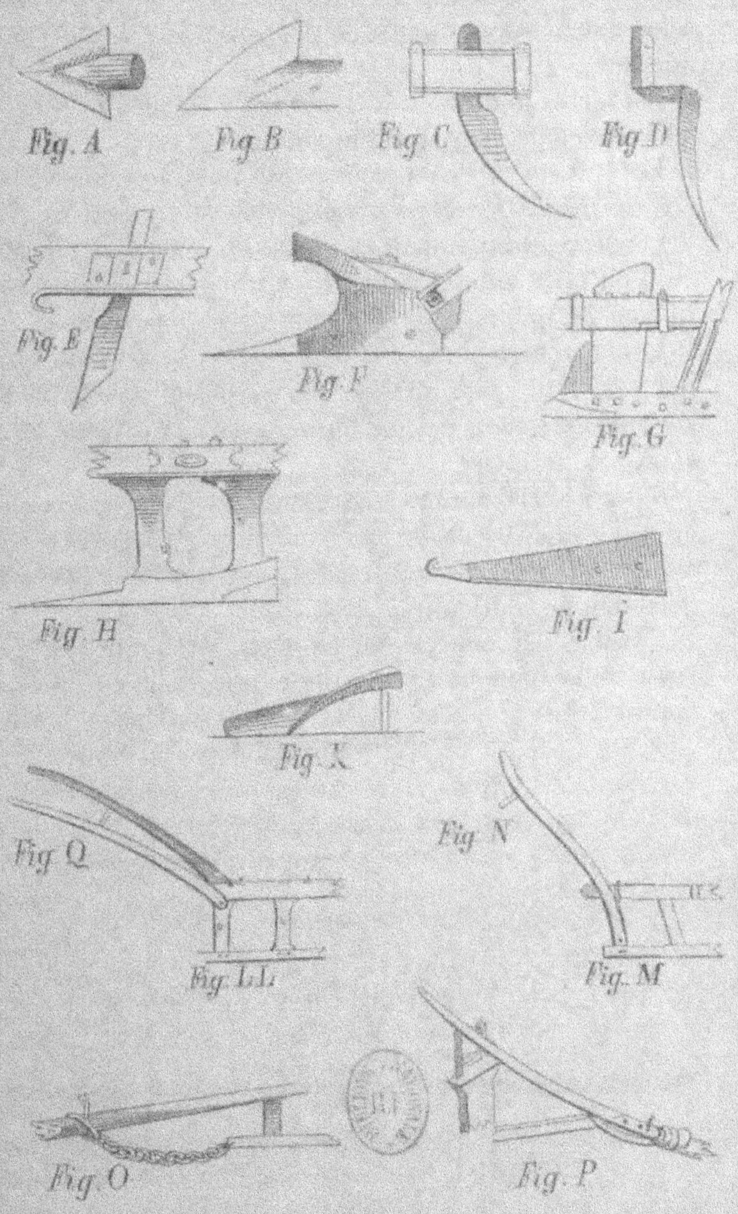
Fig. A
Fig. B
Fig. C
Fig. D
Fig. E
Fig. F
Fig. G
Fig. H
Fig. I
Fig. K
Fig. Q
Fig. N
Fig. LL
Fig. M
Fig. O
Fig. P

PLANCHE DEUXIÈME.

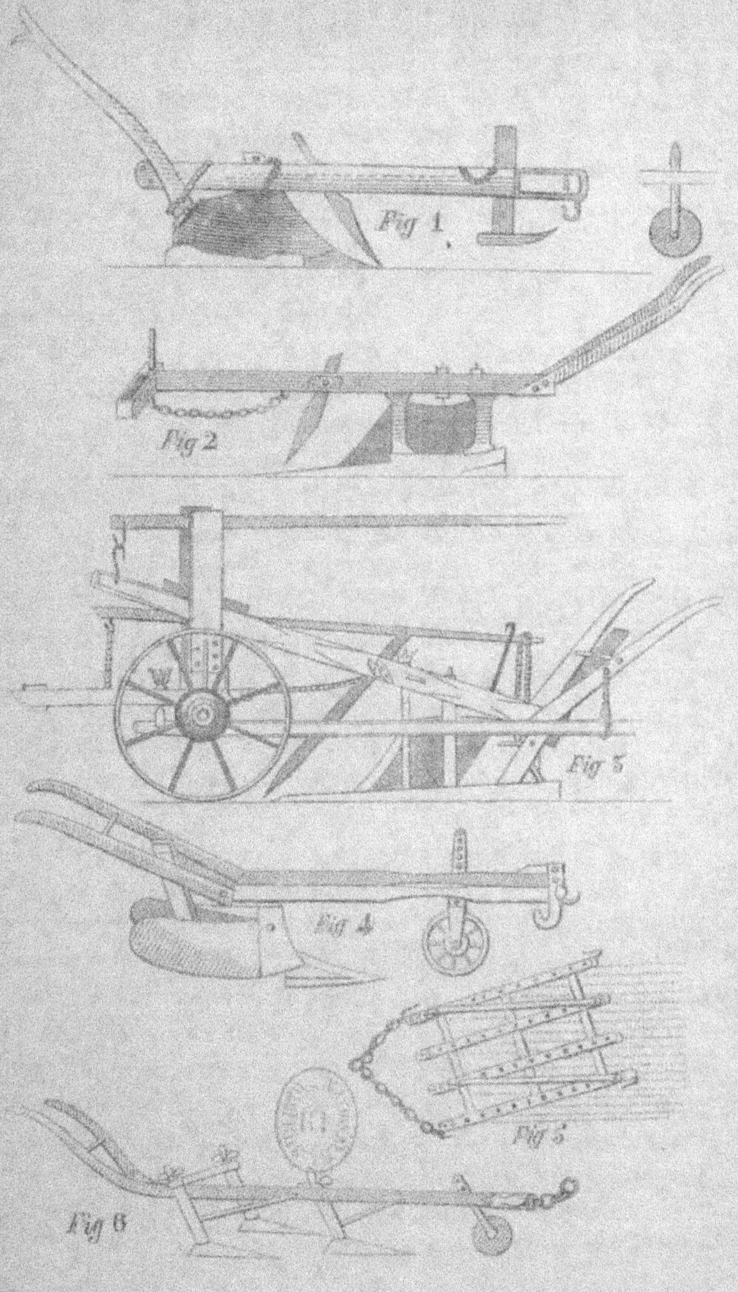

Fig 1.
Fig 2
Fig 3
Fig 4
Fig 5
Fig 6

L'instrument de labour le plus important, est la *charrue*; il sert à retourner le sol à une certaine profondeur, et à le débarrasser des herbes qui couvrent sa surface; à enfouir l'engrais et quelquefois la semence.

Une bonne charrue doit répondre aux conditions suivantes, n'importe du reste sa forme, qui varie presque pour chaque contrée :

1° Elle doit pouvoir se régler facilement, pour labourer à plus ou moins de profondeur.

2° Elle doit produire des tranches larges ou étroites, selon la volonté du laboureur.

3° Les tranches coupées verticalement doivent se détacher horizontalement et laisser le sillon propre. Elle ne doit pas pousser la bande détachée de côté; mais la soulever, la coucher complétement de côté, ou la retourner.

4° Elle doit avoir une marche sûre, légère, et ne pas fatiguer l'attelage.

5° Les pièces principales qui composent la charrue, sont : le *soc*, le *coutre*, le *sep*, le *versoir*, l'*age*, le *régulateur*, et le *manche*, ou les *mancherons*.

6° Toutes ces pièces doivent être durables, sans être trop coûteuses, et sans offrir de difficultés pour les régler et les réparer.

Le *soc* est la partie de la charrue qui détache la bande de terre, concurremment avec le coutre et la soulève en avant du versoir; il est en forme de *fer-de-lance* (voyez *planche* 1re, *Fig*. A), ou à une seule aile (*Fig*. B). Le soc est en fer forgé, aciéré à la pointe, ou en fonte de fer; il se fixe ordinairement au sep, par une douille ou encochure.

Le *coutre* se trouve en avant du soc, pour régulariser et faciliter son action; c'est une espèce de couteau destiné à trancher la terre verticalement, et dont la forme varie : tantôt il est droit, tantôt recourbé en arrière, comme le tranche-gazon, et le plus souvent recourbé légèrement en avant, à la manière des faucilles. La *Fig*. C est le coutre ordinaire, qui se fixe au milieu de l'age. La *Fig*. D est le coutre à manche coudé, qui se fixe sur la gauche de l'age; c'est une innovation qui offre des avantages sensibles, parce qu'on n'affaiblit pas l'age. La *Fig*. E est le coutre droit de la charrue de *Roville*.

Les coutres sont en fer forgé et doivent avoir une force proportionnée à la résistance que présente chaque espèce de terrain : il est bon de faire aciérer leur tranchant.

Le *sep* est la pièce de la charrue qui reçoit le soc à sa partie antérieure, et, assez communément, l'origine du manche à sa partie postérieure. Il glisse au fond du sillon de manière à s'appuyer sur la terre non labourée, du côté opposé au versoir. Tantôt il ne fait qu'un avec la gorge qui le prolonge et l'unit à l'*age*, comme dans la *Fig*. F: tantôt il est fixé à cette dernière pièce par un plateau (*Fig*. G), ou par des étançons, ou moutons (*Fig*. H).

Il faut qu'il soit garni de bandes de fer en-dessous, ou qu'il soit construit en entier en fer forgé, ou en fonte nerveuse, pour qu'il puisse résister au frottement sur la terre.

Le *versoir*. Ce n'est pas assez de détacher la bande de terre du fond du sillon ; pour atteindre toutes les conditions d'un bon labour, il faut encore soulever la terre, la déplacer et la retourner de côté dans la raie précédemment ouverte. Telle est la destination du versoir.

Les versoirs sont de deux formes principales qui se modifient, on peut dire à l'infini, dans leurs proportions et leurs détails. Ils sont planes (*Fig*. I), ou diversement contournés (*Fig*. K). Aux versoirs en bois on a substitué généralement, dans les temps modernes, ceux en fer battu ou en fonte. Ces derniers, beaucoup plus durables que ceux de bois, et moins coûteux que ceux de fer forgé, ont un avantage marqué sur les uns et les autres.

L'*age* est destiné à recevoir et à transmettre le mouvement de progression à la machine entière; il est supporté par deux étançons (*Fig*. LL), l'un antérieur, l'autre postérieur, ou par un seul étançon (*Fig*. M), et la prolongation du manche (*Fig*. N).

Le *régulateur*, ainsi que le nom l'indique, sert à régler l'entrure de la charrue, et, dans son état de perfection, à modifier la largeur de la raie ouverte par le soc. Parfois, c'est une simple broche (*Fig*. O), qui maintient l'anneau où s'attache la chaîne, et qui peut se fixer plus ou moins haut sur l'age, au moyen de trous pratiqués l'un après l'autre pour la recevoir; — d'autres fois ce sont des rondelles qui s'interposent, en plus ou moins grand nombre, entre ladite broche et le point de tirage (*Fig*. P).

Le *Manche* ou les *Mancherons*. Dans une charrue bien combinée et bien construite, un manche unique peut suffire (*Fig*. N); cependant la pratique constate que deux mancherons sont préférés, et toutes les nouvelles charrues anglaises en sont munies (*Fig*. Q).

La charrue, composée des pièces que nous venons d'énumérer, se nomme *araire*, si elle est sans *avant-train*.

L'araire est bien préférable pour la culture des terres fortes; aussi commence-t-elle à être introduite sur toutes les exploitations bien dirigées. Elle est plus difficile à conduire que la charrue à avant-train, mais elle offre moins de résistance; elle peut labourer à plus de profonfeur et être employée à labourer en long et en travers.

L'araire écossaise de *Small*, employée par *Taer*, se distingue particulièrement par la grande concavité de son versoir.

L'araire écossaise, perfectionnée en France, diffère principalement de la précédente : 1° par la disposition du coutre, qui est fixé au moyen d'une fausse mortaise sur le côté gauche de l'age; 2° par l'absence des pièces de la muraille, par la non-courbe de l'age et par le mécanisme différent du régulateur.

L'araire américaine réunit, à une grande simplicité d'exécution, toute la légèreté et la solidité désirables.

La charrue la plus généralement employée dans le nord de la France et en Belgique, sous le nom de *Brabant*, est sans nul doute l'une des meilleures connues ; elle appartient à la division des araires à une roue ou à un support (*Fig.* 1, *planche* 2).

L'araire de *Roville* (*Fig.* 2) n'en est qu'une heureuse modification. Nous avons l'araire à roue, de Molard ; la grande araire écossaise à défoncer ; l'araire à une roue et à treuil, d'Aubert ; l'araire à deux roues, de Rosé, qui a beaucoup de succès.

Les charrues à avant-train ont été perfectionnées autant que les araires. Nous avons la charrue Guillaume, à versoir fixe ; la charrue Pluchet, dont le sep est en fonte, ainsi que le versoir ; la charrue Grangé (*Fig.* 3), dont le mécanisme intérieur fait pour ainsi dire l'office du laboureur pour maintenir la charrue à sa profondeur dans la raie.

Viennent ensuite les charrues à tourne-oreilles, la charrue Hugonet, les charrues à versoirs mobiles, les charrues à deux versoirs, celles à plusieurs socs.

Les Boutoirs, ou Charrues a bouter, sont sans avant-train ; celle de Rosé (*Fig.* 4, *planche* 2) est la plus répandue ; chaque versoir a un pivot spécial ; l'age repose sur une roulette à chappe. Cet instrument sert à bouter les pommes de terre et toutes les plantes semées ou plantées en ligne et dont les rangs doivent être écartés au moins de 65 centimètres. Il résulte de son emploi une grande économie de main-d'œuvre, vu qu'un homme, avec un cheval, peut bouter un hectare de pommes de terre par jour. Il peut aussi servir pour faire des rigoles d'arrosement.

Houe a cheval (*Fig.* 5, *planche* 2). Cet instrument remplace avantageusement le binage à la main des plantes sarclées et semées en ligne. La houe à cheval écossaise est un excellent instrument, qu'un cheval peut conduire :

elle est à trois socs, et les deux de derrière peuvent être rapprochés ou éloignés à volonté.

La Herse. Après la charrue, cet instrument est le plus important du laboureur ; il sert à l'émottage, et cette opération est presque toujours le complément obligé des labours à la charrue.

Il importe qu'elle soit faite en temps opportun et de la manière la plus convenable ; les chevaux conviennent mieux pour herser que les bœufs, les premiers ayant la marche plus vive. Il y a même des cultivateurs anglais qui font herser au trot, prétendant que la commotion plus vive qui en résulte émotte et meuble mieux.

On peut distinguer les herses en légères et en pesantes, en triangulaires et en quadrangulaires. Pour les sols légers, la première, avec des dents en bois, suffit ; mais pour les terres argileuses il faut des dents en fer, et même alourdir quelquefois cet instrument par le poids de l'homme. La herse quadrangulaire, dite de *Brabant* (*Fig.* 6, *planche* 2), est la plus recommandable ; elle est introduite aujourd'hui dans toutes les bonnes exploitations.

La manière d'atteler les chevaux à la herse n'est pas indifférente ; on doit le faire de manière que les dents traversent le sol en diverses directions et que l'une ne morde pas dans la raye de l'autre. Le but du hersage est aussi mieux atteint, si l'on herse tantôt en long, tantôt en large.

Le Rouleau. Cet instrument vient souvent à l'aide de la herse pour briser les mottes qui ont résisté à l'action de cette dernière, ou du moins pour les enfoncer dans le sol et les soumettre ainsi à l'effet d'un second hersage ; aussi voit-on souvent ces deux instruments se succéder sur le même champ. Dans les terres argileuses, il sert à diviser la terre, à briser les mottes et, dans les sols légers, à l'affermir, à le plomber. Au printemps, il est très-utile à raffermir les racines des semis d'automne soulevées par la gelée.

Les rouleaux destinés à effectuer les plombages ont une surface unie. On les construit tantôt en bois, tantôt en pierre et tantôt en fonte. Ceux destinés à briser les mottes sont, au contraire, profondément cannelés, armés de pointes nombreuses, et tantôt formés de liteaux métalliques angulaires, placés à quelque distance les uns des autres, parallèlement ou perpendiculairement à l'axe cylindrique dont ils forment la circonférence.

L'EXTIRPATEUR est une machine aratoire qui porte un certain nombre de socs horizontaux, comme ceux des charrues, propres à soulever, mélanger et diviser la terre sans la retourner.

Son usage n'est pas répandu, vu que cette machine ne convient ni aux terres argileuses, ni à celles caillouteuses, et n'est avantageuse que dans les terres bien meubles pour donner les façons préparatoires aux semis d'automne, à cause de l'économie du travail. Dans certains cas on préfère aussi l'extirpateur à la herse pour recouvrir la graine après les semis. L'extirpateur de M. de Valcourt, qui a été adopté à Grignon, est à cinq socs ; celui de Hayward en a onze.

LE SCARIFICATEUR. Cet instrument diffère de l'extirpateur par l'absence des socs et la présence des contres qui agissent à la manière des dents de herse. On l'emploie en des circonstances assez différentes ; parfois il précède la charrue dans les défrichements, pour faciliter son action ; le plus souvent il remplace avantageusement la herse pour les façons qui suivent les labours. Au printemps et en automne, on l'emploie comme l'extirpateur.

En Allemagne on se sert encore d'une espèce de herse sans dents, d'une construction très-simple, et qui rend de très-bons services. Cet instrument a une longueur de 1 mètre 65 centimètres, et une largeur de 80 centimètres ;

il est composé d'un cadre en bois, garni de saules en forme de natte. Le conducteur se met sur ce treillage, en y pesant bientôt d'un côté, bientôt de l'autre, pour produire un frottement sur le sol. Par ce frottement continu, le sol se pulvérise encore bien mieux qu'à la herse, et les graines fines s'enterrent plus convenablement.

Le Semoir (*Drills* des Anglais). Cette machine, aujourd'hui d'un usage presque général en Angleterre, se propage bien lentement sur le continent européen ; on lui reproche que les avantages qu'elle offre sont détruits par de nombreux inconvénients.

Les avantages de la machine à semer consistent : à distribuer la graine aussi également que possible et aussi dru qu'on le désire ; elle introduit le grain en terre à une profondeur réglée, et qui dépend également du vouloir de celui qui dirige l'instrument ; elle permet, dans la plupart des cas, d'économiser une forte part de semence.

Les inconvénients se bornent à ceux-ci : elle exige plus de temps pour l'accomplissement des semailles, et force quelque fois à semer par un temps peu opportun. Elle demande une certaine sagacité de la part de celui qui dirige l'instrument, qualité qu'on ne se donne pas toujours la peine d'acquérir, attendu qu'on n'y parvient ordinairement que par des écoles coûteuses. D'ailleurs, le grand semoir se paye cher, et il est d'un entretien dispendieux ; il faut un ouvrier habile et exercé pour le réparer, ce qui est difficile à trouver dans les campagnes.

Ces divers motifs et celui du morcellement, sont sans doute la cause de ce que cette ingénieuse machine soit si peu connue, si peu appréciée et si peu répandue.

Le semoir inventé par Hugues est la machine la plus recommandable en ce genre ; elle fait en même temps fonction de herse et de semoir. Sa longueur totale est d'un mètre 55 centimètres, et son poids de 110 kilog. ; son prix d'acquisition est de 400 à 425 francs : il y en a de plus petits d'un prix moins élevé.

Les semoirs ont éprouvé de notables perfectionnements en Angleterre ; on y a ajouté un reservoir pour répandre, en même temps que la semence, des engrais en poudre, surtout la poudre d'os, qui joue un grand rôle aujourd'hui dans l'agriculture anglaise : une telle machine coûte mille francs.

Les semoirs à brouettes, qui sont conduits par un homme, coûtent infiniment moins cher ; ils conviennent fort aux petites et moyennes exploitations. A Hohenheim, dans le Würtemberg, on en construit un, d'un mécanisme très-ingénieux, qui ne coûte que 45 francs (vingt florins) d'achat, et il fonctionne très-bien. On peut estimer à un bon tiers l'économie de la semence, en semant à la machine, au lieu de semer à la volée.

CHAPITRE III.

Des amendements.

Nous avons vu dans la première leçon qu'il y a des terres arables trop compactes, d'autres trop légères, et que les unes et les autres fournissent un sol peu productif, peu avantageux pour l'agriculture.

Ce n'est qu'en les mélangeant ensemble, dans de justes proportions, là où ces proportions ne sont pas naturellement existantes, que le cultivateur peut composer artificiellement un sol arable plus productif.

Ce travail s'appelle *amender* le sol. Amender, c'est donc établir une juste proportion entre les diverses espèces de terres qui couvrent le sol. Si celui qu'on veut cultiver est trop argileux, on le mélange de sable ; s'il est trop léger on lui donne de l'argile ; pour qu'au premier cas on corrige sa disposition de retenir trop d'eau, et qu'au second, on lui procure les moyens de conserver l'humidité qu'il laisse échapper avec trop de facilité.

Avant d'appliquer des amendements sur les champs , la première chose est donc de déterminer exactement la nature, les propriétés et les parties constituantes du sol ; la seconde, est de connaître également d'une manière positive la nature, les propriétés et la composition des substances qu'on veut employer.

Cette amélioration du terrain , par l'addition d'une substance qui lui manque, est toujours dans l'ordre des choses possibles ; mais les circonstances où elle peut s'opérer avec profit , sont loin de se rencontrer constamment. En conséquence, avant de songer à employer des amendements à l'amélioration des terres, il faut s'assurer si les substances nécessaires se trouvent à proximité, et si la dépense à faire ne dépasse pas l'avantage à espérer.

La question des amendements est d'un grand intérêt en agriculture ; ce moyen d'améliorer le sol est trop peu connu et surtout trop peu pratiqué, et cependant c'est une condition absolument nécessaire à la prospérité agricole d'un pays : le département du Nord, la Belgique et surtout l'Angleterre lui doivent en grande partie leur prospérité.

On se sert souvent du sable pour amendement ; il produit un très-bon effet dans les terres fortes, en ce qu'il les rend non seulement plus faciles à travailler, mais en ce qu'il en augmente leur fécondité.

L'argile qui contient un peu de sable est la meilleure pour amendement ; mais toutes les argiles, même les plastiques, peuvent être utilisées à cette fin : on en fait de petits tas, en automne, pour leur faire subir l'action de l'hiver, et les préparer à se diviser, à être répandues au printemps.

Les argiles reposent assez souvent sous les sols sableux ; c'est un avantage immense qui permet d'amener ceux-ci avec le sous-sol, en les mélangeant à la charrue.

La marne est un composé de carbonate de chaux et d'argile plus ou moins sablonneuse ; elle se divise, selon son aspect, en marne argileuse, sablonneuse et pierreuse. C'est une substance précieuse pour le cultivateur et il doit la rechercher avec soin, partout où il s'en trouve : on la rencontre ordinairement sous la couche des terrains d'alluvion, à plus ou moins de profondeur. On la répand en couches plus ou moins épaisses, sur les sols privés de parties calcaires, et cette opération fait souvent tripler sa valeur ; elle doit être renouvelée à peu près tous les vingt ans, à la dose d'environ deux millimètres d'épaisseur.

La chaux est l'amendement nécessaire aux terrains qui n'en contiennent pas naturellement, et une grande partie du sol terrestre se trouve dans cette catégorie. Chaque hectare cultivé doit en recevoir trois hectolitres par an.

Trois procédés principaux sont en usage pour répandre la chaux. Le premier, et le plus simple, consiste à mettre la chaux sortant du four, immédiatement sur le sol, par petits tas, distants entre eux de six mètres en moyenne, et contenant, suivant les doses du chaulage, depuis 18 jusqu'à 36 décalitres cubes. Lorsque la chaux, par suite de son exposition à l'air, est réduite en poussière, on la répand sur le sol de manière qu'elle y soit exactement répartie. Ce procédé a l'inconvénient d'être très-désagréable pour celui qui répand cette poussière.

Le second procédé diffère du premier, en ce qu'on recouvre chaque tas d'une couche de terre de 16 à 33 centimètres d'épaisseur, suivant la grosseur des tas ; et lorsque la chaux est réduite en poussière, on remanie chaque tas, en le mélangeant avec la terre qui le couvre, et après une quinzaine de jours on étend le tout sur le sol.

Le troisième procédé, usité dans les pays les mieux

cultivés, lorsque la chaux est chère, consiste à faire des composts de chaux et de terreau. Pour cela, on fait un premier lit de terre, terreau, ou gazon, de 33 centimètres d'épaisseur, d'une longueur double de sa largeur ; on recouvre d'un lit de chaux, d'un hectolitre par six mètres et demi carrés ; sur cette chaux on place un second lit de terre, puis un second de chaux, et successivement un troisième lit de terre et de chaux, qu'on recouvre encore de terre. Huit à dix jours suffisent pour fuser la chaux ; on coupe alors et on mélange le compost, on le coupe une seconde fois avant l'emploi, qu'on retarde autant que possible, parce que l'effet sur le sol est d'autant plus puissant que le mélange est plus ancien. La chaux en compost ne nuit jamais au sol ; elle porte avec elle le surplus d'engrais que demande le surplus de produit, et devient pour cette raison le procédé le plus recommandable.

Il faut éviter de se laisser surprendre par la pluie, vu qu'il est essentiel que la chaux, comme tous les amendements calcaires, soit employée en poudre et non en pâte, sur le sol non mouillé. La chaux ne convient pas aux sols marécageux ou très-humides, et les sols légers ne peuvent en être surchargés ; car l'emploi irréfléchi de la chaux peut devenir dangereux dans ces sortes de sols, lorsqu'ils sont très-chauds et peu profonds.

La chaux répandue sèche, sur le sol sec, peu avant les semailles, doit être enterrée par un premier labour peu profond, ou par un demi-labour avec une charrue sans versoir, précédé d'un petit hersage et suivi par des hersages très-actifs en long et en travers ; afin que la chaux, dans la suite de la culture, reste toujours autant que possible placée au milieu de la couche végétale.

En Angleterre, l'emploi de la marne diminue et celui de la chaux augmente ; cela provient de ce que le terrain cultivé est suffisamment amendé, et, cette opération une fois faite, elle l'est pour longtemps ; tandis que la chaux rendue soluble, par la présence de l'acide carbonique, est absorbée peu à peu par les végétaux, de sorte que le chaulage doit se renouveler tous les dix ans, plus ou moins, selon la quantité employée.

La craie est la chaux combinée à l'acide carbonique, et elle est considérée en agriculture comme une marne très-calcaire.

Les faluns sont des bancs de coquilles fossiles qu'on trouve, soit sur les bords de la mer, soit dans l'intérieur des terres ; on emploie le falun sous le nom de marne coquillère. Son effet sur le sol est si puissant, qu'on devrait s'en servir de préférence pour amendement.

Le plâtre, ou gypse, est la chaux combinée à l'acide sulfurique ; c'est pour cela qu'on le nomme sulfate de chaux. Ce composé calcaire se distingue de tous les autres par ses effets sur le sol ; il n'agit comme stimulant que sur la famille des légumineuses et des crucifères, tandis que rien n'annonce qu'il ait de l'action sur les graminées. Il convient à peu près à tous les terrains, mais surtout aux terres pauvres.

Le plâtre cuit a une action plus prompte que le crû, mais ce dernier agit d'une manière plus lente et plus durable.

La saison où on l'emploie est le printemps, dans un temps calme et brumeux. On en met ordinairement la moitié à l'époque des semailles de trèfle et l'autre moitié plus tard ; on le répand à la proportion de 120 à 200 kilogrammes par hectare, et plus encore.

Entre le plâtre et la chaux il y a des points de contact et de dissemblance. La chaux répandue comme le plâtre produit à peu près le même effet ; mais le plâtre pousse au développement des feuilles et la chaux augmente particulièrement les organes de la fructification. Son effet sur la végétation est de la même durée que celui de la chaux, cela dépend de la quantité employée.

Les débris de démolition ont une grande influence sur la végétation ; leur effet sur le sol semble quelquefois plus avantageux que celui de la chaux et paraît très-durable.

Les cendres de bois, qu'on néglige encore dans beaucoup de lieux, se vendent fort cher sous le nom de charrée, dans un grand nombre de localités, après qu'elles ont été lessivées.

Les effets des cendres sont très-remarquables sur le sol ; les végétaux en absorbent, et on a remarqué que là où on en répand, ils en contiennent davantage. Elles jouent en général le rôle de stimulant ; celles non lessivées brûlent les récoltes si on les emploie en trop forte dose. Le printems est la saison à préférer pour employer les cendres ; on en peut mettre jusqu'à 12 hectolitres par hectare. On les préfère à la chaux pour les terres légères ; leur effet est très-puissant sur le sarrasin et le froment qui lui succède.

Les cendres sont rarement employées avec le fumier ; il y a cependant des contrées où l'on se trouve bien de leur mélange, et où l'on prétend que l'union du fumier avec les cendres double réciproquement leur action et que ce mélange accroît beaucoup la fécondité naturelle du sol.

Les cendres de tourbes sont très-estimées dans les contrées où l'on en trouve ; on les emploie à raison de 7,500 kilo. par hectare.

Les cendres contribuent à restituer au sol la partie minérale enlevée par les récoltes, puisqu'elles contiennent toujours les substances qui se trouvent dans le tissu des végétaux et qu'elles rapportent par conséquent au sol ce qu'il avait perdu. Les cendres des savonniers sont les meilleures de toutes et les plus recherchées, parce qu'elles contiennent de la chaux.

Les cendres pyriteuses, qui servent à la fabrication de la couperose et de l'alun, sont très-recherchées comme amendement. Elles sont en poudre noire lorsqu'on les extrait de terre ; entassées, elles s'échauffent et subissent une combustion lente, après laquelle elles se vendent sous le nom de cendres rouges. Ces cendres conviennent plutôt aux terres fraîches qu'aux autres, et aux légumineuses plutôt qu'aux autres plantes.

Le sel marin est réputé nuisible à la végétation ; cependant, répandu en toute petite dose de 500 kilo. par hectare, il augmente la végétation, tandis qu'en plus grande dose il la contrarie.

Le muriate de chaux, en dose égale à celle indiquée pour le sel marin, peut aussi servir d'amendement stimulant.

Le sulfate de soude a été essayé également et peut être employé avantageusement à la dose de 6 kilo. par are.

Le salpêtre fait aussi un bon stimulant, à la dose de 5 kilo. par are ; il est surtout avantageux lorsqu'il est mêlé aux cendres.

L'effet produit par ces substances salines en général est instantané, mais sans durée, à cause de leur solubilité dans l'eau. Elles sont peu recommandables, parce que leur haut prix, ou la difficulté de se les procurer en quantité, ne les rend pas profitables. Le cultivateur doit se tenir principalement aux stimulants peu solubles, d'un effet plus lent sur la végétation, mais durable ; tels que la chaux et le plâtre, qui sont d'un prix raisonnable, de durée, et par conséquent profitables.

Les moyens que nous venons d'indiquer pour rendre productif un sol inculte, ou pour améliorer un sol pauvre, ne suffisent pas toujours. Trop d'humidité est aussi un grand obstacle pour cultiver la terre avec profit, et le cultivateur doit employer tous les moyens que l'art lui indique pour dessécher, pour assainir un terrain marécageux.

Pour y procéder avec méthode, il faut examiner d'abord d'où vient cette trop grande humidité et si, par des fossés d'écoulement, on peut remédier au mal.

Cette opération est facile si le terrain est en pente ; mais

s'il est d'une surface plane et l'eau stagnante, il est nécessaire de faire des travaux d'art qui permettent au sol
d'absorber les eaux surabondantes.

Lorsque, sous un sol argileux, il y a un sous-sol graveleux, le forage de puits perdus, de distance en distance,
suffit pour se débarrasser de ces eaux nuisibles ; mais si
le sous-sol est également imperméable, il n'y a d'autre
moyen que de voûter le terrain, de manière que les lits
des champs forment des demi-cylindres. Si ce moyen ne
suffit pas, et s'il y avait trop de dépenses à prévoir pour
assainir un terrain aussi marécageux, le plus simple c'est
de le convertir en forêt, en y plantant des aunes, des
saules et des peupliers.

Le desséchement des terres cultivables, par fossés ou-
verts, ayant le grand inconvénient d'interrompre la libre
circulation des voitures ou de la charrue, et d'exiger la
construction d'un grand nombre de ponts, on a cherché à
y remédier par le desséchement, au moyen de rigoles souterraines ou fossés couverts. Ces travaux sont connus en
agriculture sous la dénomination de drainage.

Les rigoles souterraines, communément désignées sous
le nom de coulisses, sont des fossés garnis de pierres ou
gros cailloux, qui ont assez de durée pour maintenir les
vides par lesquels l'eau doit s'écouler. On couvre le tout
de mousse, de gazon et de terre, de manière que la charrue ou la voiture passent par-dessus les coulisses sans jamais être arrêtées.

À défaut de pierres on met des fagots de bois vert dans
ces fossés et on les recouvre de mousse et de terre. La méthode perfectionnée en Angleterre de construire ces rigoles souterraines, consiste à employer des tuiles demi-cylin-
driques cuites fortement, ou des cylindres entiers en terre
cuite, posés de manière que l'eau s'y infiltre.

Ces rigoles ne doivent pas se croiser, mais aboutir à
un fossé ouvert.

2

Pour défricher un sol aride, inculte, couvert de bruyères, il n'y a rien de mieux que d'y mettre le feu, de herser et de donner un coup de charrue pendant l'été, un second plus fort en automne. Au printemps suivant on y plante des pommes de terre, et, après cette récolte, des arbres forestiers, ou on y sème des céréales si on veut le destiner au labour.

CHAPITRE IV.

Des Engrais.

On désigne sous le nom d'engrais les divers débris d'animaux et de végétaux dont la décomposition peut fournir des produits liquides ou gazeux, propres à la nutrition des plantes.

La question des engrais est une des plus graves et des plus sérieuses en agriculture ; car il est bien constaté aujourd'hui que la culture la plus savante, la mieux entendue, sera stérile sans l'emploi des engrais. En effet, ce n'est qu'en rendant au sol les éléments que la formation de la carcasse des végétaux lui enlève, qu'on parvient à y entretenir la fertilité. Il est donc dans l'intérêt de tout cultivateur, de connaître à fond les substances propres à entretenir ou même à augmenter la fertilité des terres, de les réunir avec soin et de ne pas en laisser perdre la moindre parcelle.

Nous allons examiner dans ce chapitre :

1° Ce que sont les engrais en eux-mêmes ;

2° Les moyens de les préparer ;

3° Les moyens de les conserver et de les employer ;

4° La quantité d'engrais nécessaire pour produire une quantité donnée de céréales ;

5° Ce qu'il faut d'animaux pour produire une quantité donnée de fumier.

En même temps nous parlerons de leurs diverses espèces, qui sont :

1° Les engrais végétaux, ou récoltes enfouies en vert ;

2° Ceux provenant d'animaux, ou les excréments, les urines ;

3° Les engrais mixtes, ou les fumiers d'étable ;

4° Les composts, ou engrais composés de tout ou partie des matières dénommées.

Dans tous les temps, à ce qu'il paraît, on a su utiliser les végétaux enfouis, pour conserver au sol sa fertilité ; tous les auteurs de l'antiquité en parlent, et la pratique de ce procédé est encore générale en Italie et dans d'autres contrées méridionales, où il existe peu de bétail. D'un autre côté, il y a des plantes délicates qui périssent dans les engrais ; entre autres celles qui ne se plaisent que dans la terre de bruyère. Les pins et presque tous les arbres résineux sont à peu près dans ce cas, surtout lorsqu'on met les engrais neufs en contact avec leurs racines.

Les engrais végétaux sont encore préférés pour la culture de la vigne, et souvent la mauvaise qualité des vins ne doit être attribuée qu'à la trop grande richesse du sol, fertilisé par des substances animales non décomposées.

Les moyens d'employer comme fertilisants les substances végétales, sont :

1° D'enfouir les récoltes sur pied, ou en vert ;

2° De couper une récolte, de la porter sur un autre champ et de l'y enterrer ;

3° De traiter de la sorte les feuilles, les fruits, les tiges de certaines plantes ;

4° De laisser se décomposer en tas les végétaux coupés ou arrachés et de les employer en terreau.

Une plante enfouie en vert produit des effets si puissants sur la végétation, qu'on s'est demandé comment elle pouvait rendre au sol plus qu'elle ne lui a pris. Cela s'explique par le motif que les plantes ne puisent pas toute leur nourriture dans le sol, mais une grande partie dans l'atmosphère.

Au reste, il est toujours plus avantageux pour le cultivateur de conserver ses récoltes pour le fourrage de ses animaux et de prendre leur fumier pour fertiliser ses champs, au lieu d'enfouir ses récoltes. Cette méthode de fumer n'est donc praticable qu'au cas de manque d'engrais de litière, et sur les champs trop éloignés de l'étable, pour y conduire, sans des frais plus considérables encore, cet engrais de litière.

Les agriculteurs ont reconnu depuis longtemps que certaines plantes devaient être préférées à d'autres pour l'usage d'enfouir les récoltes, et les chimistes ont constaté plus tard, que ce sont celles qui contiennent le plus d'azote, comme le lupin blanc, les fèves, les fèverolles, le sarrasin, le maïs, les millets, le seigle et autres.

Les herbes vertes, mises sur le sol au pied des arbres nouvellement plantés, sont un moyen infaillible d'en assurer la reprise, et on s'étonne qu'on néglige si souvent la faible dépense que ce travail entraîne, lorsqu'il s'agit de l'avenir d'une plantation.

Pour fumer les vignes dans certaines contrées, on fait une tranchée entre les rangs, on y dépose des herbes, des boutures et même des sarments de vigne, et on remet la terre par-dessus.

Dans les contrées maritimes où le sol est imprégné de sel marin, on répand des roseaux et d'autres plantes aquatiques sur le sol, pour remédier au mauvais effet des sels qui remontent à la surface. C'est au bon résultat de ce procédé qu'il faut attribuer l'idée qu'avait eue un agronome, d'adopter pour la grande culture en général un paillage semblable. Cette idée est très-belle, mais la paille peut être employée plus avantageusement pour la nourriture et la litière de nos bestiaux ; car c'est elle qui fait la base de nos meilleurs engrais. Il faut donc désespérer de voir ce procédé mis en application, et renoncer au blé sans culture, sans labour, sans engrais.

Les plantes marines qui abondent sur les côtes, s'emploient dans l'agriculture comme un puissant engrais, sous le nom de gouesmon, de fucus, de varec. Elles contiennent des sels, des limons, qui sont des matières albumineuses et azotées d'un grand effet. Aussi ces plantes sont très-recherchées par les cultivateurs des côtes maritimes.

Les tourteaux de navette, de lin, d'œillette, de colza, sont encore employés comme engrais, surtout pour la culture de la betterave, du tabac, du lin, du colza, etc. ; on peut en mettre 90 à 100 kilo. par are. Il ne faut jamais enfouir les tourteaux et les graines ensemble, cela empêche la germinaison ; pour le noir animal, de même. Il faut une couche de terre entre la semence et ces engrais, alors la végétation devient très-belle ; pour cela on répand la matière fécondante à la surface du sol, après avoir enterré la semence, et on la couvre seulement d'un léger coup de rateau.

Les eaux d'une féculerie peuvent être utilisées également comme engrais. La suie est aussi un engrais puissant ; elle préserve les jeunes plantes des limaces et d'autres insectes.

La tourbe est un bon engrais que l'on devrait utiliser plus généralement qu'on ne le fait. Pour produire l'effet voulu, il est nécessaire qu'elle ait été exposée quelque temps à l'air, pour qu'elle puisse se réduire en terreau ; alors elle produit une fertilité admirable. On peut aussi la répandre dans les étables pour qu'elle s'imprègne des excréments des animaux, ce qui lui fait prendre des propriétés très-énergiques ; ou, on la mélange aux fumiers, en faisant un lit de l'un et un lit de l'autre.

La méthode de Jauffret pour préparer un engrais par la fermentation spontanée, a été beaucoup trop préconisée d'abord, et trop dépréciée ensuite. C'est qu'il serait effectivement ridicule, même absurde, de se servir de ce procédé dans les contrées où le fourrage abonde et là où il y a assez de paille pour litière ; mais dans les pays méridionaux, où le fumier d'étable manque, et dans les cas où il y eût insuffisance de ce dernier, on sera toujours bien aise d'avoir sous la main un engrais qui puisse augmenter instantanément la masse des produits, surtout lorsque l'hiver aurait détruit les semis de l'automne, ainsi que cela arrive quelquefois.

Le procédé Jauffret consiste à prendre de la chaux, ou du plâtre, des cendres, de la suie, des matières fécales, du fumier de moutons, et à mélanger ces substances avec des plantes coupées, comme le thym, les bruyères, ou toute autre plante ligneuse, et à pétrir le tout ensemble. Cela se fait sur une espèce de presse, à côté de laquelle est placé un réservoir qui reçoit ce mélange quand il a été broyé et pressé.

Toutes les substances indiquées ne sont pas absolument indispensables pour préparer cet engrais, auquel on ajoute des acides pour accélérer la fermentation, qui devient telle, que la chaleur du mélange approche de l'eau bouillante.

On reproche à l'appareil nécessaire, de coûter fort cher ; mais il n'est pas indispensable : la presse et le réservoir en bois peuvent être supprimés sans inconvénient. On se contente du puisard ; on forme un tas des matières à décomposer, et on les laisse entrer en fermentation, comme cela se pratique en Provence, et dans toutes les contrées du midi, où l'engrais de litière est rare.

Quant aux effets de l'engrais Jauffret, ils sont puissants, certains, et comparé à celui de vaches, il a été trouvé supérieur ; mais partout où il y aura des animaux, cet engrais ne sera jamais d'un usage général, à cause de son haut prix de revient.

Après les engrais végétaux viennent les *engrais animaux*. Le plus anciennement connu, est celui provenant des matières fécales desséchées, nommé *poudrette*. Voici comment on la fabrique, près des grandes villes : on construit, dans un local isolé, des bassins d'une grande étendue et de peu de profondeur, soit en maçonnerie, soit en terre glaise. Leur capacité totale doit pouvoir contenir la vidange de six mois; ils doivent être au nombre de quatre à cinq et disposés par étage, de manière à pouvoir être vidés, les uns dans les autres, sans frais de main-d'œuvre. Le bassin le plus élevé reçoit chaque nuit toutes les vidanges opérées, et lorsqu'il est rempli, il est vidé dans les autres bassins.

La matière, devenue assez compacte, est retirée à l'aide de dragues et étendue sur un terrain battu, disposé en pente comme une chaussée bombée, où elle reste jusqu'à ce qu'elle soit devenue pulvérulente : c'est dans cet état qu'on l'expédie sous le nom de poudrette.

On la répand au moment des labours, dans la proportion de 20 à 30 hectolitres par hectare ; cette fumure active puissamment les premiers progrès de la végétation, mais trop rapidement épuisée, on lui reproche de manquer au moment de la floraison et de la fructification des céréales.

Les engrais liquides proviennent de la réunion des urines des étables, des latrines, lavoirs, buanderie, etc., dans un réservoir commun, d'où l'on retire le liquide pour le conduire sur les champs et les prés, dans des tonneaux fixés sur des voitures de formes diverses.

En Suisse, on prépare avec beaucoup de soins un engrais liquide, connu sous le nom de *lizier* (Gülle, en allemand), composé des urines et des excréments des animaux, mélangés d'eau dans les réservoirs.

Les cultivateurs flamands et belges doivent leur richesse au procédé usité de l'engrais liquide, qui, par là, a pris le nom d'*engrais flamand*; aussi voyons-nous par l'analyse chimique, que l'*urine*, sur 1000 kilo., contient 68 kilo. de matières fertilisantes de la plus riche qualité, de manière que si 12,500 kilo. de fumier d'étable par hectare suffisent pour entretenir la fertilité d'une terre, il est probable que 500 kilo. de matières solides de l'urine auraient le même résultat. On voit par ces données de quelle importance il est pour le cultivateur de ne pas perdre cette matière précieuse.

Depuis quelques années un engrais nommé *guano*, que l'on croit être la fiente d'oiseaux de mer, et qui se trouve en grande masse sur des îles de la mer du Sud, le long de la côte du Pérou, donne lieu à un grand commerce. Des centaines de vaisseaux se chargent pour transporter ces engrais en Europe; il a été reconnu d'une fertilité merveilleuse, et il se vend jusqu'à 50 francs les 100 kilog. Des expériences chimiques ont démontré que c'était l'engrais le plus riche en ammoniaque, et que trois à quatre cent kilog. suffisaient pour fertiliser parfaitement un hectare de terre. Malheureusement, la spéculation a trouvé moyen de falsifier le guano, au point qu'il est très-difficile de s'en procurer de véritable, ce qui rend ses effets très-variés.

Les débris d'animaux forment la troisième classe d'engrais. Le *sang*, en tel état qu'il se trouve et de tel animal qu'il provienne, offre au cultivateur une précieuse ressource comme engrais, et sous ce rapport il a formé la base d'un commerce important à Paris. Il a été reconnu si utile à la végétation des cannes à sucre, qu'on l'expédie au prix de 20 fr. les 100 kilogr., après avoir été soumis à la coction.

Toutes les parties internes des animaux, telles que le foie, les poumons, les déchets de boyaux, etc., doivent être hachées le plus menu possible, puis mélangées avec de la terre fortement séchée ; celle-ci dans la proportion de six fois le volume des matières animales. Lorsque cette composition est bien malaxée à la pelle, on la répand sur le sol à fumer, dans la proportion d'un kilogr. par mètre de superficie.

Les *os*, dans leur état naturel, réduits en poudre, forment un excellent engrais, que l'on répand dans la proportion moyenne de 1500 kilogr. par hectare, et dont l'influence fertilisante se fait sentir tous les jours davantage.

Cette substance, composée principalement de sous-phosphate de chaux, se dissout lentement par la présence de l'acide carbonique, fourni par le sol ou par l'atmosphère, et rend, par là, son effet fertilisant, durable et efficace. Il n'y a point de fumier à lui préférer, surtout pour les terrains secs et légers, tandis qu'il convient peu aux terres humides et à celles fort argileuses.

L'emploi de la poudre d'os est d'un usage général en Angleterre ; on la répand au semoir, en même temps que la semence. Son effet est surprenant sur les plantes sarclées. Un chimiste de ce pays a trouvé par l'analyse, que 100 kilo. de cette poudre fournissaient autant aux plantes que 3000 kilo. de fumier de ferme.

Le noir animalisé se fait en mélangeant le plus intimement possible les chairs et toutes les parties molles, divisées ou fluides, des animaux, fraîches ou en putréfaction, avec environ moitié de leur poids d'une terre rendue poreuse, charbonneuse et absorbante par la calcination en vase clos ou au four, réduite en poudre fine et présentant à peu près sous ce rapport les propriétés du charbon d'os.

Par ce procédé, la décomposition spontanée est dès lors pour toujours ralentie et la désinfection opérée. Cet engrais peut être immédiatement employé et mis en contact avec les graines ensemencées, les radicules, les plumules,

les tiges et les feuilles les plus délicates ; il fournit graduellement, sans être même complétement épuisé, à tous les développements des plantes annuelles.

Quinze hectolitres suffisent à la fumure d'un hectare de terre ; on peut en mettre des proportions décuples avec succès.

La tourbe non incinérée, mêlée avec un tiers ou un quart de son poids de matière fécale, fait aussi un bon engrais.

Les cendres de la houille peuvent être utilisées de la même manière ; on en tirerait un excellent parti pour l'agriculture, si on les mettait dans une fosse, dans les manufactures, et qu'on établît, sur les bords, des pissoirs où l'urine des ouvriers viendrait les féconder en les pénétrant.

Des Engrais mixtes, plus particulièrement désignés sous la dénomination de *fumiers*.

Il est constaté aujourd'hui que la méthode ancienne de laisser les engrais se consommer sur tas par une fermentation préalable, est toujours nuisible par le dégagement des gaz qui s'en évaporent ; tandis qu'une simple macération des parties solides est quelquefois utile.

Pour justifier cette théorie, on a divisé un champ de 20 ares en deux parties égales : sur l'une on a répandu 600 kilo. de fumier frais d'étable, sur l'autre 1200 kilog. du même fumier resté sur tas pendant quatre mois. Ces deux parties cultivées moitié en céréales, moitié en plantes sarclées et dans des conditions d'ailleurs aussi égales que possible, ont donné les mêmes résultats à la mesure et à la pesée. L'effet du fumier frais aura donc évidemment été double.

Ainsi, pour conserver aux fumiers des étables toute leur utilité, non seulement comme engrais, mais encore comme agent physique de vivification, il faut en faire usage le plus promptement possible, ou les mélanger de substan ces terreuses propres à fixer les parties amonniacales que dégage la fermentation.

Les engrais les plus actifs, qui, par un contact immédiat, nuiraient aux graines et aux racines des plantes, peuvent tous, sans exception, être directement appliqués à l'agriculture, pourvu qu'un espace suffisant de terre les sépare des graines et des extrémités spongieuses des racines, pendant les premiers temps de la végétation.

On peut diviser en deux classes ces sortes d'engrais : en fumiers chauds et en fumiers frais.

Ceux des chevaux, poules, dindons, pigeons, etc., sont dans la première classe. Ceux résultant d'une nourriture aqueuse, comme celle des vaches, des bœufs, sont considérés comme appartenant à la seconde classe ; c'est-à-dire, plus capables d'entretenir la fraîcheur près des racines.

Les premiers conviennent mieux aux terres humides et froides, les seconds aux sols secs, sableux et chauds.

On peut encore diviser les fumiers en deux espèces très-distinctes, et dont les usages ne sont pas les mêmes : les fumiers longs, qui n'ont éprouvé qu'un léger commencement de décomposition, qui occupent beaucoup d'espace, font beaucoup de volume et durent longtemps ; les fumiers courts et gras, dont la décomposition est très-avancée, qui sont très-lourds, qui se coupent souvent avec la bêche, et dont l'action est instantanée, mais de peu de durée.

Les premiers conviennent particulièrement aux terres grasses, tenaces, argileuses et froides ; les seconds, aux sols maigres, légers, sablonneux et chauds. — En résumé, l'emploi des fumiers longs est en général préférable ; l'essentiel consiste à recouvrir par le labourage le fumier aussitôt qu'il est conduit sur les champs et à ne pas l'employer longtemps avant les semailles.

On voit par ce qui vient d'être dit, qu'il est de l'intérêt du cultivateur d'empêcher la décomposition du fumier sur tas , et surtout la volatilisation des gaz résultant de la fermentation , et de porter toute son attention au mode de conservation , dont nous allons faire connaître les principales conditions :

1° L'endroit où l'on entasse le fumier ne doit pas être trop éloigné des étables.

2° On doit pouvoir y approcher et en repartir facilement avec les voitures.

3° Il ne doit pas recevoir les gouttières des bâtiments environnants.

4° Le tas ne doit pas recevoir les rayons du soleil, et pour cela il faut choisir un endroit à l'ombre, entouré de gros arbres qui donnent de la fraîcheur.

5° Ce qui découle du tas, ne doit pas être perdu : il faut par conséquent faire murer, avec de la chaux hydraulique, un réservoir assez grand pour recevoir tout le liquide qui se forme ; ce réservoir doit être placé de manière à recevoir non seulement le liquide du tas , mais encore celui qui découle des étables et du lavoir. C'est dans ce réservoir que se forme et se rassemble l'engrais liquide.

6° Le fumier entassé ne doit être tenu ni trop sec, ni trop humide. S'il est trop mouillé, il n'y a pas de fermentation ; s'il est trop sec, il brûle et perd ses qualités fertilisantes.

7° On donne de la concavité à l'emplacement, et on rend le sol imperméable, soit en le dallant, soit en le garnissant d'une couche de terre glaise, en ménageant une rigole au milieu, pour conduire le liquide au réservoir.

8° Il convient aussi de placer une pompe dans ce réservoir, pour pouvoir en tirer commodément le purin, ou engrais liquide.

9° La litière que l'on porte journellement sur le tas doit être répandue également sur toute sa surface ; les bords doivent être nets, et pour éviter l'évaporation des gaz et la trop grande décomposition , on doit entremêler aux couches, de temps en temps, une couche légère de terre argileuse, de gazon, ou mieux encore la saupoudrer de marne, de chaux, ou de plâtre. Il faut 5 kilo. de plâtre crû, ou 4 de cuit, pour les répandre sur 100 kilo. de fumier d'étable : par ce dernier procédé on double sa puissance fertilisante.

Avec ces précautions, le fumier ne souffre pas du séjour sur tas : il n'y a pas évaporation de gaz, il n'est pas trop lavé par la pluie et il ne moisit pas. Le cultivateur surtout ne doit jamais perdre de vue, qu'une matière calcaire, n'importe laquelle, est indispensable à la végétation, et que les sols qui en sont dépourvus, doivent nécessairement en recevoir par la fumure. Pour cette raison, nous recommandons le sulfate de chaux préférablement au sulfate de fer, pour empêcher la volatilisation du carbonate d'ammoniaque.

Des Composts. C'est à un mélange de fumier, de débris de végétaux, de boue de ville, de débris de démolition, de matières animales, soit avec de la marne, une terre argileuse, du gazon, de la chaux, ou toute autre substance terreuse, qu'on a donné le nom de *compost*.

Ces diverses substances s'entassent couches par couches, et, en attendant leur emploi, on les mêle à plusieurs reprises avec la pèle, quand la fermentation commence à s'y établir.

On arrose le tas avec du purin, de temps en temps.

Pour les sols légers, poreux et calcaires, le compost doit contenir des substances argileuses et la fermentation doit être poussée jusqu'à ce que la masse forme une pâte liante et glutineuse.

En Angleterre, dans les fermes, une cour entourée par les écuries, un peu profonde au centre, reçoit le fumier des étables ; les tas devenant trop forts, on transporte ce fumier au bout des champs destinés à être fumés, et là, mêlé à des substances terreuses, soit de la marne, soit de la chaux, et souvent retourné, il forme ce compost des Anglais, dont on parle tant, et qui peut se conserver longtemps sans s'altérer.

L'expérience a démontré que le rapport suivant existe entre la production de l'engrais et le fourrage donné au bétail, la paille de la litière comprise :

Cent kilog. de fourrage et litière doivent donner *deux cent seize kilog.* d'engrais, en état humide.

La moyenne de cet engrais, nécessaire à une exploitation rurale pour deux récoltes consécutives, la première en plantes sarclées, la seconde en céréales, doit être, par hectare, de 21,750 kil. Cette quantité peut être augmentée sans inconvénient, mais non diminuée sans affaiblir l'importance des récoltes.

L'emploi du sulfate de fer (couperose verte) pour désinfecter et fixer les gaz des matières fécales, se recommande préférablement à tous les autres procédés, vu le bon marché de ce sel.

Deux litres de matière fécale, saturée de dissolution de sulfate de fer, de 2 degrés de force, d'après le pèse-sel de Baumé, suffisent pour fumer un centiare de pré, et la moitié pour un mètre carré de froment, d'orge, ou d'avoine.

Ce mélange peut être employé avantageusement pour fumer les plantes potagères, le chanvre, le tabac, le lin, mais en petite quantité : on a remarqué que, sur le trèfle, la luzerne, il ne produit pas d'effet ; ici il faut nécessairement une matière calcaire.

Nouvellement on a proposé l'azotate de plomb en place du sulfate de fer, comme plus efficace pour désinfecter les matières fécales ; mais on craint que le plomb ne nuise à la salubrité des plantes alimentaires.

En résumé, le cultivateur doit partir du principe, que l'azote, sous la forme d'ammoniaque, est l'élément essentiel de fertilisation, et que, conséquemment, ses soins constants doivent être de se procurer des engrais qui contiennent beaucoup d'ammoniaque, au meilleur marché possible. Les engrais les plus riches en ammoniaque, selon analyse faite, sont le guano, les excréments des oiseaux de basse-cour et les sulfates d'ammoniaque des usines à gaz. La décomposition des animaux et des végétaux est encore une source abondante d'ammoniaque, qu'il ne faut pas négliger. Les rebuts des tanneries et des boucheries contiennent 10 pour 100 d'ammoniaque.

Pour amortir l'effet trop échauffant du guano à l'état sec, on a trouvé grand avantage à le mélanger d'eau et à s'en servir à l'état liquide; c'est alors qu'il produit tout son effet.

CHAPITRE V.

Des façons à donner au sol.

Des labours. Le sol le mieux amendé, le plus richement fumé, répondrait mal aux espérances du cultivateur s'il n'était convenablement façonné, pour recevoir les semences qui lui seront confiées.

Les labours n'ont pas pour unique but de détruire les mauvaises herbes, de faciliter l'extension des racines, de mélanger les engrais avec toute la masse de la couche végétale, d'aider à l'égale répartition de la chaleur atmosphérique et de l'humidité des pluies qui produisent la fermentation et la dissolution des substances nutritives. Ils ont encore la propriété, en divisant la terre, d'augmenter sa capacité pour les fluides fécondants et vivifiants, sans lesquels il n'est point de végétation.

D'après cela, quoique les labours ne puissent pas suppléer aux engrais, comme l'ont avancé quelques agronomes, on ne peut se refuser à croire qu'ils ajoutent à la masse aussi bien qu'à leur effet ; ce qui le prouve, c'est que, toute chose égale d'ailleurs, les champs les mieux labourés sont les plus fertiles.

Ainsi, les principales conditions d'un bon labour sont, que la terre soit suffisamment ameublie et que les parties soulevées par le soc, soient non seulement déplacées, mais ramenées à la surface, tandis que celles de la surface doivent être au contraire entraînées au fond du sillon. De là l'immense différence entre le travail d'une charrue avec ou sans versoir ; de là, aussi, la perfection plus grande des labours faits à la main.

Tantôt les labours ne ramènent à la surface que la terre qui a été précédemment remuée ; tantôt ils atteignent le sous-sol : ils prennent alors le nom de *défoncement*.

Les labours de défoncement ont pour but d'augmenter la couche de terre végétale, pour permettre aux racines de prendre plus de développement et de nourriture. Ils peuvent également, en mélangeant deux couches de nature différente, procurer accidentellement un amendement propre à changer la qualité du sol ; transformer un terrain aride en champ fertile, désscher une localité fangeuse, en ouvrant aux eaux qui la couvraient une issue vers un sous-sol plus perméable ; retarder les effets fâcheux d'une sécheresse ; enfin, offrir le moyen le plus infaillible de détruire les plantes nuisibles.

Mais, d'une autre part, déjà dispendieux par eux-mêmes, les défoncements le deviennent encore indirectement en exigeant, surtout pendant les premières années, une plus grande quantité d'engrais, et assez fréquemment, en diminuant momentanément la fécondité du sol au lieu de l'augmenter.

Un défoncement profond serait donc une faute : il produirait un effet défavorable, auquel le temps seul pourrait remédier ; tandis qu'en opérant petit à petit, et d'année en année, on arrive sans efforts et sans inconvénients sensibles, au même but d'amélioration.

Aujourd'hui on emploie une charrue à défoncer le sous-sol sans le retourner, en sorte qu'en augmentant la couche de terre arable, on la modifie par le sous-sol, sans entraver la richesse des récoltes, par le mélange de cette terre encore inculte avec celle déjà défoncée.

DE LA PROFONDEUR DES LABOURS. La profondeur des labours proprement dits, est déterminée par l'épaisseur de la couche arable, si on ne veut pas attaquer le sous-sol. Quand on ne peut pas augmenter cette couche aux dépens du terrain inférieur, ce qui arrive quand elle est trop mince, on n'a d'autre ressource que de l'élever sur certains points en la diminuant sur d'autres, par un travail en ados ou billons.

Dans les cas moins défavorables, la profondeur doit varier selon certaines règles assez générales ; savoir : dix à douze centimètres pour les céréales, et jusqu'à vingt-quatre pour les plantes sarclées.

DU NOMBRE DES LABOURS. Les labours de jachère ne peuvent pas être trop multipliés ; on peut en donner jusqu'à cinq et six dans le courant de l'année, et, quoique la nouvelle culture les condamne, il faut encore reconnaître qu'une jachère avec de nombreux labours d'été, est parfois le meilleur moyen de nettoyer un terrain.

Les terres argileuses exigent des labours d'autant plus fréquents qu'elles offrent une plus grande ténacité, et ces labours nécessaires sont dispendieux.

Il est tout naturel que les terrains légers, sablonneux et chauds exigent moins de labours.

Comme, indépendamment de chaque nature de terrain, chaque culture, en particulier, exige, avant les semailles, plus ou moins de labours préparatoires, nous reviendrons sur cet objet.

Quant aux circonstances atmosphériques, elles exercent une très-grande influence, surtout relativement aux terres d'un travail difficile. Le champ le plus compacte, labouré pendant le cours de l'automne, ni trop sec, ni trop humide, après qu'il a été soumis à l'action puissante des gelées, d'un hiver plus froid que pluvieux, n'a pour ainsi dire besoin, s'il est exempt de mauvaises herbes, que d'être gratté à sa surface avant l'époque des semailles. Il se réduit presque de lui-même en terre meuble, tandis que de nombreux et profonds labours pourraient lui devenir plus nuisibles qu'utiles, si la saison ne s'y prêtait pas.

Assez généralement dans les terres à froment, et pour les semis de cette céréale, on donne trois ou quatre labours.

Il est des contrées où la pratique va même au-delà; mais le meilleur, pour éviter le retour trop fréquent des labours, est de savoir les faire à propos.

Époque favorable aux divers labours. Les terrains sablonneux, facilement perméables à l'eau, peuvent, à vrai dire, être labourés à peu près en tout temps; mais il est loin d'en être de même des terres fortes et argileuses.

Trop mouillées, elles adhèrent au soc et au versoir de la charrue, ou se compriment en bandes boueuses sans aucune porosité et que la sécheresse transforme en véritables pierres. Lorsqu'elles sont trop sèches, outre qu'il est presque impossible de les travailler, elles se divisent en mottes d'une extrême dureté, que la herse ne peut briser. Il est donc indispensable de choisir le moment où les pluies les ont humectées assez profondément sans les saturer, et ce moment ne se présente pas toujours d'une manière opportune.

En théorie, il est avantageux de labourer les terres fortes peu de temps après qu'elles ont été dépouillées de leurs produits ; les labours d'automne contribuent, plus que tous autres, à leur ameublissement. Après eux, ceux d'hiver, en tant qu'ils précèdent la gelée, remplissent à peu près le même but. On ne peut laisser les chaumes jusqu'au printemps, que pour la culture des blés de Mars.

Les labours d'été ne sont en usage que pour la préparation des terres qui viennent de porter des récoltes et qu'on veut semer immédiatement ; ou pour détruire les mauvaises herbes pendant une jachère complète.

Des divers modes de labours. Les labours à bras d'hommes ont des avantages incontestables, s'ils sont bien faits ; mais ils donnent des résultats si lents, qu'on ne peut en faire usage, hors des jardins, que dans les contrées très-populeuses et cultivées avec un soin particulier.

Dans les labours à la charrue, trois points doivent particulièrement fixer l'attention du laboureur, ce sont :

1° L'épaisseur de la bande à soulever ;

2° Sa largeur ;

3° La position dans laquelle doit la placer le versoir.

Pour les terres fortes, un labour doit toujours être plus profond que large, de manière que, si la bande a 20 centimètres dans le premier sens, elle ne doit en avoir que 15 dans le second ; parce que plus on divise la motte de ces sortes de terres et mieux le labourage profite. C'est toujours pour le labour de la semaille que la raie doit avoir peu de largeur, car les racines des plantes s'enfoncent beaucoup mieux entre les raies qu'à travers les mottes.

Dans les terrains légers, un labour plus profond que large est une opération que sa lenteur et complète inutilité doivent rejeter de la pratique. On peut adopter ici pour règle, que la largeur des raies soit à leur profondeur, dans la proportion de deux à un.

Une fois le sol bien ameubli, les labours en général peuvent être pratiqués à larges raies, sans inconvénient.

La position de la bande de terre retournée par le versoir, dépend à la fois de l'épaisseur proportionnelle de cette même bande, et de la disposition particulière des charrues.

Les labours d'automne, que l'on exécute pour disposer les terres aux semailles du printemps, doivent être pratiqués de manière que la motte soit plutôt droite, ou légèrement appuyée, que couchée, afin que l'action du froid et des autres influences de l'hiver puissent produire leurs bons effets sur la terre. La plupart des charrues perfectionnées donnent ces résultats, que l'on considère, à bon droit, comme les meilleurs.

De la direction des labours. Habituellement on dirige les labours dans le sens de la pente générale du terrain, pour donner aux eaux un écoulement plus facile. Cependant, sur les champs d'une inclinaison considérable, surtout lorsqu'on a plus à redouter la sécheresse que l'humidité, il vaut mieux tracer les sillons perpendiculairement à cette même pente, non-seulement pour diminuer le travail de l'attelage, mais afin que la terre et les engrais soient moins facilement entraînés par les pluies.

Dans beaucoup de cas, au lieu de sillonner de bas en haut ou en travers, on trouve un grand avantage à labourer obliquement, en ayant soin de diriger la charrue à droite et non à gauche, en partant de la partie élevée du champ, afin que la charrue, en remontant, déverse la terre en bas.

Des diverses espèces de labours. On a l'habitude de labourer à plat, ou en planches, soit en billons.

Pour labourer *à plat*, on fait ordinairement usage de la charrue à tourne-oreille, qui, en allant et en revenant, jette toujours la terre du même côté de l'horizon, et remplit ainsi successivement chaque raie, en en traçant une autre à côté. La pièce se trouve, à la fin, former une surface unie, et lorsque l'étendue du champ est régulièrement divisée en parallélogrammes allongés, d'égale largeur entre eux, sensiblement planes et séparés par des rigoles, on dit que ce labour est en *planches*.

On peut obtenir le même résultat avec la charrue à versoir fixe, lorsqu'on refend des billons qui avaient été précédemment endossés une seule fois, et si l'on continue à *érayer* et à *enrayer* alternativement à une égale profondeur.

La charrue tourne-oreille se compose d'un avant-train et d'un arrière-train. Le soc, de forme triangulaire, est en fer aciéré; il est boulonné sur le cep. — La semelle est fixée à la gorge et à l'étançon, ainsi qu'à l'arrière-montant. — Le versoir se compose d'une partie supérieure, qui porte en avant une plaque de tôle, et d'une partie inférieure mobile et qui peut s'attacher, tantôt à droite, tantôt à gauche, à l'aide d'une petite verge de fer courbée qui s'accroche dans un anneau fixé à la semelle, et d'une cheville qui s'implante dans un trou creusé pour la recevoir, de manière à régler l'écartement voulu. La 2e cheville sert à saisir l'oreille quand on veut la mettre ou l'ôter. Cette oreille est en bois, ainsi que la partie fixe du versoir. Le coutre change de direction chaque fois qu'on transporte l'oreille d'un côté sur l'autre. Cette charrue a l'inconvénient de soulever et de retourner imparfaitement la terre.

Pour labourer en billons, on se sert de la charrue à versoir fixe, et on ouvre successivement des rayons parallèles dans la longueur et des deux côtés de chaque billon, les uns dans une direction, les autres dans une direction opposée, c'est-à-dire que, si on commence, par exemple, par lever une première bande, du sud au nord, on vient en prendre une seconde du nord au sud, puis une troisième à côté de la première, une quatrième à côté de la seconde, et ainsi de suite, en déversant toujours la terre de gauche à droite, de manière à laisser, en définitive, un sillon vide au milieu. Cette première opération s'appelle *fendre* ou *érayer* le billon.

Pour le labour suivant, on commence, au contraire, au milieu, en sorte que les deux premières tranches soient appuyées l'une contre l'autre à la place précédemment occupée par la raie, et on continue de verser toutes les autres bandes de terre vers le milieu du billon, jusqu'à ce qu'on arrive aux deux côtés, où il reste nécessairement deux raies ouvertes. Cela s'appelle *endosser* ou *enrayer*.

On nomme *billons simples* ceux qui ne présentent qu'un seul segment de cercle entre deux raies creusées au même niveau. Il y a des billons simples de deux traits de charrue seulement ; il y en a de quatre, de huit, de dix traits ; il y en a aussi de vingt et même de trente, qui acquièrent par conséquent de six à dix mètres de largeur.

Les *billons doubles* sont subdivisés en trois ou quatre billons plus petits, séparés par des rigoles moins profondes que les deux principales et creusées à des niveaux différents sur la double pente du grand billon. — Cette disposition est peu ordinaire, et si les billons ont parfois des avantages, ce que l'expérience peut démontrer le mieux, le labour à plat, ou en planches, doit être préféré dans la plupart des cas.

Théorie. C'est par les labours que l'on prépare le sol à devenir fertile, en divisant sa couche supérieure de manière que les racines des plantes puissent s'y enfoncer facilement, et que l'air, la chaleur, l'humidité, les gaz, agissent directement sur toute l'épaisseur de la terre remuée, afin que la végétation profite de leurs effets et que les mauvaises herbes qui pourraient contrarier le développement des plantes que l'on veut cultiver, soient enfouies par le renversement de la motte.

Les labours sont donc aussi indispensables au sol que les fumures, pour le rendre fertile et productif ; mais ces labours doivent être faits d'une manière différente, ainsi que nous venons de l'indiquer, selon la nature du terrain,

la saison, le genre de culture, et selon qu'ils sont préparatoires, de semis, ou de perfectionnement.

CHAPITRE VI.

Des agents de la végétation.

La connaissance de la manière d'agir des corps qu'on
nomme *agents de la végétation*, et des effets qu'ils produisent, est tout aussi nécessaire au cultivateur, que la
connaissance de ses instruments et la composition de la
terre qu'il cultive.

Ces corps sont au nombre de *trois* :

L'Air, l'Eau et la Chaleur.

On les nomme agents, parce qu'ils agissent toujours
et qu'il ne peut y avoir ni germination, ni végétation, ni
maturité, sans leur concours; aucune pourriture, nulle
fermentation, en un mot, aucune composition ni décomposition dans la nature, n'a lieu sans la présence et le
concours de ces corps.

De l'air. L'air est ce fluide invisible à l'œil, qui nous
entoure et auquel on a donné le nom d'atmosphère. Il est
pesant, élastique, transparent, d'un mouvement facile,
comme le sont tous les gaz.

Il est indispensable à la respiration et à l'entretien de
la vie de tous les animaux. Il est tout aussi nécessaire aux
plantes, depuis la germination des graines jusqu'à leur
maturité complète ; enfin, sans le contact de l'air, il n'y
a ni vie ni croissance, au sein de la nature.

L'air est composé d'un peu moins d'un quart de gaz
oxigène, et d'un peu plus de trois-quarts de gaz azote.
Il est toujours mêlé à une certaine quantité de gaz acide

carbonique et il contient en outre de l'eau, du calorique et du fluide électrique.

L'oxigène qui fait partie de l'air, se combine naturellement avec une foule de corps. En les pénétrant, il cause leur combustion, il donne naissance aux oxides, ou terres, qui font la masse du sol arable ; avec l'hydrogène il devient eau.

Dans d'autres circonstances, il forme les oxacides. Il fait partie, sous mille formes, de la substance des animaux et des végétaux. Il alimente la respiration des uns, il préside à la germination et au développement des autres, il est un des agents les plus actifs de la vie.

L'*azote* est un gaz simple comme l'oxigène, mais son action sur la végétation est beaucoup moins appréciable. On pensait généralement qu'il était plutôt destiné à tempérer par sa présence la trop grande énergie de l'oxigène, et probablement des autres gaz nutritifs, qu'à agir isolément. Mais, comme base principale de l'ammoniaque, qui a été reconnu pour l'agent le plus vigoureux de la végétation, ce gaz joue un très-grand rôle dans la formation des engrais.

Le *gaz acide carbonique* est le résultat de la combustion de l'oxigène avec le carbone, ou l'élément du charbon. Il se forme journellement dans l'atmosphère, non seulement par suite de la fermentation, mais encore de la décomposition naturelle ou artificielle de certaines substances.

Ce gaz est impropre à la respiration ; sa destination principale est évidemment de servir de dissolvant aux sels calcaires et de concourir ainsi à la nutrition des plantes ; aussi, elles s'en emparent partout où elles le trouvent à leur portée, dans l'air, dans la terre et dans les engrais, qui en contiennent une grande quantité.

L'atmosphère est donc constamment composée des trois gaz dont nous venons de parler, et de l'eau ; si ces quatre corps sont en proportions voulues, l'air est vital et sain, mais il devient nuisible dès que l'oxigène manque, ou si l'azote et le carbone se trouvent en excès. C'est ce qui arrive dans les chambres et dans les écuries, quand l'air ne peut pas s'y renouveler et qu'il se corrompt par les émanations malfaisantes.

De l'eau. L'eau existe dans la nature sous trois formes : à l'état liquide, à l'état solide, et sous la forme de vapeurs.

L'eau considérée à l'état liquide, dans son rapport avec l'agriculture, nous offre une foule de faits très-importants à connaître ; car la présence de ce liquide est aussi nécessaire à la végétation, à la vie des plantes, que l'air. Les vapeurs que l'air absorbe, se condensent par le refroidissement et nous reviennent sous la forme de pluie, de neige, ou de rosée.

La pluie se forme dans les nuages et elle tombe sur la terre en traversant les couches de l'atmosphère. Il pleut plus abondamment dans les pays chauds que dans les pays froids ; ainsi, lorsqu'on s'éloigne de l'équateur, les pluies sont moins abondantes, quoique plus fréquentes : cependant, comme il y a moins d'évaporation, les pays froids sont malgré cela plus humides que les pays chauds.

Dans le midi, il n'est pas de culture possible sans arrosement ; dans le nord, il en est peu de productives sans dessèchement.

Dans notre climat tempéré, les pluies les plus favorables aux travaux et aux produits de la culture, sont généralement celles de printemps et d'automne, et c'est quand elles sont fines et qu'elles tombent doucement, qu'elles sont le plus nourrissantes pour les terres et pour les plantes qui s'en abreuvent. Les terres légères en ont souvent besoin, les terres compactes et argileuses peuvent s'en passer plus longtemps.

Les végétaux qui commencent à pousser, ont plus souvent besoin de pluie que lorsqu'ils arrivent à leur parfaite maturité ; c'est pour cette raison que les engrais liquides leur sont doublement utiles. Les plantes qui n'ont que de petites racines, ont aussi plus souvent besoin de pluie que celles dont les racines sont grandes.

On reconnait la bonne qualité de l'eau à sa limpidité, à sa fraîcheur, à son bon goût en la buvant ; en ce qu'elle dissout bien le savon, et cuit bien les légumes.

L'eau, dans l'état solide, est plus souvent nuisible qu'utile au cultivateur ; ce n'est que la neige, lorsqu'elle ne vient pas à contre-temps, qui est profitable aux végétaux qu'elle couvre, parce qu'elle les garantit des fortes gelées, et qu'elle empêche l'évaporation des sucs et des gaz de la terre, qui doivent plus tard nourrir les plantes.

Si l'eau n'existait pas dans l'état de vapeur au sein de l'atmosphère, il ne pourrait point y avoir de végétation, car il n'y aurait ni rosée ni pluie. C'est cette combinaison de l'eau avec l'air, en plus ou moins grande quantité, qui indique, au baromètre, le beau temps ou le mauvais temps : s'il y a beaucoup d'eau en état de combinaison dans l'air, il pèsera davantage et fera monter le mercure dans le tube en pressant plus fortement sur la cuvette : ce qui est signe de temps sec ; si, par contre, l'air abandonne une partie de cette eau, qui tombe en pluie ou en brouillard, il devient plus léger, presse moins sur le mercure de la cuvette, et le baromètre baisse.

Une forte rosée est presque toujours bienfaisante, elle tient lieu de pluie pendant l'été et devient un puissant agent de la végétation ; les plantes en absorbent une partie par leurs feuilles et par leurs racines pendant la nuit. Avec la rosée, les plantes absorbent aussi quelques matières nutritives, comme l'humus des engrais et l'acide carbonique qui se trouve dans l'air et se dégage de la terre.

Les brouillards sont des vapeurs d'eau visibles, qui ne sont qu'en suspension dans l'atmosphère : ils se convertissent quelquefois en véritables nuages, ou retombent en pluie fine, s'ils ne sont pas absorbés par l'air, au moyen des rayons du soleil. Ils sont plus ou moins nuisibles aux hommes et aux animaux, selon les températures et les matières étrangères dont ils sont chargés. Le brouillard froid fait languir la végétation, et quand il est chargé de matières putrides, il est malfaisant pour les animaux.

Les plantes des prairies artificielles sont malfaisantes aussi, si on les donne aux bestiaux, lorsqu'elles sont chargées de rosée ou de brouillard. Celles qui croissent dans des endroits marécageux et trop ombragés, sont également de mauvaise nature, viennent mal, restent rabougries et sont sans odeur et sans goût.

De la chaleur. La chaleur est le troisième agent de la végétation. Lorsqu'au retour du printemps, la terre et l'atmosphère commencent à s'échauffer, la végétation, jusque là arrêtée et comme engourdie, reprend une nouvelle vie.

C'est sous l'influence d'une chaleur douce et humide, que la graine se prépare à la germination, que les matières fermentescibles qui se trouvent dans le sol donnent peu à peu aux racines leurs sucs fécondans et que les gaz nourriciers commencent à se répandre dans l'air au profit des jeunes feuilles.

Lorsque la chaleur agit dans de justes proportions avec l'air et l'eau, la germination des graines, l'accroissement des plantes ont lieu promptement et avec régularité. Dans les cas contraires, les végétaux languissent, les graines lèvent mal.

C'est la température de 10 à 12 degrés qui convient le mieux à la première végétation du printemps.

On appelle thermomètre l'instrument qui sert à mesurer les degrés de chaleur; celui de Réaumur était le plus en usage; son point de congélation est à zéro et celui de l'eau bouillante à 80 degrés, ou divisions intermédiaires.

Il a été remplacé en France par le thermomètre centigrade ; c'est-à-dire, qu'il est divisé en 100 parties de zéro à l'eau bouillante.

La chaleur atmosphérique a une grande influence sur la germination, l'accroissement et la parfaite maturité des plantes, ainsi que sur la bonne qualité des denrées que les récoltes produisent.

Toutes les terres ne sont pas également influencées par la chaleur et la sécheresse qui en résulte ; c'est pour cette raison que la végétation peut continuer sur les unes, quand elle cesse ou languit sur les autres. Les terres réputées froides, retenant l'humidité, en demandent beaucoup ; celles que l'on dit chaudes préfèrent une température moyenne. Les cultures sarclées favorisent l'action de la chaleur sur les premières ; mais les secondes se trouvent mieux d'être entièrement couvertes de végétaux.

L'absence de la chaleur produit le froid. Dans nos climats, lorsqu'il augmente progressivement d'intensité, il est peu dangereux. A son approche, la circulation se ralentit ; la sève abandonne les tiges ; les feuilles tombent ; la vie active disparaît, et ce sommeil léthargique, en quelque sorte analogue à celui de quelques animaux pendant l'hiver, peut se prolonger fort longtemps sans altérer en rien l'organisation végétale. Au contraire, les gelées de l'hiver profitent à la culture, en ce qu'elles font périr les animaux nuisibles qui s'attaquent à la végétation, et parce que le sol de la couche supérieure se divise, s'ameublit par les gelées. Mais, lorsque le froid survient d'une manière intempestive ou subite, il cause souvent des ravages irrémédiables.

Lorsque les bourgeons des arbres et la pointe des plantes ont été gelés, il faut couper toutes les parties qui ont été atteintes, pour favoriser une végétation nouvelle : cette coupe doit se faire un peu au-dessous du point le plus bas de la partie gelée.

Les racines et les fruits qui sont gelés, reprennent presque toutes leurs qualités, si on les fait dégeler dans de l'eau à la glace, ou de la neige fondue.

La chaleur diminue dans l'atmosphère en raison de l'élévation du sol, et cela dans une proportion d'autant plus rapide que cette élévation est plus considérable.

Comme la plupart des plantes ne peuvent croître et prospérer que dans le climat qui leur convient, on peut, sous la même latitude, à diverses hauteurs, trouver une température fort différente, et réunir, par conséquent, les productions végétales de contrées souvent très-éloignées.

La température peut encore varier selon l'exposition, comme le savent très-bien tous ceux qui s'occupent de la culture. — La gelée blanche est d'autant plus à craindre qu'elle est ordinairement frappée par les rayons du soleil, et qu'en fondant rapidement, elle doit enlever aux parties des plantes, avec lesquelles elle se trouve en contact, assez de chaleur pour les faire périr de froid. Le meilleur moyen pour remédier au mal, c'est d'arroser ces plantes d'eau fraîche, avant que le soleil puisse les frapper.

La *Grêle*, dont on ne peut expliquer l'origine d'une manière satisfaisante, qu'à l'aide des théories électriques, est d'autant plus redoutable pour le cultivateur, qu'elle tombe particulièrement alors que le sol est couvert de ses plus riches produits : non seulement elle détruit, en peu d'instans, des récoltes entières, mais elle laisse, sur les parties ligneuses, des traces que plusieurs années parviennent à peine à effacer.

On avait pensé que des espèces de paratonnères, nommés paragrêles, placés de distance en distance dans les champs cultivés, pourraient, en soutirant le fluide électrique, arrêter la production de la grêle. Malheureusement l'effet n'a pas répondu à l'attente; ainsi, ce que l'on peut conseiller de mieux aux cultivateurs, c'est d'avoir recours aux compagnies d'assurance contre la grêle : par

ce moyen ils sont préservés, moyennant une faible rétribution, de la perte irréparable que leur occasionnerait la
destruction de leur récolte sur pied.

La *lumière* qui accompagne presque toujours la chaleur,
est un besoin pour les plantes comme pour les hommes
et les animaux ; sans la lumière, les uns et les autres sont
faibles, pâles, étiolés. Les plantes qui sont trop ombra-
gées, ou qui croissent sans recevoir les rayons de la lumière, sont sans couleurs et ne fournissent qu'une mauvaise nourriture.

Nous terminerons ce chapitre en indiquant quelques
moyens de prévoir le temps.

Les pronostics que fournit le baromètre sont connus :
le mercure monte dans le tube de verre, à l'approche du
beau temps, et baisse lorsqu'il veut faire mauvais ; ceci
est basé sur le plus ou le moins de pesanteur de l'air.
Dans les plaines de l'Alsace, lorsque le baromètre marque
75 centimètres, le temps est au variable ; au-dessus est le
beau temps, au-dessous la pluie.

Le thermomètre n'indique rien autre chose que les variations du chaud et du froid ; mais il les indique de la
manière la plus exacte et la plus certaine.

Le baromètre monte ordinairement, plus ou moins, le
matin, jusqu'à neuf et dix heures, et descend jusqu'à deux
ou quatre, pour remonter ensuite. Les mouvements contraires annoncent un changement de temps pour le lendemain.

Lorsque le mercure baisse par un temps chaud, c'est
signe d'orage ; en hiver, lorsqu'il monte, c'est signe de
froid ; s'il baisse pendant le froid, c'est signe de dégel.

La baisse subite du baromètre indique que la pluie ne
sera pas de durée ; il en sera de même du beau temps accompagné d'une hausse subite.

Si l'ascension est lente et continue deux ou trois jours,
attendez-vous à un beau temps soutenu ; le contraire arrive

si le baromètre baisse peu à peu, durant deux ou trois jours; cela présage beaucoup de pluie.

Les girouettes indiquent d'où vient le vent, et ce sont des pronostics très-précieux à consulter; car, après avoir habité un pays pendant quelque temps, on ne doit plus ignorer quel changement dans le temps est indiqué par celui du vent. Dans presque toute la France, le vent de l'ouest et surtout celui du nord-ouest sont les vents de la pluie et du mauvais temps.

Lorsque les vapeurs et les nuages du ciel se forment en stries blanches, qui s'étendent souvent d'un côté de l'horizon à l'autre, c'est indice certain de vent.

Si le soleil se lève pâle et reste rouge; si son disque est très-grand; s'il paraît avec un ciel rouge au nord; s'il paraît concave ou creux; quand il semble partagé, ou quand il est accompagné d'une parhélie, ce sont des indices d'un gros temps, d'une grande tempête.

Lorsque le soleil se montre obscur et comme baigné d'eau; lorsqu'il se lève rouge et avec des bandes noires entremêlées avec ses rayons, ou qu'il devient noirâtre; s'il est placé au-dessus d'un nuage épais; s'il se montre entouré d'un ciel rouge à l'est, c'est signe de pluie.

Si le soleil se lève clair et que le ciel l'a été pendant la nuit; si les nuages qui l'entourent à son lever se dirigent vers l'ouest, ou bien s'il est environné d'un cercle, pourvu que ce cercle s'en écarte également de tous côtés, alors on peut attendre un temps d'un beau constant.

L'indice de vent se montre encore si la lune paraît fort grosse, si elle montre une couleur rougeâtre, si ses cornes sont pointues et noirâtres, si elle est environnée d'un cercle clair et rougeâtre. — Si le cercle est double ou paraît brisé, c'est signe de tempête.

A la nouvelle lune, il y a souvent changement de vent, et par conséquent changement de temps.

Si la lune est pâle et si les extrémités de son croissant

sont émoussées, c'est signe de pluie. Un cercle autour de la lune, accompagné d'un vent du midi, annonce la pluie pour le lendemain.

Lorsque le vent est sud et que la lune n'est visible que la quatrième nuit après la nouvelle lune, cela annonce beaucoup de pluie pour le mois.

Lorsque la lune est pleine, que ses tâches sont bien visibles, et qu'un cercle brillant l'entoure, c'est signe de beau temps.

Si ses cornes sont pointues le quatrième jour, c'est du beau temps jusqu'à la pleine lune. Son disque bien brillant, trois jours après le changement de lune, et avant qu'elle soit pleine, dénote toujours le beau temps.

Après chaque nouvelle et pleine lune, il a y souvent de la pluie, suivie d'un beau temps.

Les pronostics que l'on peut tirer des étoiles, sont les suivants : Il y a signe de pluie lorsque les étoiles paraissent grosses et pâles ; lorsque leur scintillation est imperceptible, ou qu'elles sont environnées d'un cercle.

Il y a signe de beau temps ou de froid, lorsque les étoiles se montrent en grand nombre, qu'elles sont brillantes et étincellent du plus vif éclat.

⋙⋘

CHAPITRE VII.

Des ensemencements et plantations.

Le succès des récoltes dépend beaucoup de la préparation que l'on a donnée au terrain ; mais l'homme qui a bien labouré n'a encore accompli que la première partie de sa tâche.

L'agriculture est une œuvre de patience, et la constance,

l'activité, la vigilance, doivent être les compagnes habituelles de celui qui cultive le sol.

C'est surtout relativement à la semaille, que ce que nous venons de dire trouve son application. C'est devant cette opération que viennent souvent échouer l'ignorance et l'impéritie; c'est ici que les leçons de l'expérience trouvent leur juste application. Le cultivateur qui veut exploiter sa terre avantageusement, doit connaître à fond la préparation du sol, la fumure que chaque sorte de semence exige, et choisir celles qui conviennent au sol et au climat.

Ainsi, ces connaissances peuvent se résumer comme suit : *choix des semences, époque et profondeur, procédé de sémination, moyens employés pour recouvrir les semences.*

CHOIX DES SEMENCES.

C'est à l'époque de la récolte, que l'on doit faire son choix de semences pour la récolte prochaine, parce que c'est alors qu'on peut le mieux déterminer quelles sont les variétés les plus productives, les plus rustiques, les plus appropriées à la nature du sol.

Écartez la semence provenant d'un individu chétif, elle donnerait naissance à des plantes faibles et débiles. Pour les céréales surtout, gardez-vous d'employer les graines produites par une récolte roulée, venue sur un terrain ombragé, ou dans un sol fumé avec excès. Les grains doivent être grands, brillants, bien remplis et sans odeur. Arrêtez-vous à une pièce dont tous les épis sont parfaitement développés, où les herbes parasites sont rares ; laissez ce grain arriver à une complète maturité, et vous serez certain d'avoir une semence nette, propre, bien disposée à produire des plantes vigoureuses.

Avec ces précautions, et en conservant le grain battu dans un endroit sec et aéré, les substitutions de semences deviennent inutiles ; vos produits seront toujours bons et abondants, quand même les variétés devraient éprouver des modifications, par l'influence du climat, le changement de sol et de culture : ce qui est alors plutôt l'effet du mélange de la poussière fécondante, que le résultat de quelque dégénération.

Cependant, si la semence devait dégénérer successivement d'année en année, il serait indispensable de la renouveller, en la tirant d'une contrée qui la fournit de bonne qualité et convenable au sol qui doit la recevoir.

Il est des graines qui conservent leurs facultés germinatives pendant quelques années, mais il en est d'autres qui la perdent dans l'année ; il est donc prudent et avantageux de se servir de graines nouvelles pour semer : le plus tôt sera le mieux.

Les semences farineuses en général se conservent rarement plus de deux à trois ans ; par contre, les haricots, les pois, l'esparcette, les choux, le lin, les betteraves, etc., conservent leurs facultés germinatives quatre à cinq ans, et le tabac neuf ans. Cependant, ces vieilles semences, dont le germe est raccorni par une longue dessiccation, sont longtemps à lever et la graine court, par conséquent, plus de chances d'être détruite par les animaux, avant que la plante soit à l'abri de leurs atteintes.

On a remarqué encore que les semences nouvelles fournissent de plus belles tiges, et que les vieilles produisent un grain mieux développé.

Époque des semailles.

Il y a deux époques principales pour les semailles, le printemps et l'automne.

Le moment des semailles d'automne est indiqué par des signes naturels, qui sont les mêmes pour tous les climats. C'est lorsque les premières feuilles des arbres tombent d'elles-mêmes et lorsque les araignées de terre tendent leurs toiles sur les guérêts ; car jamais elles ne filent en automne que le ciel ne soit bien disposé à faire germer les blés nouvellement semés.

Au printemps, il n'y a souvent qu'une semaine, qu'un jour propice, et il faut être préparé d'avance à en profiter. Il vaut même mieux négliger les préparations d'usage de la terre, que de ne pas semer en temps convenable.

Les terrains légers se laissent travailler presque en toute saison, même lorsque les pluies ne laissent entre elles que de courts intervalles ; mais les terres argileuses, au contraire, où l'évaporation est beaucoup plus lente, qui deviennent plastiques et boueuses, n'ont que peu d'époques favorables pour les semailles, et il faut les saisir avec prévoyance. Autrement, les hommes et les animaux sont excédés de fatigue, les instruments fonctionnent mal, et il n'est que trop commun de voir une semaille, ainsi exécutée, compromettre le succès de la recolte.

Les terres les plus éloignées des bâtiments d'exploitation doivent être semées les premières, afin de pouvoir saisir, pour les terres fortes et les plus rapprochées, les intervalles de beau temps.

Le sol ne doit être ni trop humide, ni trop sec, quand on sème ; le temps doit être calme, il ne faut pas de vent, surtout pour les graines fines.

Enfin, il est nécessaire que le cultivateur fasse une étude sérieuse de la nature de son terrain, et de l'exigence du climat, pour qu'il parvienne à distribuer ses travaux d'une manière régulière, et à exécuter la semaille de chaque pièce dans le tems le plus opportun. Il va donc sans dire que les semailles d'automne doivent se faire plutôt dans les terres fortes que dans les légères, et quinze jours plus tôt dans la montagne que dans la plaine ; le seigle avant le froment.

Au printemps, par contre, ce sont les sols légers qui doivent être ensemencés les premiers, afin que la semence puisse encore profiter de l'humidité de la terre. On commence par l'avoine, en même temps on sème les pois, les vesces, les lentilles, etc., et après cela l'orge, soit pure, soit avec trèfle.

PROFONDEUR DES SEMENCES.

Il y a des conditions indispensables à la germination des semences, et la principale de ces conditions, c'est que la graine soit *recouverte d'une couche de terre convenable*. Des expériences nous apprennent que les phénomènes qui accompagnent la germination dans ses phases diverses, ne s'accomplissent qu'imparfaitement sous l'influence de la lumière. Il faut donc que la semence soit enterrée à une certaine profondeur, afin qu'elle soit dans la plus complète obscurité. Dans d'autres expériences, la présence de l'air est indispensable pour que l'embryon se développe. Il faut donc, en second lieu, que la couche de terre qui recouvre la semence, soit assez peu épaisse, pour ne pas intercepter la communication de l'oxigène de l'air avec la graine.

Le cultivateur doit étudier les vœux des plantes, sous ce double rapport, pour déterminer la profondeur à laquelle il doit enterrer la graine. Il y a des conditions dont il ne peut pas s'écarter sans nuire au produit de ses récoltes; car, les semences trop profondes comme celles non couvertes, ou qui ne le sont pas assez, ne lèvent pas. Cependant, cette profondeur varie selon la nature du sol, l'époque de la semaille, la grosseur de la semence, et son état plus ou moins avancé de germination au moment de la semer.

Plus la graine est grosse, plus elle veut être enterrée profondément.

Plus le sol est argileux, plus il faut enterrer superficiellement.

La raison en est toute simple : cette terre tenace ne permet pas à l'air de pénétrer, ni à la jeune plante de percer facilement.

Il est certaines terres qui sont sujettes au *déchausse-ment*; pour celles-là, on enterre également la semence à une plus grande profondeur qu'à l'ordinaire, afin que les racines, fortement implantées dans le sol, ne puissent être soulevées par le gonflement du terrain.

Pour un sol de consistance moyenne, on peut enterrer aux profondeurs suivantes les semences que nous allons citer :

Les semences des prairies artificielles, le pavot, la chicorée, demandent à être à peine recouverts.

Les navets, les carottes, le lin, les autres graines oléagineuses, le rutabaga, etc., à 140 millimètres de profondeur.

Les haricots, le maïs et le colza à quatre centimètres.

Le froment, le seigle, les betteraves, les vesces, les lentilles, les pois, de 300 à 550 millimètres.

L'orge et l'avoine, de 550 à 650 millimètres.

Les féveroles supportent une couverture de 7 à 9 centimètres.

QUANTITÉS DE SEMENCES A EMPLOYER.

Comme toutes les graines que l'on confie à la terre ne germent pas, il faut toujours semer dans une proportion plus forte que celle nécessaire ; parce que, tel soin que l'on ait pris pour choisir la semence, il y en a toujours une petite partie qui a perdu la faculté germinative, et, avec quelque précaution que l'on sème, il y a toujours un certain nombre de graines qui ne sont pas couchées en terre dans les conditions voulues, pour reproduire.

Dans un sol riche, la quantité de semence confiée à la terre doit être généralement moindre que dans les terrains maigres, parce qu'il y a beaucoup plus de disposition à produire des talles ou pousses latérales ; et comme les tiges en général deviennent plus fortes, les plantes doivent être espacées.

Il convient encore de diminuer la quantité de semences

quand la semaille s'exécute de bonne heure, parce que
alors le terrain est ordinairement mieux préparé et les
plantes ont plus de temps à prendre racine et à taller.

En traitant de chaque plante, nous indiquerons la quantité de semences que l'on doit employer, dans un sol de
fertilité et de consistance ordinaires.

Des procédés de sémination.

Le cultivateur a trois moyens pour distribuer la semence sur le sol : *à la volée*, *au semoir*, *au plantoir*. Le
dernier procédé est restreint à un très-petit nombre de
circonstances qui ne se rencontrent que dans la petite culture, et dans les exploitations maraîchères. Le second,
usité presque généralement en Angleterre, parce qu'il est
prouvé qu'il économise un tiers de semence, commence à
se répandre dans les grandes exploitations du continent.
Cette économie de semence provient de ce que, par le
procédé mécanique, la majeure partie des graines se trouvent enterrées à la profondeur voulue pour leur germination.

NB. Le procédé de semer en lignes a pris le nom de
Drillculture, la machine à semer s'appelant Drill, en anglais.

Le premier procédé est le seul pratiqué dans la petite
et la moyenne culture de notre pays ; mais il faut espérer
que le semoir, qui, bien employé et bien construit, permet une si notable économie de semence, deviendra bientôt d'un usage aussi général chez nous, qu'il l'est en Angleterre.

Il est bon d'observer que l'usage des semoirs est peu
praticable, lorsque les semences des céréales ont été soumises préalablement à l'opération du chaulage. La poussière de la chaux imprègne les brosses, et obstrue les ouvertures des lanternes, au point d'empêcher l'instrument
de fonctionner d'une manière tant soit peu satisfaisante.
Cet inconvénient, qui peut être vaincu, ne doit pas arrê-

ter le cultivateur dans l'emploi de cette machine ingénieuse, qui offre tant d'économie.

Pour les autres plantes, les semoirs n'ont aucun inconvénient à signaler, et les avantages qu'offre leur emploi est incontestable.

La grande difficulté en semant à la volée, consiste à distribuer uniformément et à volonté une quantité de graines déterminée sur une surface donnée.

Aussi, les hommes qui possèdent ce talent à fond, sont-ils rares à rencontrer : un semeur peut, en un jour, répandre de la semence sur une superficie de six à sept hectares.

Pour faciliter le travail, il convient de diviser la pièce à semer en plusieurs compartiments, devant lesquels on dépose la quantité de semence déterminée à l'avance. Lorsque la première partie est semée, s'il reste du grain, le semeur s'apercevra qu'il a trop alongé le jet; si, au contraire, la quantité est insuffisante, il verra qu'il a semé trop dru, et, dans l'un ou l'autre cas, il sera à même de se rectifier pour le deuxième compartiment.

Au lieu du sac, qui est assez embarrassant, le semeur peut se servir d'un panier fait exprès et qui offre plus de commodité. Ce panier est muni de deux anses auxquelles sont liées les deux extrémités d'une lanière de cuir, ou d'une autre matière analogue. Le semeur passe cette lanière autour de son cou, comme un collier.

Dans la plupart des exploitations on répand la semence sur guérêt, c'est-à-dire, sur le sol labouré, mais non hersé. Cette manière produit toujours un semis inégal, et il vaut beaucoup mieux donner un coup de herse avant le passage du semeur. Il est vrai que cette précaution exige un hersage de plus : mais, une dépense de trois francs par hectare est peu de chose, pour obtenir un meilleur résultat.

Procédés employés pour recouvrir les semences, et plombage du terrain.

Pour les graines fines qui veulent à peine être couvertes de terre, on les répand sur le sol, et on y fait ensuite passer un troupeau de moutons. On emploie cette méthode principalement pour les prairies artificielles et la chicorée.

On peut, du reste, mieux exécuter la même besogne avec un rouleau, si la consistance du sol le permet.

Si le sol est très-compacte, de manière que le moindre tassement dût être pernicieux, on se servira d'une herse en bois, très-légère, et qu'on promène les dents inclinées en arrière. Dans les semences très-fines, comme la navette, la gaude, il est à craindre que ce hersage n'enterre trop profondément : on se sert dans ce cas d'une traverse en bois, sur laquelle on fixe des branchages. On nomme cet instrument *herse milanaise*, parce qu'on s'en sert en Italie pour recouvrir les semences des prairies naturelles.

Pour les semences qui demandent à être enterrées à une plus grande profondeur, on se sert de la herse à dents de fer. Si la herse ne mord pas, on peut se servir de l'extirpateur.

Lorsqu'on a semé à la volée, il convient que l'instrument qui enfouit la semence marche en travers de la direction du labour. Lorsqu'on a semé en lignes, il faut, au contraire, que l'instrument qui recouvre, marche dans le sens des rangées, afin qu'il ne dérange pas le parallélisme ; cependant il est plus économique de faire recouvrir les lignes au rateau par un ouvrier, que d'employer la herse à cheval : ce qui ne peut pas se pratiquer en semant à la volée.

Des plantations et repiquages. Ces sortes d'opérations, qui ont rapport à la culture rurale, peuvent se classer comme suit : *préparation du terrain ; choix du plant ; exécution.*

Préparation du terrain. Lorsqu'on sème en pépinière

une plante qui, dans la suite, sera transportée ailleurs, on a prévu que ses racines ne s'étendront pas profondément, puisqu'on se propose de la déplacer au commencement de sa croissance.

Lorsqu'on destine, au contraire, un terrain à recevoir le produit de la pépinière, on doit prévoir que les racines pénétreront à une grande profondeur, et on ne négligera rien pour faciliter leur extension et leur développement dans toutes les directions.

Pour les plantes annuelles, des labours profonds et multipliés, qui brassent le sol dans toutes les directions, sans cependant entamer le sous-sol, sont d'une nécessité absolue; et presque toujours, pour les plantes qui occupent la terre plusieurs années consécutives, comme le houblon, la garance, un défonçage à bras sera payé largement par l'augmentation des produits, sans compter l'accroissement indéfini de la fertilité du sol.

Il est des terrains, comme ceux de la plaine de Cernay, dont la couche arable a si peu de profondeur, qu'il serait difficile d'y cultiver avec succès des plantes repiquées, si la pratique ne fournissait pas le moyen de leur donner un exhaussement artificiel par le *billonnage*.

Cette opération consiste à jeter, l'une contre l'autre, deux bandes de terre, soulevées par le tour et le retour de la charrue, comme si on couvrait la surface d'une foule de petits ados.

Le terrain ainsi disposé, on conduit le fumier au moyen d'un chariot, dont les roues passent dans les intervalles des ados, dans l'un desquels le fumier se décharge. Des ouvriers, armés de fourches, le distribuent dans les rigoles à droite et à gauche, en laissant le tiers dans la rigole où il a été déchargé. Le chariot, dans sa seconde allée, engage ses roues dans le quatrième et le sixième intervalle ; le fumier se dépose dans le cinquième et, comme précédemment, il est distribué à droite, à gauche et au milieu.

Toutes les rigoles ainsi fumées, la charrue, par un second labour, prend la moitié de la terre qui se trouve sur
le premier ados et la rejette dans la rigole voisine ; à la
seconde allée, l'autre moitié se rejette dans la rigole de
l'autre côté, et ainsi de suite. Alors, comme précédemment, le sol se trouve billonné, et le fumier recouvert de
terre au centre des billons. Telle est la méthode écossaise, décrite par *Sinclair*. Le procédé du billonnage permet plusieurs modifications : par exemple, on le simplifie
beaucoup, en employant, au lieu de la charrue simple, la
charrue à buter, ou à deux versoirs.

Cependant, il est bien certain que toutes les fois que
le sol n'aura pas besoin d'être artificiellement exhaussé,
on s'en tiendra à la méthode ordinaire de repiquer sur
rayes, en traçant les lignes soit avec une machine appelée rayonneur, soit à la main.

Voici comment on procède dans la méthode qui est usitée
généralement. Lorsque le sol est bien ameubli et le fumier
enfoui à une profondeur suffisante, on donne un hersage
pour niveler la surface. On passe ensuite le rayonneur
qui trace des lignes parallèles, mais peu profondes, le
long desquelles on repique le plant. Lorsqu'on se sert du
rayonneur pour creuser les rangées où le semeur doit
déposer des graines, les traces seront plus approfondies,
chose qu'il est facile d'obtenir, que le rayonneur soit
construit en pieds de bois ou de fer, selon la nature de
la terre dans laquelle on le fait fonctionner.

Les pieds ne s'attachent pas d'une manière fixe sur la
traverse horizontale ; on les étreint contre celle-ci au
moyen de brides qui se serrent à volonté par un écrou et
permettent de rapprocher les pieds les uns des autres, ou
de les éloigner.

Si on veut se servir de houe à cheval pour le sarclage,
on rapproche toujours deux rangées, afin de laisser un
intervalle suffisant pour l'emploi de cet instrument.

Choix du plant. La première règle à observer, c'est de ne sortir le plant de la pépinière qu'à l'époque où les racines ont acquis une certaine grosseur. Plus les racines ont de volume, et mieux elles sont développées et garnies de chevelu, plus elles ont de facilité pour reprendre.

On ne doit pas craindre d'*habiller le plant*. Cette opération consiste à retrancher la partie supérieure des feuilles. C'est par les feuilles que l'évaporation s'exécute ; si on diminue la surface évaporatrice, la plante éprouve une déperdition moindre et résiste plus longtemps à l'influence d'une sécheresse continue. Le retranchement de l'extrémité de la radicule est utile, même nécessaire, si la soustraction ne se fait pas jusqu'au vif, et qu'on n'enlève que la partie inférieure sans leser le tissu parenchymateux ; car, il est bien difficile que le filet qui termine chaque plante ne se replie sur lui-même, et ne force la sève à dévier et à déformer la racine.

Une précaution qu'on ne doit jamais négliger, c'est de repiquer le jour même où l'on a donné le dernier labour. Une terre récemment labourée laisse échapper une très-grande quantité d'eau à l'état de vapeur. Les feuilles, par les pores dont elles sont criblées, s'emparent d'une partie de cette eau et récupèrent ainsi les pertes qu'elles subissent ; tandis que sur un ancien labour l'évaporation est presque nulle.

Un défaut général chez les cultivateurs qui établissent des pépinières, c'est de semer trop dru. Les plantes serrées à l'excès s'étiolent, montent en tiges grêles et qui, transportées en plein champ, souffrent d'un changement brusque. Il vaut mieux demander un moindre nombre de végétaux à la terre et avoir du plant vigoureux et bien développé.

Plantation. On plante à la charrue, ou à la main. La première méthode ne convient qu'aux pommes de terre, et aux plantes qui ne sont pas cultivées pour leurs racines.

Pour planter, ou repiquer à la main, on obtient une grande économie en adoptant la division du travail. Une partie des ouvriers sera occupée à arracher le plant, une autre à l'habiller ; quelques-uns le transportent de distance en distance sur la pièce destinée à le recevoir ; les autres, armés de plantoirs, forment des trous où ils déposent une plante en suivant la ligne tracée par le rayonnement ; puis, à l'aide du même plantoir, ils serrent la terre contre la racine en le plongeant deux ou trois fois autour de la première ouverture. L'essentiel, pour cette opération, n'est pas de presser la terre contre le collet, mais bien contre la partie inférieure de la racine. Le collet de la plante doit être de niveau avec la superficie du sol ; s'il s'élevait au-dessus, la partie qui serait en dehors ne produirait pas de chevelu et se déchirerait ; si on le mettait au-dessous, la terre couvrirait les feuilles du centre, la pluie et la rosée y séjourneraient et amèneraient la pourriture.

Le plantoir-truelle, recommandé par *Thaer*, ressemble un peu à une houe qui se terminerait en pointe triangulaire alongée. L'ouvrier le plonge dans la terre, et, sans le sortir, il l'attire vers lui et forme l'ouverture dans laquelle il dépose le plant ; repoussant ensuite la terre avec son pied, il le rechausse à la hauteur convenable.

⊷⊶

CHAPITRE VIII.

Des façons d'entretien des terres.

Ces opérations portent généralement le nom de *menues cultures*. On comprend sous cette dénomination les travaux qui ont pour but d'assurer, depuis la semaille ou la plantation jusqu'au moment de la récolte, le succès des diverses cultures. Cette partie de l'art agricole intéresse le cultivateur à un trop haut degré pour ne pas la traiter dans tous ses détails.

Le premier objet qui mérite une sévère attention, c'est le tracé et l'entretien des raies d'écoulement ; car, on est communément trop disposé à se déguiser à soi-même le tort que fait aux plantes le séjour de l'eau dans le sein de la terre. Des observations, que l'expérience semble justifier, portent à croire que le seigle succombe à une inondation de douze jours, et que le froment résiste trente-huit jours. Il est donc d'une grande importance de procurer à l'humidité un écoulement toujours facile. Le moyen est simple et peu dispendieux. On prend une charrue ordinaire et on ouvre un sillon qui serpente du point le plus élevé de la pièce à la partie inférieure, en passant par les endroits où l'eau paraît devoir rester stationnaire. On trace un nombre de raies suffisant pour procurer un assainissement complet. Toutes ces rigoles particulières doivent se rendre dans un fossé commun destiné à l'évacuation définitive de l'eau.

Pour tracer les raies d'écoulement, au lieu d'une charrue à un seul versoir, on se sert du butoir à double versoir, qui fait un travail plus satisfaisant, surtout en y adaptant le rabot de raies qui rabat l'amoncellement de terre qui se forme sur les bords de la raie, et qui empêcherait l'eau d'arriver dans la rigole. Un avantage important qui résulte des rigoles d'évacuation, c'est que les plantes déchaussent rarement.

Si, malgré les précautions que nous venons d'indiquer, le déchaussement a lieu au dégel, et met à nu les racines des plantes, on remédie au mal, jusqu'à un certain point, en semant sur la récolte un compost formé de terre et de fumier et en roulant énergiquement. L'engrais pulvérulent forme comme une couche légère sur les racines dénudées, le rouleau les a enfoncées dans le sol et les a recouvertes, avec la terre, des aspérités provenant des mottes de la suface.

Du hersage des récoltes. L'usage du hersage pour préparer les terres et d'enfouissement pour les semences, est général; mais il n'en est pas de même de la connaissance des résultats avantageux qu'a cette opération pour l'entretien des céréales.

Un des grands avantages du hersage des céréales, c'est la production des talles. Le *tallement* est une sorte de marcottage qui n'a lieu qu'autant que les plantes sont butées avec une terre nouvelle. Tous les moyens qui peuvent rechausser les végétaux, procurent ce résultat; mais aucun n'est plus économique, ni plus expéditif que le hersage. — Mais, pour obtenir un plein succès, il faut choisir le moment où la terre se réduit en poussière sous une faible pression et par le moindre choc, pour ne pas arracher les plantes. L'instant opportun est facile à saisir dans les terres argileuses, mais dans les terres sablonneuses, il n'en est pas de même; la couche supérieure est déjà souvent trop desséchée lorsque la partie inférieure est encore trop humide. Pour les sols de cette nature, il n'y a souvent qu'un seul jour favorable au hersage, et ceux qui en cultivent de tels, devront être aux aguets pour en profiter.

Il ne faut pas même craindre de mettre la herse dans une pièce de betteraves, de colza, de navets, etc., pendant que ces plantes sont à leur première enfance. Il est prudent de se servir d'une herse, dont les dents soient presque perpendiculaires au sol. Quand l'instrument a passé, le champ semble quelquefois ravagé; aussi les cultivateurs disent proverbialement que : *celui qui herse des navets ne doit pas regarder derrière lui.*

Cette culture ne s'applique pas exclusivement aux plantes semées à la volée, elle agit d'une manière aussi efficace et aussi avantageuse sur celles qu'on a semées en lignes.

L'opération du hersage est tout aussi profitable aux prairies artificielles et permanentes. La proportion dans laquelle elle augmente le produit, dans certains cas, est à peine croyable. Elle a pour but, dans les prés naturels, de rechausser le gazon, de l'ouvrir aux influences de l'air, et, par conséquent, de l'y renouveler. Ce travail est utile surtout pour enlever la mousse et donner passage aux engrais, qui pénètrent alors plus facilement dans la terre.

Le hersage produit sur les prairies artificielles un résultat absolument semblable, mais plus énergique; de plus, il détache du sol les pierres qui s'y trouvent enchâssées, et qui se fussent opposées à l'action de la faulx. On les amasse ainsi avec la plus grande facilité. On pourrait croire que le déchirement des pieds de sainfoin, de luzerne, etc., amènera la mort des individus lésés; il n'en est rien, la nature cherche constamment à réparer ses pertes, la sève afflue avec abondance vers la partie offensée, et la végétation ne se ranime que plus belle.

Du BINAGE. Le binage destiné à casser la surface dure du sol, et à le rendre susceptible de puiser les parties nutritives de l'air, de la pluie et de la rosée, ne doit pas se confondre avec le *sarclage*; il ne faut le faire que dans les cas où les mauvaises herbes tapissent le sol. Cette opération indispensable doit se répéter trois ou quatre fois et non seulement lorsque les plantes parasites ont envahi la surface de la terre, et vécu aux dépens de la substance destinée à la véritable récolte, qui, par cette économie mal entendue, perd souvent le tiers des produits qu'on eût obtenus, en suivant une marche mieux raisonnée.

Les *binages* sont rarement appliqués aux céréales, soit parce que cette opération, entreprise sur une grande superficie, exige des bras nombreux que l'on ne peut souvent se procurer, soit parce que la dépense est au-dessus des ressources dont peuvent disposer à cette époque la plupart des cultivateurs. La dépense se monte d'ordinaire de quinze à vingt francs par hectare.

C'est pour diminuer les frais de ce binage, et pour d'autres avantages encore, qu'on commence à exécuter en lignes la semaille de toutes les espèces de calmifères. Le semoir mécanique remplit les conditions voulues.

L'homme qui a fréquenté les halles et les marchés à grains, sait qu'un binage a, sur la netteté des produits, une influence qui augmente souvent la valeur du blé, de deux francs par hectolitre. Lorsqu'on n'a pas semé par rangées, on se sert, avec avantage, de la serfouette. Du reste, au premier binage, les plantes qui commencent à sortir de terre sont si délicates, leurs tiges sont si grêles, qu'il serait à craindre que, secouées trop vigoureusement par la houe à cheval, ou même couvertes par la terre qu'elle déplace, elles ne subissent, dans ce cas, un dommage réel.

Ce premier binage n'est, à proprement parler, qu'un ratissage. Les binettes ordinaires présentent plusieurs inconvénients très-connus, et que la binette de *Lecouteux* paraît éviter. Elle se compose d'un prisme de fer; une quenouille tranchante sur ses deux faces, fait corps avec la partie supérieure du prisme. Une cavité pratiquée dans ce prisme, permet d'y insérer à la fois les branches coudées des deux lames qui, par cette disposition, peuvent à volonté s'éloigner ou se rapprocher. L'assemblage est maintenu solide par un coin de fer. On peut adapter des lames latérales plus ou moins larges, selon la distance qui existe entre les rangées.

Au second binage, la terre qui se trouve autour des plantes peut être remuée, mais avec précaution, si celles-ci sont encore faibles. Dans ce cas, on ne se sert pas de la houe à lame élargie, mais de celle dite *triangulaire*, parce qu'elle n'exerce son action que sur une très-petite superficie et ne blesse pas les plantes. Elle est indispensable dans les sols pierreux et cailouteux, où l'on essaierait en vain de faire pénétrer une lame large.

Pour le premier binage, on fait précéder, avec le plus grand succès, le *rouleau* à la *houe*. En effet, le grand but du binage est la pulvérisation du sol ; avec la houe, on n'obtient cet ameublissement qu'en déplaçant la terre. Or, il arrive souvent que ce déplacement met à nu la racine de la plante, et que la cavité ne peut être fermée par un nouveau transport de terre sans l'offenser. Il faudrait donc que la motte fût écrasée au lieu même qu'elle occupe, et c'est ce qu'on fait sans peine avec le rouleau, en proportionnant la pesanteur de celui-ci à la grosseur des plantes.

Dans les seconds binages, le travail exige, pour être parfait, que la terre soit remuée à une grande profondeur ; en même temps l'éclaircissage des plantes sarclées se fera, et ce n'est pas la partie la moins dispendieuse de leur culture. Avec de l'exercice et certaines précautions, on peut le faire à coups de binette, mais il vaut mieux exiger qu'on éclaircisse à la main, surtout lorsque les bras qu'on emploie sont encore novices. Un surveillant est indispensable, parce que, si l'ouvrier ne se sent pas devant lui l'œil du maître, il préfère souvent couper quatre à cinq plantes avec la houe, que de se baisser pour arracher délicatement les surnuméraires. Il en est de même de la destruction des mauvaises herbes : celles très-rapprochées des plantes doivent s'arracher à la main.

BINAGE A LA HOUE A CHEVAL. Il y a longtemps que l'agriculture anglaise se sert avec succès, pour opérer les binages, d'instruments conduits par des chevaux, et cet instrument commence également à se répandre parmi les cultivateurs du continent ; on l'appelle *houe à cheval*. Il y en a de différentes constructions. Celle qui est le plus généralement usitée aujourd'hui pour les plantes semées en lignes, espacées d'au moins 50 centimètres, est assez simple dans sa construction. Le soc est placé à l'extrémité antérieure de la branche médiane. A celle-ci sont attachées deux ailes ou branches latérales, qui reçoivent les couteaux ou lames recourbées. Les deux ailes s'éloignent ou se rapprochent à volonté, selon que l'exige l'espace qui existe entre les lignes. Elles ont un mouvement de va-et-vient sur leur pivot, à la partie antérieure, et se fixent immobiles, à la partie postérieure, par le moyen d'une traverse horizontale en fer, qui est percée de trous correspondant à ceux pratiqués dans les branches latérales, et destinés les uns et les autres à recevoir une cheville, pour maintenir l'assemblage. Le soc affecte différentes formes, selon la nature du sol et le but que l'on se propose. Les *socs ronds*, dits *Borgnis*, ou à angles obtus, coupent mieux les mauvaises herbes. Les socs pointus offrent moins de résistance, et on les emploie lorsque le but est seulement de remuer la terre. Les socs triangulaires sont propres à travailler un champ sans herbes. On les emploie aussi quand on veut diminuer la résistance que la machine doit vaincre.

La *houe à cheval écossaise* (*pl.* 2 *fig.* 5) est un excellent instrument qu'un seul cheval peut conduire; on peut régler et conserver la profondeur voulue au moyen de la roulette, qu'on élève ou qu'on abaisse à volonté. Dans les terrains difficiles, on peut enlever un ou plusieurs des socs, et leur substituer, ainsi qu'à la roulette, un ou plusieurs coutres, comme dans les extirpateurs ou cultivateurs.

La conduite de cet instrument ne présente aucune difficulté réelle, pourvu que l'opération s'exécute en temps propice. Pour la faire avec succès, il faut saisir avec diligence l'instant favorable, relativement à l'état du sol, des plantes qui composent la récolte, et surtout des plantes dont il s'agit d'opérer la destruction. Il est certain que si on a laissé passer cet instant, si la croûte de la terre est durcie, si les mauvaises herbes sont assez avancées dans leur végétation pour avoir développé des racines fortes et nombreuses, la houe à cheval fonctionnera de manière à donner à l'observateur l'idée d'un fort mauvais instrument, et elle ne sera presque d'aucun service dans de telles circonstances.

Façons pour le nettoyage du sol. La destruction des herbes nuisibles est toujours très-utile, non-seulement sur les céréales, mais encore sur toutes les récoltes, pour lesquelles l'opération du binage n'est plus nécessaire. Ce serait pourtant s'abuser que d'espérer par-là obtenir toujours leur destruction complète. C'est avant l'ensemencement, et non après, qu'on doit chercher les moyens de débarrasser la terre des *plantes vivaces*, bisannuelles ou annuelles, qui l'infestent ; dans bien des circonstances, pour obtenir ce résultat, il faut avoir recours à des cultures multipliées, souvent même à la jachère : c'est-à-dire, y planter des navets en ligne, des pommes de terre, des vesces, en tenant ces récoltes parfaitement nettes ; voilà le meilleur moyen d'obtenir la destruction des mauvaises herbes.

Ce procédé est surtout recommandable pour opérer la destruction du *chiendent*, qui est une véritable calamité pour celui qui cultive des terres légères et siliceuses. Rien ne le détruit mieux qu'un labour à une profondeur plus grande que celle qu'ont atteinte les racines de cette plante ; par ce moyen on la tue en l'étouffant.

Il est cependant rare qu'un labour et même deux suffisent pour détruire le chiendent ; quelquefois il en faut cinq, six et même un plus grand nombre. La perfection consiste à mettre une partie des racines à l'air pour les priver d'humidité, et d'enfouir l'autre à une profondeur telle qu'elle ne puisse végéter. Quel que soit le nombre des cultures, il est indispensable de se rappeler qu'il faut herser avant chaque labour, que ce labour soit fait par un temps sec, et couper les tranches précédentes dans leur milieu et dans leur longueur. Cette jachère est coûteuse, mais la décomposition du chiendent, l'amélioration du sol, en compenseront bien largement les frais.

L'AVOINE A CHAPELOTS (avena pectoria) est au sol argileux et schisteux, ce que le chiendent est aux terrains légers. On peut la détruire en donnant un labour aussi profond qu'il est nécessaire, pour que toutes les souches de tubercules soient remuées et retournées ; on donne un coup d'extirpateur pour ramener tous les nids à la surface. Si l'on en restait là, les tubercules reprendraient bientôt une nouvelle vie, parce que la terre qui adhère à leur surface, leur permettrait de végéter. C'est à enlever cette terre qu'il faut tourner toute son attention. Aussitôt que la sécheresse a rendu le sol meuble et friable, on fait passer plusieurs fois de suite le rouleau, suivi d'une herse à dents rapprochées ; la terre qui adhérait aux tubercules, tombe à la suite des secousses multipliées que reçoivent ceux-ci, et on peut être assuré de leur destruction si la sécheresse dure encore quelques jours après l'opération.

On emploie encore la charrue ou la jachère, pour détruire quelques autres herbes, telles que la *moutarde des champs* ou *sanve*, le *raifort sauvage* ; mais ces plantes peuvent être détruites par les menues cultures et par les sarclages ordinaires.

Lorsqu'on a une pièce infestée de tubercules non pas agglomérés, comme la terre-noix, l'orobe tubéreux, on se trouvera bien d'y faire passer un troupeau de porcs à plusieurs reprises.

Du SARCLAGE PROPREMENT DIT. Le sarclage appliqué aux plantes binées peut être considéré sous deux points de vue : comme préparation du binage, et comme son complément. Dans le premier cas, on l'emploie pour les récoltes qui se trouvent subitement envahies par une foule de mauvaises herbes, avant que les bonnes plantes soient en état de supporter les secousses des cultures. Les sarcleurs prendront alors toutes les précautions pour ne pas fouler les plantes avec les pieds, et pour ne point en déchausser ou mettre à nu les racines tendres et délicates. Comme la récolte est faible et que la moindre négligence lui est préjudiciable dans sa première enfance, il est important d'exiger que les sarcleuses ne jettent point les herbages sarclés sur la véritable récolte, qui en serait étouffée ; ces sortes de sarclages ont lieu surtout pour les pavots, les carottes et la gaude.

Quand le sarclage vient comme auxiliaire ou complément du binage, on ne doit plus craindre d'arracher les végétaux avec force, parce qu'on remue ainsi la terre, et que cet ameublissement est utile à la récolte. Un objet sur lequel il faut veiller avec sévérité, c'est d'arracher les végétaux parasites, avant qu'ils soient en fleurs, à plus forte raison en graines.

L'*échardonnage des céréales* est une opération indispensable : il ne faut pas se contenter d'en couper la tige, qui repousserait à sept ou huit jeunes tiges ; mais d'en arracher les racines avec force, en se munissant de gants. On connaît dans certaines provinces, sous le nom d'*échardonnette*, un instrument dont l'extrémité, bien acérée et tranchante, a vingt-trois millimètres de largeur. Le milieu a une longueur de cinq centimètres, et se termine par une échancrure destinée à enlever les chardons coupés et embarrassés dans les céréales. De tous les instruments de ce genre, l'échardonnette paraît préférable, ou bien l'échardonnoir à crochet. Enfin, lorsque les tiges et les racines des chardons sont ligneuses, on se sert, dans quelques départements, des *tenailles*, ou *Moïttes*, qu'on emploie également pour arracher d'autres herbes qui croissent dans les céréales, telles que l'*yèble*, les *arrête-bœuf* ou *bugrane*.

La *prèle*, appelée vulgairement *queue de cheval*, a des tiges de deux sortes : celles qui portent les fruits paraissent aux premiers jours du printemps, et meurent aussitôt que la fructification a lieu ; c'est-à-dire après sept ou dix jours, suivant les circonstances. C'est seulement alors que les tiges stériles ou foliacées commencent à se développer. D'après cela il est aisé de se convaincre que, pour détruire la prêle, il est indispensable d'arracher les tiges fertiles à mesure qu'elles se montrent. Il ne faut pas songer à en arracher les racines, elles pénètrent à une trop grande profondeur.

Le *mélampyre des moissons*, appelé aussi *rougeole*, *queue de renard* (Kuhweizen, en allemand), est une plante d'environ trente-trois centimètres de hauteur ; ses fleurs sont toujours fermées, rouges, avec une tache jaune dans le milieu. Elles sont disposées en un épi terminal et entremêlées de bractées purpurines ; chaque capsule porte une semence marquée à son extrémité d'une tache noire. Cette semence, du reste, a la forme et la couleur du blé. La présence de cette plante diminue le produit du froment et de quelques autres céréales ; elle produit encore une détérioration sensible sur la farine de froment, soumise à la panification. On ne parvient pas à en débarrasser le blé, et celui qui en contient, même en très-petite proportion, communique au pain une couleur violette, qui lui donne moins de valeur commerciale, sans lui communiquer d'influence malfaisante sur l'économie animale.

Les moyens qui paraissent les plus sûrs pour opérer la destruction de cette plante, sont les sarclages rigoureux et répétés. On pourrait aussi faucher la céréale pendant qu'elle est en fleurs : cette opération détruirait en même temps le mélampyre. C'est au cultivateur à juger si ce sacrifice serait assez compensé par la beauté et la pureté des produits ultérieurs.

Quant aux autres plantes, elles ne déprécient pas autant le froment que le mélampyre, et le vannage les sépare du bon grain. Cependant, les plantes suivantes demandent encore une attention particulière : le *liseron*, l'*ivraie*, qu'on nomme enivrante, heureusement assez rare, le *pas-d'âne*, les *patiences*, etc.

Emploi des produits des binages et des sarclages. Lorsque les herbes détruites par les menues cultures sont peu abondantes, ou n'ont pas pris beaucoup de développement, on les laisse sécher sur le sol. Si leurs graines sont arrivées à maturité, on les fait sécher et on les brûle hors du champ. Pour celles qui peuvent servir de nourriture au bétail, il faut secouer la terre qui adhère à leurs racines, et les porter au ratelier; ou, enfin, on les porte sur le compost, pour les convertir en engrais.

Retranchement des feuilles et des sommités des tiges. Trop souvent on se fait illusion sur les avantages de cette pratique. Le retranchement des sommités du maïs, des feuilles de la betterave, des tiges de la pomme de terre, fournit bien une nourriture plus ou moins alibile pour beaucoup d'animaux ; mais la soustraction de ces diverses parties ne peut que nuire au produit principal, parce qu'elle diminue les surfaces destinées à puiser dans l'atmosphère les éléments de fertilité qui s'y trouvent. Il a été prouvé par maintes expériences, que, si on retranche, par exemple, les fanes des pommes de terre, la croissance des tubercules cesse dès ce moment, et la récolte en est diminuée proportionnellement, à l'époque, plus ou moins rapprochée de leur maturité, où cette opération a été faite.

Par contre, on augmente le nombre et la grosseur des pois, des féverolles, des haricots, etc., en coupant les fleurs des sommités.

En somme, la soustraction des feuilles est presque toujours nuisible, et celle des fleurs presque toujours utile.

Du butage. Le butage est une opération de la plus haute importance, et si des cultivateurs ont cherché à se faire illusion sur ce point, c'est que, quand on n'y emploie que les bras de l'homme, le butage est très-pénible, dispendieux et souvent mal exécuté. Ces considérations décident presque toujours le cultivateur à ne buter qu'une seule fois, et alors on ne choisit pas pour ce travail l'époque de la première croissance de la plante, tandis que c'est dans sa jeunesse qu'elle veut être cultivée, et qu'une seconde façon sera largement payée par le surplus du produit.

La perfection dans le butage consiste à amonceler autour de la tige une butte de terre qui, sans recouvrir le feuillage, soit cependant aussi élevée que possible. Lorsque la plante a plusieurs tiges, l'opération est meilleure lorsqu'on les écarte les unes des autres par la terre, et qu'on en fait une sorte de marcottage.

Le premier butage sera peu énergique, et la profondeur de la terre qu'on amoncellera sera proportionnée à la hauteur des plantes. Le second se donnera à une plus grande profondeur et aussitôt que l'on s'apercevra que la terre, durcie par la première opération, s'est tassée de nouveau, ou a formé croûte.

En général, le cultivateur doit se persuader que, pour les travaux de cette nature, l'à-propos a au moins autant d'influence sur les résultats que la bonne exécution. On peut très-bien saisir l'instant propice pour commencer ; mais, si un changement quelconque de température force à interrompre, on n'obtiendra qu'un succès partiel. Ce dernier inconvénient se rencontre principalement quand on fait le butage à la main.

Le butage au moyen de la charrue offre sur celui à la main l'avantage de l'économie et de la célérité. En effet, lorsque les rangées de plantes sont à soixante-quinze centimètres les unes des autres, un homme et un cheval font un hectare et demi dans un jour, tandis qu'avec des houes à main il eût fallu au moins vingt personnes pour buter la même superficie.

L'instrument dont on se sert s'appelle *boutoir*. Nous avons décrit la charrue à bouter, de Rosé, qui est le meilleur boutoir (voyez *planche* 2, *fig.* 4).

Pour le premier butage à la charrue, on écarte beaucoup les versoirs et on prend peu de profondeur. Dans les opérations subséquentes, on fait précisément le contraire, c'est-à-dire qu'on diminue l'écartement des versoirs et qu'on fait piquer l'instrument à une plus grande profondeur.

Le boutoir est un instrument facile à diriger. On l'attèle ordinairement d'un seul cheval. Le butage a d'autant plus d'efficacité que l'instrument marche plus vite ; il faut, par conséquent, employer le cheval.

Le TERRAGE et le ROUCHOTTAGE ou RIOLAGE, est une opération analogue au butage pour les résultats qu'on en obtient. On la pratique non seulement sur la garance, mais sur les céréales et sur le colza. En Flandre, de quatre en quatre mètres, ou même moins, on creuse une rigole de la largeur et de la profondeur d'un bon fer de bêche, et la terre qui en provient est jetée sur le colza. On recommence la même opération au printemps. Cette pratique, nommée *rouchottage*, est fort vantée par les Flamands, qui l'emploient, non seulement pour le colza, mais pour toutes les plantes indistinctement. Le sillon est changé chaque année, en sorte que, dans l'espace de dix ans, toute la pièce a été défoncée à plus d'un fer de bêche.

Le sillon fait, il peut être rempli par des terres amenées, des décombres de bâtimens, des curures de fossés, si on en a à sa disposition, afin d'augmenter la couche végétale sur des fonds maigres.

CHAPITRE IX.

Des assolements.

Le mot *assolement* est moderne dans notre langue agricole. Il dérive de *solum*, sol, dont on a fait *sole*, mot qui indique chacune des divisions de culture établies sur une exploitation. *Assoler*, c'est donc partager le terrain en diverses *soles* destinées à porter successivement des cultures différentes. *Dessoler*, c'est changer une succession de culture précédemment établie ; enfin, assoler, c'est l'art de faire alterner les cultures sur le même terrain, pour en tirer constamment le plus grand produit, aux moindres frais possibles, sans épuiser le terrain.

L'expérience ayant démontré que toutes les récoltes n'épuisaient pas également le sol ; que toutes ne se succédaient pas avec un même succès ; que telles pouvaient revenir plus fréquemment que telles autres sur le même terrain ; que, dans la nature inculte même, dans nos pâturages et nos prairies naturelles, la qualité des herbages change, pour ainsi dire, sans cesse ; que le même effet se reproduit dans les forêts exploitées : celles à base de hêtres deviennent forêts de chênes, etc. On a conclu de ces observations, qu'il était utile, qu'il était même nécessaire, pour conserver sa fertilité au sol, d'alterner les cultures, afin d'entretenir la terre, par la combinaison de cultures variées, dans un état convenable d'ameublissement, de propreté et de bons produits.

Principes généraux. Il faut faire précéder et suivre les cultures épuisantes par d'autres cultures propres à reposer le sol et à lui rendre sa fécondité.

Les cultures considérées comme épuisantes sont, en

général, celles des céréales et d'autres plantes, telles que
le *colza*, le *lin*, le *chanvre*, etc., dont on laisse mûrir les
graines, parce que, vers l'époque de la maturité, leurs
feuilles, déjà en partie desséchées, cessent d'absorber
les principes nutritifs dans l'atmosphère, et laissent aux
seules racines le soin de fournir aux besoins de la végétation. — Les cultures considérées comme reposantes ou
fertilisantes sont celles qui doivent être fauchées avant
l'époque de leur fructification, telles que les *trèfles*, le
sainfoin, la *luzerne*, les *graminées pérennes*, dont les
racines et une partie des fanes substantielles sont enfouies
par les labours, — à plus forte raison les arbres et les
arbrisseaux, dont les feuilles couvrent annuellement le
sol de leurs dépouilles; — les récoltes enterrées en vert
lors de leur floraison, comme les *lupins*, les *sarrazins*,
etc.; celles, enfin, qui exigent le concours d'engrais dont
elles ne consomment qu'une partie, comme les *choux*,
les *betteraves*, etc.

A une plante d'une certaine espèce, d'un certain genre,
ou même d'une certaine famille, il faut faire succéder
autant que possible une plante d'une autre espèce, d'un
autre genre et d'une autre famille. Par ce moyen, on a
moins à redouter les effets de l'effritement. Il existe à la
vérité quelques exceptions à cette règle, mais elles ne
sont ni assez nombreuses, ni assez expliquées pour faire
loi. C'est ainsi que, dans certaines contrées, des terres
privilégiées produisent des récoltes de blé abondantes
sans aucune intercalation. D'ailleurs, les céréales peuvent se succéder, en général, à de courts intervalles;
tandis que d'autres plantes refusent de croître avec succès à la même place, à moins d'une plus ou moins longue
interruption, comme la *luzerne*, le *colza* et divers autres
végétaux à graines oléagineuses, qui exigent un intervalle
de quatre à cinq ans et plus. Une autre considération,
c'est que certains insectes nuisibles s'attachent particu-

lièrement à certaines espèces de plantes, et que, prolonger leur culture, c'est multiplier quelquefois prodigieusement ces animaux.

Enfin, considérant la chose sous un dernier point de vue, il est aussi hors de doute que telle ou telle plante réussit plus ou moins bien après telle ou telle culture. C'est ainsi que le *trèfle*, dans les terrains où sa végétation est vigoureuse, les *fèves* dans les sols argileux, sont une des meilleures préparations pour le froment; — ainsi encore l'orge et l'avoine viennent plus sûrement que le froment après une récolte de pommes de terre; l'avoine et le seigle donnent relativement de meilleurs produits que le froment et l'orge sur un pré nouvellement rompu, sur une vieille luzerne, une défriche ou après un écobuage.

Aux cultures qui facilitent la croissance des mauvaises herbes, et notamment à celles des blés, il faut faire succéder d'autres cultures, qui les détruisent ou les empêchent de se développer. Ces cultures sont de deux sortes : certaines plantes, telles que le trèfle, par la multiplicité de leurs tiges et l'abondance de leurs feuilles, empêchent à la surface du sol toute autre végétation, si la végétation est rapide et vigoureuse et si on laisse prendre le dessus aux mauvaises herbes. — Les récoltes que l'on doit biner ou sarcler, sont aussi très-propres à précéder ou à suivre celles qui ne comportent pas de telles façons, parce qu'elles détruisent très-bien les plantes adventives.

Thaer développe sa théorie des assolements de la manière suivante :

Les rotations doivent toujours commencer par les plantes sarclées, et ces plantes reçoivent la principale fumure, parce qu'elles en supportent une forte et en profitent tellement, que souvent la masse des produits est double, tandis que les frais d'exploitation restent les mêmes.

Aux plantes sarclées doit succéder le trèfle mélangé d'herbe. Pour que le trèfle réussisse et donne une riche récolte, il faut indispensablement un terrain vide de mauvaises herbes, bien ameubli et fortement fumé; c'est donc ici sa place.

Un bon champ de trèfle peut être utilisé pendant deux ans. Au trèfle on fait succéder une céréale d'automne. Le froment donne une riche moisson lorsque le trèfle a été beau.

A celui-ci succède une plante légumineuse ou oléagineuse, et seulement sur la fin de la rotation, Thaer permet l'ensemencement successif de deux récoltes de céréales, parce que les plantes sarclées, par lesquelles doit recommencer une nouvelle rotation, remédient suffisamment à l'épuisement du sol.

Après le froment, il n'y a rien de plus convenable que des vesces vertes fumées pour servir de fourrage, afin de laisser le sol parfaitement préparé pour un nouveau semis de céréales d'automne.

Ainsi, la rotation doit commencer par la culture de la betterave, de la pomme de terre ou d'une autre plante sarclée, pour donner une puissante fumure au sol et utiliser non seulement sa croûte superficielle, comme c'est le cas pour les céréales, mais aussi le sous-sol, afin de donner insensiblement plus de profondeur à la couche de terre végétale et augmenter sa force productive.

Une récolte de céréales doit toujours être remplacée par la culture d'une plante à riche feuillage, comme le trèfle, les vesces, etc.; ces plantes, par leur puissance à absorber les gaz et les autres corps nourrissants qui se trouvent dans l'atmosphère, n'ont besoin des sucs nourriciers du sol que jusqu'à la formation de leurs feuilles. Loin donc d'épuiser le sol, elles y versent une nouvelle force productive, ce qui n'a plus lieu avec les céréales, qui ne se nourrissent que du sol et l'épuisent.

Il n'est pas d'une condition absolue, que la moitié du sol d'une exploitation rurale soit consacrée à la nourriture du bétail proprement dit. La moitié du terrain, il est vrai, doit toujours porter des plantes à feuillage; on peut cependant, s'il n'y a pas manque de fourrage, porter une partie de ces produits aux marchés. Seulement, est-il fortement à recommander, pour obtenir une plus forte masse d'engrais, ce puisant stimulant de la végétation, d'augmenter autant que faire se peut le nombre de bestiaux, sans avoir recours aux prairies naturelles, vu qu'un terrain labourable, dans toute sa force de fumure, nettoyé de toute plante parasite, et ensemencé richement en graines fourragères, donne une récolte plus abondante et plus nourrissante, entretient par conséquent une plus grande quantité de bétail et pourvoit mieux à sa subsistance, que ne le ferait une plus grande surface gazonnée.

Thaer recommande de semer autant que possible et de préférence des blés d'automne, comme donnant plus de paille que les céréales de printemps, en vue de l'éducation du bétail à l'étable; ces fortes récoltes de paille font de bonnes litières et produisent beaucoup d'engrais.

Influence de la nature du sol. Nous rangerons les terres labourables, par rapport aux assolements, en trois divisions principales, savoir :

La première division comprend toutes les terres siliceuses, calcaires ou crétacées, plutôt sèches qu'humides, meubles que compactes, élevées que basses, essentiellement propres à la production du seigle, de l'épeautre et de l'orge, parmi les graminées annuelles; — du sainfoin, de la lupuline, du mélilot, du fenu-grec, de la lentille, de l'ers, du lupin, du pois chiche et du haricot, parmi les légumineuses; — de la rave ou du navet, de la navette, de la cameline, parmi les crucifères; — et du sarrasin, de la gaude, de la spergule, de la pomme de terre, des topinambours, etc., parmi les autres familles naturelles, indépendamment de plusieurs autres plantes vivaces, propres à l'établissement des prairies permanentes, telles que

la flouve odorante, la houque laineuse, le dactyle pelotonné, les avoines pubescentes, jaunâtres et des prés, la
fétuque ovine et plusieurs autres, divers paturins, des
cauches, des méliques, etc.

La seconde division renferme toutes les terres argileuses
naturellement tenaces, plutôt humides que sèches, basses
qu'élevées, compactes que meubles, particulièrement
convenables à la culture du froment, de l'avoine et de la
plupart des graminées vivaces, propres aux prairies dans
la première famille ; — des trèfles, des fèves, des pois,
des vesces, des gesses, et aussi de quelques autres plantes
légumineuses, telles que les lotiers, les orobes, etc., dans
la seconde ; — des choux proprement dits, des choux-
raves, choux-navets, rutabagas, colza ou autres variétés,
dans la troisième ; — enfin, de la chicorée sauvage dans
la famille des chicorées.

La troisième division est consacrée à toutes les terres
qui, douées de cet heureux état mitoyen, si convenable
en toutes choses, s'éloigne des deux extrêmes compris
dans les deux premières divisions ; à toutes celles qui,
jouissant des proportions convenables de consistance, d'a-
meublissement, de profondeur et de fraîcheur, sont presque également propres à toutes les productions que le climat comporte, et qui peuvent admettre avec avantage dans
leur sein la plupart des plantes précédemment indiquées,
mais réclament plus particulièrement l'escourgeon, le
millet, le panis, l'alpiste, le sorgho, les maïs et le riz,
dans la première famille ; — la luzerne, l'arachide, la
réglisse et l'indigotier, dans la seconde ; — le pastel, la
moutarde, dans la troisième ; — le chanvre, le lin, la
garance, le tabac, la courge, le pavot, la betterave,
la carotte, le panais, le houblon, dans d'autres familles.

Cette classification principale comprend une infinité
de sous-variétés ; ainsi, les plantes qui préfèrent l'un de
ces terrains, ne refusent pas de croître sur les autres,

mais alors l'abondance de la récolte souffrira plus ou moins de cette position moins favorable.

Il importe donc de faire choix des végétaux qui réussissent le mieux sur chaque sol. Sur les sols légers, il faut des cultures propres à lier les molécules et à ombrager la surface; sur ceux trop forts, des plantes qui absorbent beaucoup d'eau et qui nécessitent des opérations aratoires destinées à diviser la masse et à faciliter en même temps l'évaporation de ce liquide et l'introduction de la chaleur solaire.

La position particulière d'un champ peut influencer, parfois, autant que sa qualité, sur le choix d'un assolement. Dans les plaines unies, d'une culture facile et productive, il serait déraisonnable de ne pas préférer les plantes du plus grand rapport, telles que les céréales, les fourrages légumineux, les récoltes sarclées, enfin toutes celles qui peuvent répondre, par la richesse de leurs produits, aux soins laborieux qu'elles exigent. Tandis que sur des sols d'une grande médiocrité, on doit simplifier, le plus possible, le choix des objets de culture, pour éviter des frais de main-d'œuvre qui ne seraient pas compensés par les bénéfices de la récolte. C'est ici la place des prairies permanentes, pour que, d'une part, les opérations aratoires deviennent moins multipliées, et que, de l'autre, le moyen de se procurer des engrais abondants soit assuré, par la suffisance des fourrages.

Toute chose égale d'ailleurs, l'état de fertilité dans lequel le fermier trouve le sol à son entrée en jouissance, doit avoir une grande influence sur le choix d'un assolement.

INFLUENCE DU CLIMAT. La chaleur et l'humidité étant les deux grands agents de la végétation, c'est leur répartition entre les saisons qui constitue un climat agricole.

On pourrait diviser le climat de la France en deux portions, par une ligne qui, passant par les Pyrénées, se détacherait vers le milieu de la chaîne, pour passer à l'ouest de Toulouse, suivre ensuite la chaîne des Cévennes, et aller se rattacher aux Alpes, en Dauphiné, en se prolongeant ensuite avec cette chaîne vers l'Orient.

Cette division nous donne deux climats, l'un septentrional et l'autre méridional. Dans le premier, les étés sont plus ou moins pluvieux ; ils sont secs, dans le second, et c'est l'automne qui est la saison des grandes pluies ; et, communément, les saisons de pluie et de sécheresse se succèdent au nord et au midi de cette ligne. Voilà le fait capital qui établit la principale différence entre les deux climats que nous avons le plus d'intérêt à connaître et à étudier ici, dans leur rapport particulier avec la théorie des assolements.

Nous allons citer quelques exemples.

1° *Paris*, climat à pluies estivales, à deux saisons régulières.

2° *Genève* et pays avoisinants, climat à pluies estivales, à deux saisons régulières ; mais le voisinage des Alpes y introduit de nombreuses causes d'anomalie.

3° *Montpellier*, climat à pluies automnales, à deux saisons régulières.

4° *Toulouse*, *Joyeuse*, *Padoue*, climats à pluie automnales, à quatre saisons. Le voisinage des montagnes, dans ces trois derniers exemples, agit pour introduire les saisons intermédiaires.

Dans les contrées méridionales il y a un très-petit nombre de jours pluvieux en été, et par conséquent la sécheresse est d'autant plus grande que les pluies de cette saison tombent par orages, en laissant de longs intervalles entre elles. — Dans la zone septentrionale, les pluies sont encore fréquentes jusqu'en Juillet inclusivement : ce qui rend ce climat très-propre à la culture si importante des plantes fourragères ; tandis que la zone méridionale est le pays de la vigne, des mûriers et des oliviers.

5

L'Alsace, qui devrait jouir du même climat que Paris, souffre comme Genève du voisinage de deux chaînes de montagnes, les Vosges et la Forêt-Noire, qui mettent beaucoup d'irrégularité dans la succession des saisons. Le vent du Nord qui y soufle souvent, produit ce froid intense pendant l'hiver, qui dépasse, des fois, celui de Paris de 5 à 6 degrés; tandis qu'en été il nous donne la sécheresse, et au printemps ces gelées tardives si nuisibles à la vigne, à la floraison des arbres fruitiers et aux plantes oléagineuses.

Après la connaissance du sol et du climat, on doit aussi prendre en considération les besoins de la consommation locale. Cette proposition n'a guère besoin de développements. Il est tout simple, en effet, de calculer la valeur des produits d'après la facilité plus ou moins grande des débouchés, et de choisir, entre toutes les productions, celles dont la vente est le plus assurée et doit entraîner le moins de frais.

Ce n'est pas encore tout de trouver un assolement qui convienne à la terre, au climat et même à la localité: il faut le coordonner de manière à pouvoir en suivre toute l'année les travaux avec régularité, et ne pas être surchargé dans certains momens, et inoccupé dans d'autres. Il faut aussi que l'étude relative de chaque sole soit calculée de manière à établir une balance favorable entre les produits de la terre et ceux des animaux qu'elle nourrit et qui doivent la fertiliser.

Les terres dépendantes d'un bien rural qui ne sont pas en prairies naturelles, se divisent ordinairement en autant de soles que l'assolement compte d'années; ainsi, dans la rotation triennale avec jachère, selon l'ancienne routine, le terrain labourable se trouve partagé annuellement par tiers, blé, avoine et jachère. Plus tard on adopta la rotation quatriennale, qui fournit annuellement quatre espèces de récoltes, culture sarclée, avoine, trèfle, blé.

La rotation quatriennale est aujourd'hui la base fondamentale de toute exploitation rurale, motivée selon la nature du sol et du climat : toujours avec la condition d'éviter autant que possible le retour trop fréquent des semis de céréales trop épuisantes pour le sol.

La moitié du sol, nous le répétons encore, doit être occupé constamment par les plantes fourragères, destinées à la nourriture d'un nombreux bétail, qui, par la masse d'engrais qu'il fournit, permet ces fortes fumures qui agissent si vigoureusement sur la richesse des récoltes.

Il va sans dire que chaque sole de la rotation peut être subdivisée en plusieurs autres soles portant des récoltes de même nature, mais non identiques.

Ainsi, la partie réservée aux plantes sarclées, peut être répartie entre la culture des betteraves, des pommes de terre, des navets, etc. La sole des céréales de printems, entre l'avoine, l'orge, etc.

A côté de la rotation quatriennale, on rencontre aujourd'hui en Angleterre et sur le continent, celle de six années, qui consiste :

1° En plantes sarclées.

2° En céréales de printems.

3° En trèfle qui dure ordinairement deux années.

4° En céréales d'automne.

5° En vesces vertes, ou autre plante fourragère.

6° En céréales d'automne.

Mais la rotation quatriennale selon la méthode dite de *Norfolk*, qui se prolonge à cinq années, si on laisse le trèfle subsister deux ans, est celle suivie, le plus généralement en Angleterre, dans les plaines comme sur les hauteurs, dans les sols légers comme dans les terres fortes, sur de petites comme sur de grandes exploitations.

Ce système d'assolements est basé sur les calculs suivants. La gerbe de blé pèse 5 kilo. à 5 1/2 en paille par botte.

L'hectare semé en froment doit produire 720 gerbes, et, par suite, 720 bottes de paille.

L'hectare d'avoine doit produire 600 gerbes, et 300 doubles bottes de paille, chacune du poids de 9 à 10 kilo.

L'hectare de bonne prairie artificielle produit, tous regains compris, 6000 à 6500 kilo. de fourrage.

Toute bête bovine ou cavalière, ou sa représentation par 12 bêtes à laine, donne 12 tombereaux de fumier par an.

Pour fumer convenablement une bonne exploitation, il faut compter par chaque hectare, l'un dans l'autre, six tombereaux de fumier par an ; ce qui fait 3000 kilo., la voiture comptée à cinq quintaux métriques. Suivant des données récentes, le cultivateur anglais en met jusqu'au double annuellement par hectare.

En suivant la première indication, il faut, pour chaque double hectare :

1° Une bête bovine ou cavalière, ou leur équivalent en bêtes à laine.

2° Pour chacune de ces bêtes bovines, ou ses remplaçants, les pailles d'un hectare, dont la moitié en paille de blé, l'autre en paille d'avoine, et de plus, le fourrage, tant vert que sec, d'un demi-hectare en prairie artificielle.

D'après ce principe, de quelle manière qu'il soit retourné, il faut toujours un quart en froment ou seigle, — un quart en avoine, ou orge ; — un quart en prairie ; — et un autre quart en plantes sarclées.

Appliquant à cette division de l'exploitation la proportion constante d'une bête bovine pour deux hectares de terre, on trouve ce qui suit : La bête bovine, ou son équivalent, exige en paille de blé 360 bottes ; c'est juste le produit d'un demi hectare ; en paille d'avoine 150 bottes, soit le produit d'un demi-hectare. En fourrage sec 360 bottes pour l'hiver, en fourrage vert 240 bottes, ou équivalent pour l'été, et c'est encore juste ce qu'on récolte sur un demi-hectare de prairie artificielle; enfin, elle donne au fermier 12 tombereaux d'engrais par an, et c'est précisément ce qu'exige la fumure de deux hectares.

Si toutes les terres étaient également fertiles et toutes les saisons également favorables, le dernier quart des plantes sarclées pourrait être détourné à tout autre usage; mais il est toujours sage et prudent d'en tenir une grande part en réserve, pour les cas d'un manque de fourrage.

Mathieu de Dombasle recommande les trois assolements suivants :

Pour les sols de bonne qualité.

1re année, betteraves fumées, arrachées en Septembre.
2e   »   colza d'hiver repiqué, avec trèfle.
3e   »   trèfle.
4e   »   blé, ou colza d'hiver.

Pour les sols d'une fertilité moyenne.

1re année, pommes de terre, betteraves, rutabagas ou choux avec fumure.
2e   »   orge ou avoine.
3e   »   trèfle.
4e   »   blé, ou colza d'hiver.

Pour les terres sableuses et maigres.

1re année, pommes de terre, sarrazin, navets.
2e   »   orge de Mars, ou avoine.
3e   »   vesces d'hiver, jarrosse d'hiver, fauchée en vert.
4e   »   seigle.

On suit les assolements suivants à la *Ferme-école de Hohenheim*, dans le Wurtemberg.

Pour les terres fortes.

1re année, betteraves fumées.
2e   »   orge avec trèfle.
3e   »   trèfle.

4ᵉ *année*, épeautre.

5ᵉ   »   vesces pour vert, fumées.

6ᵉ   »   colza.

7ᵉ   »   froment.

8ᵉ   »   vesces et avoine.

Pour les terres franches argilo-siliceuses.

1ʳᵉ *année*, pommes de terre fumées.

2ᵉ   »   avoine ou orge, avec trèfle et timothy.

3ᵉ   »   trèfle mélangé de gramens.

4ᵉ   »   trèfle mélangé de gramens, pour pâturage.

5ᵉ   »   épeautre.

6ᵉ   »   pommes de terre fumées.

7ᵉ   »   avoine avec trèfle et gramens.

9ᵉ   »   trèfle et gramens pâturés.

10ᵉ   »   seigle.

Les assolemens de la *Ferme-école de Mœglin*, en Prusse, fondée par *Thaër*, sont :

Pour les bonnes terres.

1ʳᵉ *année*, pommes de terre fumées.

2ᵉ   »   orge.

3ᵉ   »   trèfle.

4ᵉ   »   pommes de terre.

5ᵉ   »   vesces ou pois.

6ᵉ   »   seigle ou froment.

Pour les terres maigres.

1ʳᵉ *année*, jachère nue.

2ᵉ   »   hivernage (mélange de vesces d'hiver, etc.)

3ᵉ   »   pommes de terre fumées.

4ᵉ   »   pommes de terre.

5ᵉ   »   mélange de vesces d'hiver.

6 et 7ᵉ   »   pâturage.

A la *Ferme de Curow*, une des mieux exploitées en Prusse, on suit l'assolement suivant :

1ʳᵉ *année*, pommes de terre fumées.

2ᵉ *année*, orge et trèfle.
3ᵉ   »   trèfle, puis fumure et colza.
4ᵉ   »   colza.
5ᵉ   »   froment.

CHAPITRE X.

Des Récoltes.

Ce n'est pas tout de savoir cultiver, il faut savoir bien récolter. La moindre négligence dans cette circonstence peut amener des résultats désastreux pour la qualité et la quantité des produits. Nous ne ferons connaître ici que les données générales, en divisant notre leçon en quatre sections, qui sont : 1° précautions générales ; — 2° récoltes des fourrages ; — 3° récoltes des granifères, ou moissons ; — 4° récolte des racines.

Précautions générales. Ne remettez jamais au lendemain ce que l'on peut faire le jour même : c'est un principe d'économie qui est surtout applicable à l'époque des récoltes.

On commence par s'assurer du nombre de bras nécessaires, pour que tous les travaux s'exécutent en tems opportun.

L'expérience est le guide qu'il faut surtout consulter, car il y a également à perdre si l'on emploie trop ou trop peu de monde. Dans le premier cas, les opérations s'embarrassent par leur multiplicité ; la surveillance est incomplète et difficile en raison des points différents où elle s'exerce ; il en résulte ordinairement tumulte, désordre, gaspillage. Dans le second cas, les travaux lan-

guissent, les produits acquièrent un degré de maturité
qui en diminue la quantité et en déprécie la valeur.

Il faut aussi que le nombre des chevaux, des domestiques, soit en rapport avec celui des journaliers. Lorsque
l'économie et l'administration d'une ferme exigent qu'à
cette époque on tienne un valet de plus qu'à l'ordinaire,
il ne faut pas reculer devant cette dépense.

Ces dispositions étant prises, on portera son attention
sur le matériel. On aura soin que les granges, les ger-
bières, les fenils, soient propres et déblayés.

Les toitures auront été scrupuleusement visitées et ré-
parées, les murs bien crépis, les chariots mis en état de
supporter des charges assez pesantes.

Peu de temps avant la moisson de chaque espèce de
céréales, on préparera les liens suffisants pour l'engerbage. Diverses matières sont employées à cet usage. Les
principales sont : le genêt et le coudrier, l'écorce de tilleul, la paille et les joncs.

La paille, celle de seigle, est la substance la plus propre et celle que l'on emploie le plus communément.

La manière de faire les liens avec la paille est assez
commune : on la bat au fléau, on mouille l'extrémité où
se trouvent les épis ; c'est la partie la plus flexible, et,
par conséquent, celle où l'on fait le nœud de mèche.
L'habileté et l'exercice seuls peuvent donner l'agilité pour
faire ces liens proprement et solidement.

Pour la récolte des foins, comme pour celle des grains,
il est bon d'avoir deux endroits de déchargement : l'un,
pour y déposer les produits bien récoltés, l'autre, destiné
à recevoir ceux que la pluie ou d'autres circonstances auraient tenus humides, afin que si ces derniers venaient à
s'échauffer et à fermenter, on pût les battre ou les faire
consommer sans bouleverser la gerbière.

Récoltes des fourrages. Pour les fourrages donnés en
vert à l'étable, il y a des précautions à prendre que nous

allons indiquer ; car c'est souvent le moment où les cultivateurs, en les négligeant, font des pertes considérables en bétail.

Pour la régularité du service, il est nécessaire, dans une exploitation rurale, qu'un individu déterminé soit chargé de faucher et d'amener journellement le fourrage vert pour tous les bestiaux ; sans cela, il en résulterait beaucoup de désordre dans le service, et les précautions nécessaires pour éviter des accidents seraient mal suivies.

L'époque la plus favorable à la coupe des fourrages verts est celle où la plupart des plantes sont en pleine floraison ; mais si l'on attendait jusque-là pour commencer le fauchage d'une pièce, il arriverait infailliblement, lorsqu'on toucherait à la fin, que les tiges seraient trop dures et trop ligneuses. Lorsque le champ aura quelque étendue, on aura donc soin de commencer quelque temps avant la floraison, afin d'avoir toujours des tiges vertes et succulentes.

On tiendra sévèrement la main à ce que les valets fauchent toujours d'une manière régulière, en suivant la direction des billons, surtout pour les fourrages annuels, tels que les vesces, le trèfle incarnat, le seigle, etc. On ne doit jamais manquer, sitôt que la coupe d'un billon est terminée, d'y mettre la charrue pour enfouir les chaumes ; on comprend que si la pièce est fauchée sans ordre, on ne peut exécuter ce labour que lorsque la totalité est enlevée.

Il faut surtout éviter la fermentation des fourrages verts, car c'est elle qui provoque cette maladie si dangereuse, la tymphanie ou la météorisation. Pour cela, il faut faucher autant que possible lorsque les herbes ne sont pas mouillées par la pluie et la rosée, et ne pas les entasser, mais les étendre avec soin.

DES FOURRAGES SECS, OU DE LA FENAISON. C'est sur l'abondance et la qualité de ces fourrages que reposent les espérances du cultivateur, parce qu'ils sont les éléments essentiels de la nourriture des animaux, et que de la bonne qualité des fourrages dépend la vigueur des bêtes de trait, de celles à l'engrais et du rendement des vaches laitières.

Les fourrages des prairies artificielles sont ordinairement mûrs les premiers. Nous n'entendons pas par maturité le moment où les plantes ont acquis un tel développement que leurs semences puissent servir à la production, mais bien celui où ces sortes de prairies donnent le fourrage le plus abondant et le meilleur.

En général, l'époque où les fleurs commencent à tomber est celle qu'il faut préférer, à moins que le foin ne doive servir à la nourriture des chevaux, qui, en général, aiment un foin sec et fibreux. Il faut, par conséquent, prendre le fourrage destiné aux bêtes à cornes avant celui destiné aux chevaux.

Dans tous les cas, la fauchaison des fourrages annuels sera devancée de quelques jours, ou davantage, lorsqu'ils se trouveront mélangés d'une forte proportion de mauvaises herbes, afin que celles-ci n'aient pas le temps d'arriver à maturité, de s'égrener et d'infester le champ de leurs semences pour plusieurs années.

Les Flamands emploient la *sape* pour le fauchage des prairies artificielles, mais presque partout on commence à renoncer à cet instrument pour se servir de la faulx simple.

Un point sur lequel il importe d'apporter beaucoup d'attention et d'exigence, c'est que les faucheurs coupent l'herbe le plus bas possible. En supposant à l'herbe une hauteur de soixante centimètres, et un produit par hectare de 2000 kilo. de fourrage, il est évident que si on laisse des tronçons de cinq centimètres plus haut qu'il n'est nécessaire, on diminue le produit d'un douzième, et si le fourrage se vend quatre francs le quintal métrique, on fera sur chaque hectare une perte de 6 fr. 65 c. par coupe, ce qui équivaut presque aux frais de fauchage. Il résulte encore de cet état de choses un très-grand inconvénient, c'est que ces tronçons, venant à se dessécher, deviennent extrêmement durs et ligneux et forcent les ouvriers, dans la coupe suivante, à prendre encore au-dessus et à occasionner une plus grande perte que la première.

Dans les prairies naturelles, le dommage est encore plus grand, parce que c'est dans le tapis qui forme le fond du pré que se trouve l'herbe la plus touffue, la plus nourrissante, telle que le trèfle fraisier, blanc, filiforme, et les feuilles radicales de la majeure partie des graminées.

Ceux qui ont tant soit peu l'habitude du fauchage, n'ignorent pas que cette opération s'exécute avec plus de perfection et moins de fatigue lorsque les plantes sont mouillées et couvertes de rosée. Les faucheurs ont l'habitude de commencer leur besogne dès la pointe du jour. Ils font beaucoup plus d'ouvrage, le travail est mieux fait ; mais ces monceaux d'herbage, tout humides de pluie et de rosée, s'ils ne sont pas répandus immédiatement, ne tardent pas à fermenter et à devenir jaunes, ce qui leur fait perdre beaucoup de leur bonne qualité. Il est donc essentiel de répandre à mesure que l'on fauche.

La faulx décrit toujours un arc de cercle dans le plan vertical où s'élève l'herbe. L'art du faucheur consiste à effacer cet arc et à faire en sorte que les deux extrémités ne soient pas coupées à une plus grande hauteur que le milieu.

Il est à conseiller aux faucheurs de ne pas se servir d'un grès grossier pour aiguiser leurs faulx ; une pierre à grain plus fin les use moins vite et rend le tranchant plus doux, plus moëlleux, et il faut recommencer moins souvent. Il paraît qu'en ajoutant un dixième d'acide sulfurique á l'eau qui sert à aiguiser, la coupe est plus nette et fatigue moins l'ouvrier.

Pour le fanage des prairies artificielles, il faut laisser en andains, jusqu'à midi, ce que le faucheur a coupé ; alors on les retourne, mais on ne les éparpille pas. Cette opération a seulement pour but de les faire également ressuyer des deux côtés. Ce qui est fauché le soir est laissé intact. Le lendemain matin, aussitôt que la chaleur du soleil a fait évaporer la rosée, on met en petits tas, de 12 à 15 kilo, tout ce qui a été fauché la veille indistinctement. On a soin de les soulever le plus possible, afin que la chaleur et le vent les pénètrent dans tous les sens. On les retourne le jour même et les suivants, jusqu'à ce qu'ils soient secs, mais toujours sans les répandre. La dessiccation terminée, on rentre ce fourrage.

Par la dessiccation, ces sortes de fourrages se réduisent ordinairement au quart du poids qu'ils avaient étant verts.

Le bottelage sur le champ même a pour but de conserver au fourrage la majeure partie de ses feuilles. Quiconque a été présent au chargement et au déchargement d'une récolte de fourrages artificiels, comprendra aisément quelle économie présente cette methode comparativement à celle qui consiste à les emmagasiner sans les avoir bottelés auparavant.

En opérant la dessiccation du foin en petits tas, au lieu de l'éparpiller, on n'a d'autre besogne à faire que de retourner de temps à autre les monceaux, s'il arrive des ondées pendant l'opération, afin d'empêcher le dessous de jaunir. Si on eût dispersé tout le foin sur la surface du sol, la pluie aurait lavé toutes les tiges, occasionné la chute des feuilles, et chaque partie de la récolte étant soumise incessamment à l'action dissolvante de l'humidité, tous les brins seraient comme lessivés et perdraient à la longue leurs principes nutritifs. Le fourrage alors devient blanc et ne possède guère d'autre mérite que celui de la paille.

La méthode dite à la *Clapmayer*, usitée dans quelques provinces allemandes et dans le Milanais, consiste à amasser en gros monceaux tassés médiocrement, le trèfle ou tout autre fourrage, quelques heures après qu'il est fauché. La fermentation s'y manifeste après douze, vingt-quatre à trente heures ; rarement elle tarde jusqu'à soixante. Elle marche tantôt rapidement, tantôt avec une grande lenteur. Dans tous les cas, lorsque la chaleur qui se développe à l'intérieur, est telle qu'on ne peut plus y tenir la main, on rassemble un certain nombre d'ouvriers, on démonte les tas, on les éparpille au loin ; et après une heure et demie de beau temps, le tout est sec et a conservé ses feuilles. Cette méthode, simple au premier aperçu, exige beaucoup de précautions et une grande promptitude d'exécution ; car si on laisse les monceaux s'échauffer démesurément, le fourrage est perdu.

Dans le nord on pratique un nouveau procédé pour sécher le trèfle et la luzerne. Il consiste à planter sur ces champs des pyramides en bois brut, composées de trois pieux longs de deux mètres à deux mètres et demi, assemblés par une cheville à la partie supérieure, et affilés en pointe à leur partie inférieure ; leur longueur porte trois chevilles ou trois crochets à leur partie extérieure. L'appareil de pieux, tournant sur la cheville supérieure, peut se resserrer parallèlement ou s'écarter en pyramide, quand on veut en faire usage ; on met alors des baguettes, qui se croisent sur les crochets des pieux et forment des soutiens triangulaires pour le fourrage ; on dispose celui-ci en meulons sur cette pyramide, au centre de laquelle l'air peut circuler, à la différence des meulons ordinaires, beaucoup préférables pour les climats chauds et secs.

L'usage des meules couvertes à toit mobile, dites hollandaises, pour la conservation du fourrage sec hors des greniers, commence à se propager en Allemagne. A Hohenheim, ces meules à toit mobile ont 5 mètres de côté, à forme pentagonale, de 25 mètres de circonférence sur 10 mètres de haut ; les cinq montants sont percés de trous à des hauteurs égales, dans lesquels on place des chevilles de fer, qui soutiennent une toiture en chaume.

Récolte des foins de prés naturels. L'époque où le fanage de ces sortes d'herbes s'exécute, varie avec la température de l'année et la climature de chaque contrée ; elle est également, et surtout, subordonnée à la nature des plantes qui composent la prairie. Un défaut qu'ont la plupart des prés naturels, c'est d'être composés de végétaux qui n'arrivent pas à maturité au même moment de l'année. Il faut donc laisser à la sagacité du cultivateur le choix du moment du fanage des prés naturels.

Les prés humides, dont les plantes sont, la fétuque élevée, la fétuque roseau, brome stérile, houque molle, paloris roseau, fétuque dure, poa à petites feuilles, houque laineuse, alopécure des prés, avoine pubescente, paturin des prés, il convient de les faucher à l'époque de la floraison.

Il convient, au contraire, de faucher à l'époque de la maturité des graines, les prairies naturelles, dont les graminées principales sont les suivantes : fléole des prés, dactyle pelotonné, agrotis tragante, fétuque rouge, ivraie vivace, brize tremblante, cynosure à crête, flouve odorante, poa commun, plantes qui conviennent aux terrains secs.

L'époque dépend encore de l'espèce de bétail auquel le fourrage est destiné. Les bêtes à corne préfèrent celui qui a été fauché de bonne heure ; les chevaux aiment mieux celui qui l'a été à une époque assez avancée.

Le fauchage des prés naturels s'exécute comme celui

que nous avons décrit, excepté que, dès qu'une certaine superficie est abattue, on se hâte de la disperser le plus également possible sur toute la surface. On se sert pour cela des bras ou du râteau, ou de la fourche en bois. On répand tout ce qui est fauché jusqu'à trois heures ; ce qui est fauché après cette époque est laissé en andains. On amasse ce qui a été répandu en petits tas, que, dans certains pays, on nomme chevrottes ; si la température menaçait, on laisserait les andains sans les toucher. Même pendant des pluies persévérantes ils se conservent bien, pourvu qu'on ait la précaution de les retourner aussitôt qu'on s'aperçoit que les feuilles du dessous commencent à jaunir. Mais, une fois la dessiccation commencée, on aura pour règle invariable de ne pas laisser exposé à la pluie ou à la rosée un seul brin d'herbe qu'il ne soit amassé en chevrottes. Aussitôt que la rosée est évaporée, ces monceaux sont répandus sur la surface au moyen de fourches. Quelques heures après, on retourne le foin au moyen de râteaux, qui, selon l'usage de chaque pays, sont plus ou moins grands, avec dents simples ou doubles.

La préparation du foin au râteau est longue et assez dispendieuse, puisque, s'il a fallu un faucheur pour couper une superficie donnée, on calcule qu'il faudra quatre femmes pour fâner.

On a imaginé plusieurs machines pour faire exécuter cette opération par des animaux. L'instrument s'appelle râteau tournant, il est employé principalement sur quelques exploitations de l'Angleterre. Il offre de l'économie et opère très-promptement, ce qui présente de grands avantages. Cette machine a été considérablement perfectionnée depuis quelque temps, dans ledit pays.

En parlant des Anglais, nous allons dire comment ils sèchent et conservent leur foin, justement estimé et considéré comme de qualité supérieure à tous les foins des autres pays. Le fermier anglais fauche au moment où les herbes sont généralement en fleurs, très-près du sol, ce qui augmente sensiblement le produit, et ce qui est chose facile, puisqu'on a soin de tenir les prés très-unis au moyen du rouleau. L'attention principale se porte à saisir le point exact de la dessiccation ; elle doit être assez avancée pour que le foin mis en tas ne fermente pas trop, et ne perde pas la bonne qualité des sucs nourriciers. On se hâte de le sécher promptement, en le retournant souvent et sans le laisser longtemps exposé aux rayons brûlants du soleil, ou à la pluie et à la rosée. Les mêmes précautions sont prises en Suisse, où le foin jouit également d'une réputation bien méritée ; tandis que dans d'autres contrées il y a des cultivateurs qui s'imaginent que plus on peut dessécher au soleil, l'herbe coupée, mieux vaut le foin. Cependant, il est aisé de s'expliquer que, par là, s'évapore la majeure partie de ces sucs aromatiques qui sont tant aimés du bétail, et qui augmentent considérablement la force nutritive.

Ces foins sont conservés en plein air ; on en forme des grandes meules couvertes de toits de paille. Durant le premier mois, on sonde de temps en temps avec un crochet en fer, pour s'assurer du degré de fermentation, et pour empêcher qu'elle n'aille trop loin.

Le foin, ainsi traité, prend une couleur brun-clair qui ne nuit pas à sa qualité, seulement il faut éviter qu'elle ne devienne trop foncée par un excès de fermentation, en l'arrêtant au point voulu, soit en retournant les meules ou en rafraîchissant par des percées. Par ce procédé le foin conserve tout son arome, et il est mangé avec avidité par le bétail.

Si la dessiccation du foin est contrariée par le mauvais temps, et si elle s'est faite imparfaitement, on fera bien, en l'entassant dans le grenier ou dans la meule, de saupoudrer chaque couche de sel gris ou de rebut de salines, lorsqu'on peut s'en procurer à bas prix, et, à défaut, d'acheter plutôt du sel de cuisine, qui n'est plus trop cher, que de négliger cette précaution, seule à même de prévenir l'altération de ce fourrage.

Des moissons. Pour la récolte des granifères il importe surtout de diriger son attention sur l'époque la plus convenable de la maturité, pour obtenir des produits qui réunissent la quantité et la qualité, les modes les plus expéditifs et les moins coûteux selon les localités, et l'organisation du travail.

L'expérience apprend qu'il faut une maturité parfaite aux graines destinées pour semences, et qu'il est bon de devancer un peu cette complète maturité pour celles destinées à la panification ou à la fabrication de l'huile, afin d'éviter l'égrenage aux champs et durant le transport, perte inutile et irréparable pour le cultivateur.

On peut devancer sans inquiétude la trop parfaite maturité sur pied des granifères, parce que tout nous autorise à admettre que les fruits, après avoir été cueillis, éprouvent une réaction chimique, qui achève leur maturité et leur donne le parfum et la saveur qui les distinguent.

Il faut donc commencer la moisson aussitôt que les épis prennent une teinte jaunâtre, et avant que les grains deviennent durs, afin qu'ils grossissent dans la gerbière plutôt que dans le champ : car il est certain que si on moissonne à propos, le grain prend ensuite du développement. Le blé récolté avant complète maturité pèse cinq kilo. par hectolitre de plus que l'autre, et si l'on prend trois kilo. de farine, de l'un et de l'autre froment, celle provenant d'un blé récolté prématurément donnera 250 grammes de pain en plus. La paille, moins épuisée, est meilleure pour la nourriture des animaux, et le froment coupé prématurement contient moins de son.

Le point où il convient de moissonner, est celui où le

grain n'est déjà plus assez tendre pour s'écraser sous les doigts : c'est là l'opinion des meilleurs agronomes ; toujours sous la condition que le grain qui est destiné pour semence, doit être moissonné le dernier, afin qu'il puisse parvenir à parfaite maturité.

L'instrument le plus généralement employé par le moissonneur, est la *faucille*, trop connue pour avoir besoin d'en donner la description

La *sape* ou *piquet flamand* est l'instrument le plus avantageux pour moissonner les céréales dans les circonstances actuelles. Elle est facilement maniée par les femmes, coupe le blé versé avec perfection et promptitude. La manière de s'en servir exige beaucoup de mouvements d'une complication simultanée ; elle diffère du crépilage en ce que l'ouvrier, au lieu de saisir avec la main le grain qui va être coupé, se sert d'un crochet emmanché à un petit bâton. Le point qui présente le plus de difficultés dans l'opération, c'est de rassembler les tiges coupées sur pied en forme de javelle. En effet, avec la sape, on coupe et on forme les javelles en même temps, et c'est là un avantage que ne possède pas toujours la faulx.

Ce dernier instrument s'emploie de deux manières, selon l'espèce de grain qu'on veut couper. On fauche *en dedans* ou *en dehors*. La première méthode s'emploie pour les céréales dont les chaumes ont une certaine hauteur, et généralement pour les diverses espèces de froment et de seigle. L'ouvrier a le grain à sa gauche, et la pointe de sa faulx étant dirigée vers la pièce, il dirige la lame de droite à gauche, en jetant le grain coupé contre celui qui ne l'est pas. Une femme, avec une faucille ou un bâton recourbé, suit le faucheur, et met en javelle ce qui vient d'être abattu. Pour faucher en dedans, l'instrument est muni d'un accessoire nommé *ployon*, et qui n'a d'autre usage que d'empêcher les tiges de tomber au-delà du manche.

On fauche *en dehors* les céréales qui ont peu de hauteur, parce que les chaumes ne pourraient soutenir ceux qui sont coupés. L'instrument, dans cette circonstance, est armé de manière que la pointe, au lieu d'être tournée vers le grain, l'est dans le sens opposé. L'ouvrier promène la faulx de gauche à droite. Elle est, dans ce cas, munie d'un *crochet* qui n'est autre chose que deux ou plusieurs baguettes nommées *râteau*.

Le fauchage est le même que celui de l'herbe ; seulement, le râteau dispose régulièrement les épis qu'une légère secousse dépose sur le sol, mais du côté opposé où ils seraient si l'on fauchait en dedans.

Avec la sape et la faulx on fait le double et le triple de besogne qu'avec la faucille ; mais avec ce dernier outil on peut employer les bras des enfants et des vieillards, ce qui est d'une grande ressource pour les populations : avec la sape et la faulx on n'utilise que les forces des personnes vigoureuses.

Chaque cultivateur consultera ses intérêts, et le personnel dont il peut disposer avec le plus d'économie.

On fait moissonner à la tâche, ou à la journée ; en tous les cas n'est-il pas avantageux de faire enjaveler, ou engerber et lier les grains coupés par les moissonneurs. Il convient d'avoir pour cela des ouvriers bien au fait de cette manœuvre.

Soins a donner aux grains moissonnés. Les blés coupés avant maturité, doivent être javelés, tandis qu'on n'est pas en usage de le faire pour l'avoine, qui habituellement est fauchée. Dans l'un et l'autre cas il y a des précautions à prendre, pour empêcher ces céréales de souffrir de l'humidité, de prendre un mauvais goût, ou même de germer après des pluies abondantes. Il n'y a pas de règles générales à donner, il faut consulter la pratique, et suivre les usages les mieux raisonnés de chaque pays, en rapport avec le plus ou moins d'humidité du sol, la température et le climat.

On parvient à éloigner l'humidité du blé javelé, au moyen des meules, qu'on nomme aussi *moyes* ou *moyettes*. Il y a deux manières de former une meule : on dispose les chaumes circulairement sur un plan vertical, ou bien horizontalement ; le principe consiste à éloigner les épis de l'humidité du sol, et à entasser les javeles de manière que la pluie en écoule facilement, sans les pénétrer.

L'engerbage s'exécute de différentes manières, suivant les localités et le mode de battage. Quelquefois le lieur s'aide de la cheville, ce qui n'est pas l'usage dans notre contrée. Les gerbes sont habituellement de 50 centimètres de diamètre ou d'un mètre et demi de circonférence.

De la rentrée des moissons. Au moment de la moisson, le maître doit être présent partout, se multiplier sur tous les points, avoir des paroles d'encouragement pour l'activité des uns, gourmander la lenteur des autres, payer souvent de sa personne, prévenir le désordre et la confusion. L'œil du maître est indispensable.

On a essayé d'introduire des machines à moissonner, pour remplacer le fauchage à la main ; mais le peu de perfection avec laquelle ces sortes de machines fonctionnent, ne permet pas encore d'en conseiller l'emploi.

De la récolte des racines. Pour ceux de ces végétaux qui sont bisannuels, et la plupart sont dans ce cas, la maturité ou le maximum de développement ne se manifeste par aucun indice ; dans ceux qui ne vivent qu'une seule année, tels que la pomme de terre, la maturité se décèle par la teinte jaunâtre que prennent les feuilles et les tiges.

Dans tous les cas, l'époque de l'arrachage est subordonnée à la saison, ainsi qu'à la plante qui doit succéder. Lorsque le terrain est destiné à rapporter des plantes hivernales, on ne saurait trop se hâter d'opérer l'arrachage ; quand l'emblavure ne doit avoir lieu qu'au printemps suivant, on peut ne consulter que les circonstances

atmosphériques. Il y a dans la culture des terres argileuses
une grande difficulté pour l'introduction des racines, c'est
que celles-ci y mûrissent plus tard qu'ailleurs, et qu'il
faut néanmoins récolter plus tôt, sans quoi on s'expose-
rait à voir le terrain pétri et, pour ainsi dire, corroyé
par les travailleurs et les attelages.

Méthode anglaise. Le climat brumeux et assez égal de
l'Angleterre permet de tenir le bétail, surtout les moutons, à l'air libre pendant l'hiver, parce que les végétaux
n'éprouvent que peu de dommages de la part des gelées.
Aussi, rien de plus commun que de voir des parcs ou-
verts où l'on fait consommer avantageusement sur place
les produits du sol ; ce qui économise les frais de transport des racines aux bâtiments d'exploitation, et des fumiers dans les champs.

Cette méthode n'est pas praticable dans les pays comme
l'Alsace, où une température excessivement basse succède brusquement à une forte chaleur ; où les champs
sont couverts de neige pendant l'hiver, où le baromètre
descend parfois jusqu'à 15 et 20 degrés au-dessous de 0.

L'arrachage à la main des plantes tuberculeuses, se
fait avec la bêche, la fourche, ou le bident, selon la nature du terrain.

On ne saurait se dissimuler que la récolte à la main ne
soit dispendieuse et ne traîne l'opération en longueur : il
ne faut pas moins de quarante personnes, pour arracher
un hectare de pommes de terre en un jour et trente enfants pour les ramasser. On a donc cherché à remplacer
la main-d'œuvre par un agent mécanique, avec plus ou
moins de succès.

Lorsqu'on veut arracher à la charrue des plantes tuberculeuses semées en lignes parallèles, il est essentiel de
couper les tiges auparavant. On fait ensuite passer une
charrue à deux oreilles, ou boutoir, sur le milieu des
rangées, en ayant soin d'en laisser alternativement une

sans y toucher, en sorte que cette première opération
n'arrache que la moitié des plantes ; on met immédiatement des ouvriers à amasser les tubercules découverts et
amenés à la surface par l'instrument ; la charrue revient
derrière les ouvriers et arrache les rangées qui étaient
demeurées intactes. Avec ces précautions on n'a pas à
craindre que la terre remuée recouvre les tubercules arrachés dans la ligne qui précède, inconvénient grave si
l'on opérait à la fois sur la totalité, et qui est l'épouvan-
tail de ceux qui ne veulent point croire à la perfection
avec laquelle on arrache ainsi les pommes de terre sur de
grandes superficies. On calcule que deux chevaux, un
homme pour conduire le butoir et un enfant pour dé-
bourrer, expédient autant de besogne que trente-cinq ar-
racheurs exercés.

La principale condition, c'est de mettre assez de monde
pour ramasser au fur et à mesure que la charrue arrache :
si l'attelage devait être obligé d'attendre qu'on eût ramassé une ligne pour en commencer une autre, l'économie de main d'œuvre serait perdue.

Ce procédé, qui laisse toujours plus ou moins de pom-
de terre enterrées, est bon lorsque la récolte est abondante
et ces tubercules à bas prix.

CHAPITRE XI.

De la conservation des récoltes.

Nous avons dit, dans les chapitres précédents, que le
cultivateur doit consulter et connaître le climat du pays
où il est établi ; étudier le sol auquel il doit confier ses

cultures ; chercher s'il est possible de l'améliorer par des amendements , sans de trop fortes dépenses ; entretenir sa fécondité par une juste proportion d'engrais ; le rendre , par divers travaux de préparation , plus apte à la production des végétaux utiles ; lui donner , par les labours et autres façons , le degré de perméabilité et de propreté qui doit assurer la réussite de ces végétaux.

Après ces travaux préparatoires , nous nous sommes occupés des meilleurs modes d'ensemencement et de plantation , de l'entretien et des soins à donner aux végétaux pendant leur croissance ; du choix des assolements basés sur des principes théoriques et pratiques , et enfin des soins à donner à la rentrée des récoltes. Il nous reste à indiquer les procédés pour les mettre à l'abri des événements , et les conserver pour le moment opportun à la vente et à la consommation.

Du transport des récoltes. La brouette est un instrument indispensable , mais presque toujours mal construit. Les conditions d'une bonne construction sont :

1° Qu'elle en soit tellement simple que les diverses parties qui la composent soient traversées par le moins de mortaises possibles ; car , plus il y a de trous et de mortaises , moins les brancards sont solides ;

2° Qu'elle puisse basculer facilement dans tous les sens ;

3° Qu'une grande partie de la charge porte sur la roue ;

4° Que celle-ci soit de grande dimension.

Nous avons la brouette à brancards obliques , celle à tombereau , et enfin , celle à deux roues , qui dans bien des circonstances offre une grande supériorité sur les autres.

Les camions sont de petits tombereaux traînés par deux hommes. Ils sont préférables aux brouettes pour les déblais.

Les hottes sont de deux sortes : les unes sont un assemblage de bois léger , débité en planches minces ; les autres sont en osier. Les unes et les autres ont des avantages respectifs, suivant les circonstances.

Celles de la première espèce, que l'on nomme tandelins dans quelques vignobles, sont ordinairement faites en sapin. Elles sont très-commodes dans une exploitation rurale. Les hottes en osier ont, sur les précédentes, l'avantage de la légèreté, mais elles ne peuvent convenir que pour le transport des substances sèches.

Des roues. Une roue, pour être bonne, doit remplir les conditions suivantes : être solide, difficile à se rompre ; elle doit en outre dégrader les chemins le moins possible. Pour le *moyeu*, il faut un bois à tissu serré, dont les fibres soient entremêlées et comme pétries, sans cependant qu'il y ait des nœuds bien prononcés. On prend pour cela des souches de noyer ou de frêne. Le bois des *rayons*, au contraire, doit être d'une pâte bien homogène, filandreux et net de nœuds. Le chêne et l'orme commun sont généralement préférés ; ils doivent être secs et choisis du même âge, pour qu'ils se dilatent également.

La rupture n'est pas occasionnée seulement par la mauvaise qualité des bois, elle est bien souvent le résultat d'un assemblage défectueux. Les *rais* doivent avoir une position oblique telle, que leurs extrémités fassent une ligne perpendiculaire avec la surface extérieure du moyeu. Avec ces dispositions, les roues seront toujours solides et les ruptures bien moins fréquentes.

On sait, en général, que plus les roues sont grandes, plus la puissance a de force contre la résistance, par la raison bien simple, qu'une roue de deux mètres de diamètre parcourra, en faisant sa révolution, le même chemin qu'une roue du diamètre d'un mètre, qui ferait deux révolutions, ou, en d'autres mots, le poids de la voiture ne pèsera qu'une fois sur chacun des points de la première circonférence, pendant que cette pression s'exercera deux fois sur chacun des points de la petite, il y a donc avantage à augmenter le diamètre des roues. Longtemps on a discuté sur les avantages respectifs des voitures à deux roues (charrettes), et celles à quatre roues, ou chariots. Aujourd'hui on peut regarder la question comme décidée en faveur des chariots, parce que, ici, la charge se répartit également sur quatre roues, ce qui permet de franchir les obstacles avec moitié moins de peine, que si la charge ne reposait que sur deux roues.

En ce qui concerne les *essieux*, l'expérience a appris que le frottement est bien moindre, lorsqu'il a lieu entre deux corps de nature différente ; ainsi, ce qu'aujourd'hui l'on connaît de mieux pour les véhicules agricoles, sont des essieux en fer avec des *boîtes* en fonte.

Le chariot de Roville ressemble à celui d'Alsace, un peu plus léger, mais aussi solide. Les échelages en sont mobiles et peuvent, suivant les circonstances, être remplacés par des ridelles, pour la conduite des fumiers, ou par des madriers, lorsqu'il s'agit de transporter des pierres, des marnes, etc.

Des meules et gerbiers. Le procédé de conserver les fourrages et les céréales à l'extérieur des bâtiments, en en formant des meules ou gerbiers, est, sans contredit, le plus économique, parce qu'il faut des bâtiments moins vastes, et en même temps le meilleur pour leur bonne conservation, au dire de tous les cultivateurs expérimentés ; aussi, l'usage en est-il général en Angleterre.

Dans les fermes anglaises, les meules de foin se trouvent derrière les écuries et les gerbiers tout près de la grange, qui est ordinairement peu spacieuse, parce que le grain ne se bat qu'au fur et à mesure des besoins. Ces gerbiers sont posés sur des fondations en briques, d'environ un mètre d'élévation, sur lesquelles est placé un encadrement en bois, où s'empilent les gerbes à une hauteur de quatre à cinq mètres et autant en diamètre. Elles sont couvertes de nattes de paille, et le blé, comme le foin se conservent ainsi très-bien, malgré l'humidité du climat. Le blé y reste quelquefois deux années de suite, sans éprouver la moindre altération.

En dernier lieu, on a remplacé le châssis en bois par des cippes en fonte, qui offrent principalement l'avantage de ne permettre aucunement la communication de l'humidité du sol.

Quant aux moyens de résistance contre la violence du vent, on les a cherchés dans l'établissement d'un poteau ou mât, au centre de la meule, muni de jambes de forces qui s'appuient sur les châssis.

Les meules à toits mobiles, auxquelles on donne aussi le nom de granges allemandes, et dont nous avons déjà parlé dans le chapitre précédent, peuvent se former de quatre poteaux seulement, placés aux angles. Par le haut est un toit conique, de construction légère, couvert en paille, et glissant entre les poteaux au moyen de colliers qui embrassent chacun d'eux. Dans les poteaux sont percés, de distance en distance, des trous dans lesquels on place des chevilles pour maintenir le toit à la hauteur convenable.

On a proposé beaucoup d'autres modifications dans la construction des gerbiers ; il est inutile de les citer toutes, vu qu'elles dépendent entièrement de l'intelligence du cultivateur. Le principe est toujours le même, c'est de garantir le blé contre l'humidité et de donner toute solidité à la construction. Dans l'intérieur, les gerbes sont placées debout, et une couche de gerbes tout autour, les gros bouts en dehors. Le toit de paille est maintenu par des cordes en paille, fixées en losanges sur toute la surface.

De grands dangers sont à craindre, dans les mauvaises saisons, si le grain est mis en meules dans un état humide. La fermentation intérieure est dénotée par la grande chaleur de la meule, qui peut être rendue sensible en y enfonçant le manche d'une fourche, et le tâtant lorsqu'il est retiré, ou seulement en y enfonçant la main.

Voici un moyen très-ingénieux, pour constater l'état de fermentation dans lequel les foins peuvent se trouver pendant le premier mois qui suit la récolte. On place dans chaque meule une aiguille de fer garnie d'un fil de laine blanche, qui est fixé à ses extrémités; on visite souvent. Tant que la laine reste blanche, la meule se comporte bien, mais aussitôt qu'elle jaunit, elle annonce un excès de fermentation. Alors il faut démontrer le tas, ou le rafraîchir par tout autre moyen.

Autrefois, on croyait qu'il était utile de ménager, dans les masses de foin, des courants d'air; mais, on a reconnu que cette opération était fondée sur un faux principe, et qu'il faut au contraire intercepter le mieux qu'on le peut l'introduction de l'air dans les meules, en tassant très-fortement le pourtour. Pour le foin qu'on rentre dans les greniers, on prend des soins, dirigés d'après le même principe.

DES FENILS ET GRANGES. Quoiqu'il en soit des avantages des meules et gerbiers, il ne peut résulter aucun inconvénient pour les récoltes, en général, de leur placement au-dessus des hangars ou des autres localités analogues. Mais il n'en est pas de même des écuries et des étables. Les émanations qui s'en élèvent peuvent être nuisibles à la bonne conservation et à la qualité des produits; l'on ne pourrait s'en préserver qu'en plafonnant avec soin le plancher entre le rez-de-chaussée et le grenier, en évitant d'y pratiquer aucune trappe ni autre ouverture, et en établissant des cheminées d'évaporation de l'écurie jusqu'au-dessus du toit. Ces cheminées, faites, tout bonnement, de quatre planches bien jointes, sont dans tous les cas, un excellent moyen d'assainissement.

Quant aux granges, les principales conditions auxquelles doivent satisfaire ces sortes de constructions, sont:

1° qu'elles offrent un abri sûr; 2° qu'il y existe des courants d'air suffisants; 3° que la base en soit préservée, aussi complétement que possible, de la communication de l'humidité du sol, ainsi que, pour les céréales, de l'accès des animaux destructeurs; 4° et enfin, qu'il y existe des moyens sûrs et commodes de décharger à couvert.

Emmagasinage des fourrages. Nous avons vu que, dans l'usage ordinaire, on conserve le foin, soit en meules, soit au-dessus des remises et des étables. Dans tous les cas, est-il nécessaire qu'il soit étendu d'une manière uniforme, et qu'il soit serré, afin qu'il n'y reste aucun espace vide, parce que, dans de tels vides, il naît de la moisissure, et qu'il s'y rassemble de l'humidité lorsque le foin commence à suer. Dans ce cas, on ne saurait faire plus mal que de soulever le foin et de lui donner de l'air; il faut, au contraire, empêcher, autant que cela est possible, le concours de l'air, et, pour cet effet, fermer toutes les issues et ouvertures. Il se peut qu'alors le foin fermente fortement et brunisse, mais il ne se gâtera pas, et l'on courra moins de risque qu'il ne prenne feu.

Sous un toit de chaume, lorsque le foin n'est nullement en contact avec l'air, il se comporte à merveille pendant qu'il sue, et il conserve sa qualité dans toutes les parties. Sous un toit de tuiles, au contraire, la couche supérieure du tas perd facilement sa saveur, prend du moisi et de l'humidité.

Quant à l'emmagasinement des gerbes de blé, il se fait plus généralement, sur le continent, dans les granges; à cette fin, nos granges sont composées : 1° d'une aire pour le battage des grains : on lui donne ordinairement la largeur d'une travée ou ferme, soit 4 mèt.; 2° d'autres travées en nombres suffisants, pour contenir les grains en gerbes des récoltes moyennes de l'exploitation; 3° d'un ballier, dans lequel on conserve les balles ou menues pailles, ou poutis, qui restent sur l'aire après le battage et le vannage des grains, et dont les bestiaux sont très-friands.

Il faut placer ces bâtiments, et les isoler, dans la cour d'une ferme, à l'endroit le plus commode, soit pour rentrer les gerbes venant du dehors, soit pour engranger celles que l'on retire des meules, soit, enfin, pour la surveillance du fermier pendant le battage des grains.

Les granges doivent être préservées de toute espèce d'humidité, et aérées le plus qu'il est possible, en prenant la précaution d'interdire le passage, par ces ouvertures, aux animaux destructeurs, par des grillages à mailles serrées.

Les aires à battre occupent généralement la travée centrale des granges; dans la plupart des fermes, elles ne sont formées que d'une couche plus ou moins épaisse d'argile, qui est pétrie avec de la bouse de vache et de la paille hachée très-menue, ou de la bourre. Après l'avoir bien battue, on l'enduit, à différentes reprises, de sang de bœuf. Mieux vaut faire couvrir l'aire de madriers, en bois de sapin, de 5 à 6 centimètres d'épaisseur, fixés sur des traverses en bois de chêne.

Des greniers a blé. Dans l'emmagasinement des grains en greniers, on doit se proposer principalement : 1° d'en hâter la dessiccation, afin de prévenir l'échauffement qui pourrait résulter de l'humidité qui s'y concentrerait; — 2° et de les soustraire, autant que possible, aux attaques des animaux granivores, et principalement des rats, des souris, des oiseaux, des charançons et autres insectes.

Le contact de l'air sec offrant un moyen de dessiccation tout naturel, on le favorise d'abord en n'amoncelant le blé qu'à une hauteur peu considérable, et qui doit être d'autant moindre que le blé est moins âgé, c'est-à-dire d'à-peu près quarante à cinquante centimètres la première année.

Cette hauteur ne doit pas être dépassée de beaucoup, d'abord, à cause du poids considérable du blé, qui pèse 750 kilos le mètre cube; ensuite, par la nécessité, dans l'intérêt de la dessiccation et de la conservation, de remuer périodiquement ces grains par le vannage et le pellage.

La facilité de ces manutentions exige qu'on réserve, de distance en distance, des espaces vides : il est bon, en outre, d'en réserver également le long des murs de face. Il est nécessaire aussi de munir les fenêtres de grillages, pour empêcher l'entrée des oiseaux, sans intercepter la circulation de l'air.

Des fosses de réserve ou silos. L'usage d'enfouir les grains dans des fosses de différentes formes, pour les conserver, remonte à une antiquité très-reculée, et a été mise en pratique dans beaucoup de contrées diverses. On peut citer comme modèles en ce genre les silos égyptiens et romains, qui sont bien connus ; ceux en usage dans l'Afrique, l'Asie, en Chine ; enfin, les silos hongrois, les caisses hollandaises, les magasins suisses, etc. Pour obtenir des silos, comme les anciens, et être sûr de la bonne conservation des grains pour un temp indéfini, il convient de commencer préalablement par l'épuration du grain et la dessiccation de sa propriété germinative.

On commence par revêtir de paille les parois intérieures des silos ; mais il est important de faire subir préalablement à cette paille une préparation, qui consiste à la faire passer dans une chaudière d'eau bouillante ; on exprime l'eau ensuite par un cylindre de pierre et on la fait sécher parfaitement au soleil.

Avant d'y placer le grain, on détruit ses propriétés germinatives et les larves d'insectes qui s'y trouvent, en les desséchant dans des fours ou dans de petites étuves.

Les moyens et les conditions essentielles à la confection des silos, consistent : 1° à bâtir en béton fortement comprimé ; 2° à mettre une couche de sable entre les fosses et le sol dans lequel elles sont placées ; 3° à brûler du charbon dans l'intérieur, afin de carboniser la surface de la bâtisse, de la consolider, de la durcir, et de la rendre plus propre à recevoir un enduit de bitume ; 4° à opérer une dessiccation complète, par le moyen de la chaux vive ; 5° à revêtir l'intérieur des fosses de deux couches de bitume ; 6° à brûler du charbon dans les fosses, immédiatement avant d'y jeter le grain, et de renouveler cette opération dans l'intérieur de l'ouverture, après avoir rempli la fosse jusqu'au sommet de la voûte, afin d'immerger le blé dans un bain de gaz acide carbonique, et de se procurer ainsi un moyen actif de conservation ; 7° à ne déposer dans les fosses que des grains suffisamment secs ; 8° à placer de la chaux vive dans le goulot de la fosse, pour en extraire l'humidité.

En Espagne, ces fosses ont dix mètres de profondeur et quatre de diamètre ; elles sont placées dans des lieux un peu élevés.

De la conservation des racines. Les racines sont, de tous les produits agricoles, ceux qui, pour être conservés, demandent le plus de soin et l'attention la plus minutieuse. On ne doit pas seulement chercher à les préserver de la gelée, on doit encore éloigner l'humidité, la trop grande chaleur, la présence de la lumière, enfin, on doit les mettre dans des conditions telles qu'elles ne puissent ni pourrir, ni fermenter, ni germer ; ces diverses causes de destruction empêchent beaucoup de cultivateurs de les introduire dans leurs assolements. Nous allons décrire les moyens de conservation, les plus certains et les plus économiques.

Les caves et les celliers sont très-convenables pour la conservation des racines ; la température y varie très-peu, il y fait frais l'été et pendant l'hiver assez chaud pour être à l'abri des gelées. Le tout, c'est de les préserver de l'humidité. Le sol argileux est toujours humide, mais n'abandonne pas facilement son humidité aux objets qui l'environnent : de plus, il a l'avantage de ne point laisser filtrer l'eau ; il est donc convenable aux celliers, sous tous les rapports.

Le sol siliceux a la plupart des propriétés opposées : quoiqu'en général il soit plus sec que l'argileux, il ne convient pas aux constructions souterraines, parcequ'il se laisse pénétrer par l'eau. Dans ces cas, la chaux hydraulique offre de grands avantages.

La position est particulièrement à considérer. La porte d'ouverture sera placée vers le sud, et tout le bâtiment sera adossé contre une élévation, s'il est possible ; ou, on se procurera un autre abri contre la neige et le vent du nord.

L'emmagasinement dans les caves doit se faire sur petits monceaux, non accolés contre les murailles, parce que le contact favorise singulièrement l'action de la gelée et de la pourriture.

On place près de l'entrée, les racines sujettes à pourrir, et qui doivent être consommées les premières.

Il ne faut jamais placer les racines à conserver, sur le sol nu, mais étendre au préalable une couche de feuilles sèches, ou mieux, de paille. Le charbon en poussière est aussi recommandable.

Dans tous les endroits où l'on a à sa disposition une source qui sort immédiatement de terre, on la fera circuler dans le cellier : elle y maintiendra, pendant l'hiver, une température douce, et au printemps, une fraîcheur qui préviendra la germination.

Les procédés de conservation que nous venons de décrire, ne sont applicables qu'à la petite culture. Quand on récolte une grande quantité de racines, il n'est pas possible de les loger ailleurs, pendant l'hiver, qu'en terre.

Ces silos sont construits en partie hors de terre, et en partie dans le sol même. — On commence par ouvrir dans le sol une tranchée, sur une largeur d'un mètre et demi, et à une profondeur de soixante-cinq centimètres ; on la prolonge aussi loin que l'on veut. Au fond et sur les côtes on met une légère couche de paille. On place alors les racines dans l'excavation ; une fois arrivé au niveau du sol, on élève le monceau en talus. Il faut que ce talus soit naturel, c'est-à-dire formé par un angle de 45°; plus aigu, les racines s'ébouleraient, la terre dont on les couvrirait se soutiendrait mal. Lorsque le talus a été ainsi formé, on couvre le tout d'une légère couche de paille, et on creuse tout autour des fossés, sur une largeur de 40 centimètres, en jetant la terre qui en provient sur la paille, ce qui forme la couverture de terre, laquelle aura au moins 50 centimètres d'épaisseur. Les fossés qui doivent entourer ces silos, seront creusés à quelques pouces plus bas que le fond inférieur de la tranchée où sont les racines. Ainsi, l'humidité, de quelque manière qu'elle arrive, ne peut séjourner longtemps dans le silo, parce que l'eau cherche toujours à descendre au point le plus bas qu'elle puisse atteindre.

On a soin de battre fortement à la pelle, la terre rapportée contre le talus, afin que les premières pluies ne puissent l'entraîner. Pour empêcher la fermentation qui s'opère dans le silo, et tend à décomposer les racines amoncelées, on pratique dans la partie supérieure, des soupiraux ou cheminées avec deux tuiles creuses. Par ce moyen, l'air est continuellement en contact avec les racines : à l'approche des grands froids, on ferme l'entrée avec de la paille ou d'autres substances.

Lorsque les gelées sont passées, si elles ont occasionné quelques dégâts, on s'en apperçoit immédiatement : les racines attaquées perdent leur eau de végétation, diminuent de volume, et au-dessus d'elles la couverture de terre s'affaisse. Il ne faut pas balancer ; on démonte le silo, on en tire les racines qu'il contient, afin que celles qui sont gelées ne déterminent pas la décomposition des autres.

Les crucifères, qui produisent des racines charnues,

ainsi que les raves, ne sont pas sensibles au froid ; on peut se contenter de les rentrer dans les granges, ou sous des hangars, et de les couvrir avec de la paille.

Les racines destinées à la nourriture de l'homme, seront serrées dans un local où l'on puisse en prendre journellement. On a ordinairement pour cet objet une serre obscure, dite jardin d'hiver. Les racines de chaque espèce sont stratifiées par lits alternatifs avec du sable sec. Elles conservent ainsi toute leur fraîcheur.

Quant aux fruits, il est généralement reconnu qu'on doit les laisser sur les arbres le plus tard possible, jusqu'en Novembre si les froids le permettent, pour les poires et les pommes surtout, destinées à être conservées longtemps. Quand ils ont été cueillis, on les laisse en tas pendant quelques jours, pour les laisser suer et se ressuyer ; on les place ensuite dans les fruitiers.

La plupart des moyens de conservation reposent sur le principe qu'on évite la fermentation et la pourriture en interdisant le renouvellement de l'air et l'accès de l'humidité. Il n'est pas moins indispensable de les mettre à l'abri des gelées.

Des fruits enterrés dans des fosses, dans des celliers secs et frais, et à l'abri de toute humidité, ont été trouvés parfaitement sains et frais, une année après qu'ils avaient été récoltés.

Du BATTAGE ET DU NETTOYAGE DES GRAINS. La séparation des grains de la paille est une des opérations les plus importantes de l'agriculture : de la manière dont on l'exécute, dépend en grande partie, le profit que le cultivateur retire de son exploitation. Le battage influe essentiellement sur la qualité du produit, tant en grain qu'en paille ; il rend cette opération plus ou moins coûteuse, et met le produit plus tôt ou plus tard à la disposition du propriétaire.

Le battage au fléau est très pénible et s'effectue très-lentement; c'est un grand inconvénient, parce qu'il demande pendant longtemps une surveillance journalière, et qu'on ne peut battre pour les semailles d'automne, sans préjudice pour les autres travaux agricoles, qui, ordinairement, s'accumulent dans ladite saison.

Un bon batteur peut battre à net, par jour de travail, de 50 à 80 gerbes de froment, d'après les différents degrés de dessiccation et le poids différent des gerbes.

Le dépiquage, au moyen du piétinement des animaux, est encore usité dans quelques contrées méridionales.

La machine à égrener, proprement dite, est une invention anglaise; le constructeur écossais Meikle l'a surtout perfectionnée. Cette machine commence à se propager sur le continent, sous diverses modifications, qui permettent de la faire mouvoir à bras d'homme, et qui rendent son prix d'achat abordable à tout cultivateur un peu aisé. Cette machine se compose : 1° de deux cylindres en fonte, ou en bois dur, munis de cannelures, qui, s'engrènent et tournent autour de leurs axes dans un sens inverse et entre lesquels on fait passer le blé pour être égrené; 2° d'un fort moulinet à quatre battoirs : pendant que ces battes tournent avec une grande rapidité, ils agissent sur la gerbe ammenée par les rouleaux cannelés, et détachent le grain des épis. D'autres applications mécaniques jettent la paille hors de la machine. Le grain et la balle tombent, à travers un treillage, dans une machine placée dessous, où, par le moyen du vannage, s'effectue la séparation du grain de la balle.

Les avantages qui résultent de l'usage de la machine à battre, sont les suivants : 1° Le rendement en grains est supérieur d'un vingtième; 2° l'opération est très-expéditive; 3° le blé endommagé par l'humidité, peut être sauvé par ce prompt égrenage, en le mettant ensuite, pour la dessiccation, dans un four; 4° les machines donnent la facilité de se servir, pour la semence, des grains fraîchement récoltés ; 5° la paille est bien préparée pour la nourriture des bestiaux ; 6° l'usage de ces machines rend le fermier indépendant du bon vouloir de ses ouvriers ; 7° l'économie du travail résultant de l'usage des machines, peut être évalué, terme moyen, à 42 centimes par hectolitre.

Du vannage et du nettoyage des grains. Au battage des grains succède l'opération du vannage pour séparer les balles ou menues pailles, les graines de mauvaises herbes et autres corps étrangers.

Dans l'usage ordinaire, le vannage s'exécute à l'aide d'un instrument en osier, appelé *van*, et l'on n'a recours aux tarares ou moulins à vanner, que pour achever le complet nettoyage du grain.

Le *tarare* peut être utilisé, ou conjointement avec une machine à battre, ou séparément. Dans cette machine, c'est le courant d'air produit au moyen d'un volant, ou ventilateur, qui sépare les corps relativement plus légers des corps plus pesans, qui effectue le vannage et le nettoyage. Le blé qui doit être vanné est placé dans la trémie qui est au-dessus de la machine, et tombe sur un ou plusieurs cribles qui sont fixés dans la machine entourée de planches. Pendant que ces cribles, munis d'un mouvement de va-et-vient, séparent les grains des balles, le courant d'air, produit par le mouvement du volant, repousse celles-ci au loin, comme très-légères ; le grain descend et s'écoule par une ouverture ménagée au bas de la machine. L'axe du volant est mis en mouvement par une roue dentée qui engrène dans un pignon, auquel la manivelle communique une grande vitesse, et met en même temps en activité le mouvement de va-et-vient des cribles ; la planche qui forme le fond de la trémie, est mise en mouvement simultanément avec les cribles. Ce mouvement de secousses, fait que le blé s'écoule de la trémie par l'ouverture, et tombe sur ces cribles. Cette ouverture peut être élargie ou rétrécie en faisant monter ou descendre la planche au moyen d'un ais. C'est une baguette qui donne le mouvement latéral au fond de la trémie et aux cribles, tandis qu'elle se trouve en communication, par un autre bras, avec l'axe du volant. Le fond de la machine est placé dans une direction inclinée, pour que le grain, séparé des balles et autres ordures, s'écoule sur ce plan incliné. Une partie de ce fond est mobile, les planches étant à coulisses.

CHAPITRE XII.

Des céréales et de leur culture spéciale.

Le mot céréale dérive de *Cérès*, déesse des moissons; il s'applique dans notre langue aux plantes panaires ou autres, à semences farineuses appartenant spécialement à la grande famille des graminées. Il comprend donc le *froment*, le *seigle*, l'*orge*, l'*avoine*, le *riz*, le *millet*, le *maïs*, le *sorgho*, et l'*alpiste*.

Du Froment (*Triticum. Linnée*, en angl. *Whest*, en allem¹ *Weizen*). Il contient plus de parties nutritives qu'aucune autre substance végétale; il est considéré à bon droit, comme le plus riche produit de notre sol. Sa farine donne le meilleur pain commu; le son sert de nourriture aux animaux, et les tiges servent de fourrage et de litière.

Il existe aujourd'hui des centaines de variétés de froment, dont le peu de fixité, et, pardessus tout, la confusion de leur nomenclature, rendent très-difficile de les déterminer avec quelque précision. Mais ce qui est évident, c'est : 1° qu'il est nécessaire pour les cultivateurs de pouvoir reconnaître les variétés principales, attendu que leurs différences ne se bornent pas à la couleur, à la forme de l'épis, mais, presque toujours, s'étendent aux qualités économiques et agricoles ; 2° qu'il n'est possible d'arriver à cette connaissance qu'en créant, à défaut d'espèces naturelles bien constatées, des groupes ou des espèces artificielles.

L'on appelle blés tendres, ceux dont la cassure est farineuse ; et blé durs, cornés ou glacés, ceux dont la cassure, plus nette, présente à peu près, l'apparence de la corne. Il y a, entre ces deux qualités, des intermédiaires à tous les degrés.

Les froments cultivés peuvent être partagés en deux séries ou divisions principales : 1° celle des froments proprement dits, à grain libre ou non, se séparant de la balle par le battage ; 2° celle des épeautres ou froments à balle adhérente.

Dans la première série on admet les quatre espèces suivantes : froment ordinaire ; froment renflé, gros blé, poulard ou pétanelle ; froment dur ou corné, et froment ou blé de Pologne.

La seconde série comprend trois espèces, savoir : épeautre ; froment amidonnier ; engrain ou froment locular.

1° *Froment ordinaire* (variétés sans barbes).

Epi long, étroit, un peu pyramidé dans la plûpart des variétés, court et ramassé dans quelques autres ; à quatre côtés inégaux, dont deux, plus larges, sont ceux de la face des épillets, et deux, plus étroits, ceux de leur profil. (L'épillet est ce petit groupe de trois à cinq fleurs à l'épi, dont une ou deux sont ordinairement stériles, et dont chacune des autres devient un grain.) Epillets planes et en éventail. Glume légèrement échancrée au-dessous du sommet et terminée par une pointe courte. Les sommités des balles distinctes et un peu écartées ; la volve extérieure ovale-acuminée, s'alongeant en une pointe droite ou crochue. Grain oblong, ovale ou tronqué ; rougeâtre, jaune ou blanc, selon la variété ; ordinairement tendre ou demi-tendre. Paille creuse.

Les blés de cette espèce sont les plus répandus en France et dans une grande partie de l'Europe ; ils sont aussi les plus estimés sous le rapport de la qualité et du grain. Leur paille est également mise au premier rang parmi celles de froment pour la nourriture du bétail.

L'analyse chimique indique :

Eau..	Parties	14,6
Matières grasses............................	»	1,0
Matières azotées insolubles (formant le glutin)..	»	9,0
Matières solubles (albumine)...............	»	2,4
Matières solubles non azotées (dextrine)	»	9,0
Amidon, varie selon l'espèce, de......	»	60 à 69
Cellulose....................................	»	1,0

NB. La quantité du glutin varie également de 9 à 19 parties, selon l'espèce.

Les variétés principales, de l'espèce sans barbes, sont : Froment commun d'hiver à épi jaunâtre ; froment de Mars blanc ; froment blanc de Flandre ; froment de Talavera ; froment blanc de Hongrie ; blé Fellenberg de Mars ; blé Pictet de Mars ; touzelle blanche ; richelle blanche de Naples ; blé d'Odessa ; blé de haie, ou froment blanc velouté ; froment rouge ordinaire ; blé Lamas, blé rouge anglais ; blé rouge de Mars ; blé du Caucase ; blé de Mars carré de Sicile ; blé rouge velu de Crête.

Les caractères généraux des variétés sans barbes, de la même espèce, s'appliquent aux variétés dont l'épi est barbu. Ils sont de même qualité, quoiqu'en général le grain en soit un peu moins tendre et un peu plus coloré. Leur paille est aussi moins estimée pour le bétail ; il s'y trouve toujours quelques barbes.

Ces variétés barbues sont : Froment barbu d'hiver à épi jaunâtre ; blé de Mars barbu ordinaire ; blé de Toscane à chapeaux ; blé du Cap ; blé Hérisson.

2° *Froment renflé* ou *Poulard*.

Épi barbu, carré, compacte, ordinairement à quatre faces égales, quelquefois aussi ayant deux côtés plus larges, qui, dans ce cas, sont toujours ceux du profil des épillets; les angles et les barbes disposés sur quatre lignes parallèles à l'axe de l'épi; épillets épais, presque toujours plus larges que hauts; glume renflée, tronquée brusquement au sommet, et dont la nervure dorsale, très-prononcée, se termine en une pointe arquée; balles très-gonflées, courtes, plutôt reformées qu'écartées à leur sommet; grain oblong ou raccourci, bossu ou voûté sur le dos, souvent déprimé et presque anguleux sur les autres faces, paille dure et pleine, surtout au sommet.

Les qualités générales des blés poulards sont, d'être rustiques, vigoureux et productifs, d'avoir une paille haute, forte et résistante, qui les rend moins susceptibles de verser que les blés à paille creuse.

Ils conviennent aux terrains bas, humides, ou trop riches en humus pour que les blés fins y viennent à bien. La couleur des grains est terne, ils rendent à la mouture beaucoup de son, une farine médiocre, et ont, dès lors, une moindre valeur sur les marchés. Le blé poulard est tendre dans quelques variétés, demi-dur, et même presque dur dans d'autres. Les variétés sont:

Poulard rouge lisse; gros blé rouge; poulard blanc lisse; épaule blanche du Gâtinais; blé garagnon de la Lozère; pétanielle blanche d'Orient; bulard blanc velu; pétanielle rousse; gros blé rouge; blé gros turquet; blé Ste-Hélène; blé miracle; blé de Smyrne; poulard bleu; pétanielle noire.

3° *Froment dur ou corné.* Épi dressé, presque cylindrique dans quelques variétés, à faces déprimées avec des angles peu prononcés dans d'autres; barbes très-longues et raides; épillets plus longs que larges; glume velue ou glabre, ovale allongé, terminé par une pointe droite; grain long, anguleux, très-dur et glacé; paille raide et dure.

Les froments de cette série appartiennent tous aux climats chauds ; on les cultive en Afrique, dans le midi de l'Europe, mais point ou peu en France, dont le climat leur convient mal.

4° *Blé de Pologne.* Cette espèce se distingue facilement de toutes les autres, par ses grands et longs épis barbus, d'un blanc jaunâtre, par ses glumes très-alongées, et par son grain très-long aussi, de la forme de celui du seigle, et glacé au point d'être presque transparent. Elle est aussi connue sous le nom de seigle de Pologne, seigle d'Astracan ; ce blé a été l'objet d'essais multipliés en France.

Malgré sa belle apparence et la bonne qualité de son grain, il a été presque partout abandonné après quelques années de culture : le climat ne lui convient pas.

1° — 2° SÉRIE. *Epeautre.* Epi long et grêle, à épillets écartés, laissant l'axe à nu dans leurs intervalles ; glume épaisse, coriace, tronquée, axe de l'épi fragile ; balles adhérentes au grain.

Les épeautres sont peu cultivés en Alsace, ce qui tient à ce que leurs grains ne se séparent pas de la balle par le battage ; on est obligé, pour les dépouiller, de les faire passer une première fois sous la meule un peu soulevée : ces blés sont cultivés en Suisse et dans l'Allemagne, à cause de leur rusticité.

Le grain des épeautres, bien qu'un peu anguleux et de médiocre apparence, donne une farine très-estimée pour sa douceur et sa finesse, et que l'on emploie, de préférence à toute autre, pour les pâtisseries légères.

Les variétés barbues ou sans barbes, lisses ou velues, sont assez nombreuses ; la plus cultivée est l'épeautre sans barbe, à épi blanc et rougeâtre. L'épeautre noir barbu est aussi une espèce vigoureuse et productive, mais qui doit être semée de préférence en Février ou au commencement de Mars.

2° — 2° SÉRIE. *Froment amidonnier.* Epi barbu, comprimé, composé d'épailles étroites, rapprochées et imbriquées régulièrement sur deux rangs ; épillets à deux grains.

Les blés de cette race étaient autrefois compris parmi les épeautres ; on leur donne fréquemment dans la pratique le nom d'épeautre de Mars. Ils sont tous de printemps et veulent être semés de bonne heure.

3° — 2ᵉ série. *Froment engrain*. Epi barbu, dressé, étroit, très-aplati, composé de deux rangées d'épillets très-resserrés et à un seul grain.

Cette céréale, qui, par l'apparence de son épi, ressemble plus à une petite orge à deux rangs qu'à un froment, est inférieure à toutes les espèces précédentes, et pourtant elle ne laisse pas d'être fort utile, à raison de la facilité avec laquelle elle réussit dans les plus mauvaises terres calcaires ou sablonneuses. On peut la semer sur des terres regardées comme trop pauvres pour produire du seigle. L'engrain doit être semé en automne et peut l'être jusqu'en Décembre. Dans une partie du Berry et du Gâtinais, on la sème avec succès.

Les variétés de froments désignées sous le nom de blés blancs, sont regardés comme les meilleurs : ils donnent sur 100 parties de farine brute, 20 de pain de plus que la farine des froments durs ; mais le défaut des froments blancs, est de donner une pâte trop courte et moins liée que celle des froments rouges.

Choix du terrain. Les sols composés à peu près de sable et d'argile, en proportions égales, connus vulgairement sous la dénomination de terres à froment, sont ceux qui conviennent le mieux à cette espèce de céréale : mais ils ne sont pas les seuls dans lesquels cette précieuse graminée puisse donner de bons résultats. Grâce à l'emploi plus abondant et mieux raisonné des engrais et des amendements, il est certain qu'on est parvenu d'étendre profitablement sa culture sur des sols inférieurs, surtout en le semant sur du trèfle enfoui. Il est vrai qu'un mélange artificiel de parties égales de sable, d'argile et de terre calcaire, a donné la germination la plus prompte, et le développement le plus parfait du froment; mais les terrains sablo-argileux constituent, en vue de l'expérience, les meilleures terres pour les engrains et épautres, et les froments blancs sans barbe, qui sont les plus fins et les plus délicats, appartiennent aussi à ces sortes de terres.

DE LA PRÉPARATION DU SOL. Une des circonstances les plus nécessaires à la réussite du froment, c'est que le sol soit net de mauvaises herbes, et suffisamment ameubli. Toutefois, il n'est pas indispensable que le sol ait été tout nouvellement remué à une grande profondeur. On a même cru remarquer que cette céréale s'accommode mieux, après l'émission de ses premières racines, d'un fond de constitution moyenne, que de celui qui aurait été ameubli à l'excès. Ainsi, il ne faut pas donner trop de profondeur au dernier labour, et modérer l'énergie des hersages, pour conserver les petites mottes, qui donnent accès aux gaz aériens, et que les cultivateurs aiment à voir sur leurs guérets après les semailles.

On ne peut pas indiquer d'une manière précise le nombre de labours qu'il convient de donner pour préparer un champ aux semailles de blé. Sur une jachère, trois ou quatre façons sont parfois insuffisantes; sur un trèfle rompu, après une culture de vesces ou de sarrasin, après une récolte de féverolles binées, etc., un seul labour peut, au contraire, assez souvent suffire. Les cultures intercalaires, considérées comme préparation au semis du froment, doivent donc être prises en grande considération.

Dans les terres fortes, les fèves pour les blés d'automne, les choux pour ceux de printemps. Le colza ou la navette précède ordinairement une belle récolte de blé. Dans les terres franches, moins tenaces que les précédentes, le trèfle est, ainsi que nous l'avons déjà dit, une des meilleures cultures préparatoires. Quant aux pommes de terre, leur culture épuise le sol, et, à moins d'avoir donné une abondante fumure en les plantant, on ne peut pas conseiller de faire suivre immédiatement une culture de froment.

Les amendements calcaires conviennent particulièrement à la culture du froment : non que les pailles acquièrent des dimensions plus qu'ordinaires, mais parce que les épis deviennent plus pleins et mieux nourris.

Choix des semences. On a reconnu que le renouvellement des semences ne peut être considéré comme une chose généralement nécessaire, ou même utile à la qualité des blés. Tout dépend des soins donnés à la récolte du blé destiné pour semence : il faut qu'il soit parvenu à parfaite maturité, et exempt de mauvaises graines. Dans ce cas, il serait déraisonnable de changer cette bonne semence pour une semence moins pure et moins nourrie, par cela seul qu'elle aurait été récoltée dans une autre contrée ; tandis que le cultivateur qui ne porte pas tous les soins minutieux dans la récolte de ses semences, est fréquemment contraint de les renouveler.

Ce qui importe donc, avant tout, dans le choix des graines de semis, c'est qu'elles soient de bonne qualité, bien mûres, et sans mélange de semences étrangères. La question de renouvellement nous semble secondaire toutes les fois que cette première condition a été remplie. Elle devient au contraire fondamentale, lorsqu'il en est autrement.

Les froments nouveaux doivent être, autant que faire se peut, préférés pour semences. Cependant des froments bien mûrs, et soignés convenablement, conservent longtemps leur vertu germinative, et celui des deux ou trois dernières récoltes peut, en ce cas, servir comme celui de la plus récente. Comme il est un peu plus longtemps à germer, à cause de sa sécheresse, il faut le semer un peu plus tôt et s'assurer, par des essais en petit, qu'il n'a pas perdu sa propriété germinative.

De la préparation de la semence. Après le criblage, la seule préparation nécessaire avant les semis, est le chaulage, opération fort importante, et l'épluchage du blé, tout aussi important, si on n'en craint pas les frais. Cette dernière opération a pour but d'écarter les mauvaises graines et les graines étrangères; elle se fait, pendant les soirées d'hiver, dans toutes les fermes bien exploitées.

Le chaulage, qui a pour but principal de détruire, à la surface des grains de blé, les poussières globuliformes qui servent à la reproduction de la carie, et peut-être du charbon, s'opère de plusieurs manières et à l'aide de diverses substances. Dans quelques lieux, on emploie le sulfate de cuivre dissout et fort étendu d'eau; dans d'autres, l'acide sulfurique affaibli, la potasse, etc. Mais, de toutes les matières minérales, l'une des plus efficaces, des moins dangereuses à employer, est la chaux, qui a donné son nom à l'opération.

Le chaulage se fait par aspersion et par immersion. Pour chauler par immersion, après avoir fait fuser la chaux et l'avoir fait délayer dans beaucoup d'eau, on y trempe le blé, en le remuant à plusieurs reprises, et en ne le retirant que plusieurs heures après. D'après la première méthode, par aspersion, on fait tomber la chaux vive en poussière en l'aspergeant d'eau, et on la répand ensuite sur le grain, pour l'en imprégner entièrement, à l'aide d'une spatule. Cinquante kilo. de chaux de bonne qualité et 242 litres d'eau suffisent au chaulage de douze hectolitres de froment. La chaux bien employée est, à bon droit, considérée comme un des meilleurs préservatifs contre la carie; cependant, il résulte des expériences faites, qu'on peut ajouter encore à son énergie par l'addition d'une petite quantité de sel marin.

De la quantité de graines à employer pour les semis.

Cette quantité varie ou plutôt doit varier en raison de circonstances fort différentes. Dans les bons terrains, chaque pied tallant beaucoup, il faut moins de semences que dans un terrain médiocre ; — par la même raison, il en faut moins aussi pour un semis d'automne, fait en temps opportun, que pour un semis de printemps ; — moins dans un climat où les pluies printanières favorisent le développement des talles, que dans celui ou les sécheresses l'arrêtent de bonne heure. Les semis trop épais sont en pure perte. On sème ordinairement à la volée, à terme moyen, deux cents litres par hectare. Pour les semis en lignes à 25 centimètres de distance, la proportion peut être du tiers, et même de moitié moindre.

DE L'ÉPOQUE DES SEMAILLES. Il est tout aussi impossible de fixer d'une manière précise l'époque des semailles que la quantité absolue de semences qu'elles exigent pour un espace donné.

La disposition des climats, les variations des saisons, et la nature différente des terres, apportent nécessairement d'importantes modifications.

En France, on sème les froments dits d'automne, depuis le mois de Septembre jusqu'aux approches de Janvier. L'époque moyenne est le mois d'Octobre.

Il résulte de longues observations, qu'en général, le céréales d'automne semées tard, produisent moins de paille et plus de graines que celles qu'on a semées de bonne heure.

Il peut donc arriver que des semailles tardives donnent d'aussi bons et même de meilleurs produits que des semailles précoces. Mais, généralement, le contraire a lieu, et nous conseillons de semer de bonne heure, si on est prêt à le faire. Le principal est de saisir le moment favorable, celui où les mottes se trouvent dans un état moyen entre l'humidité et la sécheresse, de sorte qu'elles puissent obéir convenablement à l'action de la herse ou du versoir.

Au printemps, les semailles précoces sont presque toujours fort avantageuses, parce que les blés ont le temps de développer un plus grand nombre de talles avant l'époque où les chaleurs les saisissent.

Des divers modes de semailles. On en connaît trois principaux : les semailles à la volée, celles au drill et celles au plantoir.

Les semailles à la volée se font sur raies, c'est-à-dire à la surface du champ, pour être recouvertes à la herse, ou sous raies, de manière à l'être par la charrue. Nous avons déjà parlé des semailles à la volée. Les avantages des semis sous raies sont : de permettre de recouvrir davantage les semences dans un terrain léger, de les défendre plus efficacement contre les effets du déchaussement; mais, à côté de ces avantages, se trouve l'inconvénient grave de la lenteur du travail, qui compense souvent, et bien au-delà, la perte de semences, que l'on reproche avec raison aux semailles sur raies, quelque soin que l'on donne au hersage. L'extirpateur offre un moyen expéditif d'enterrer, sinon précisément sous raies, au moins d'une manière analogue.

Les semis en lignes présentent d'incontestables avantages pour la culture de la plupart des récoltes dites sarclées, et beaucoup d'économie dans l'emploi de la semence pour les céréales. Au lieu de 220 litres de seigle, par hectare, semé à la volée, il n'en faut que 125 litres en semant à la machine.

Des soins d'entretien des froments. Les soins que l'on donne aux froments pendant leur végétation, varient autant, selon les coutumes locales, que selon les véritables besoins de leur culture. En résumé, les principaux sont : des roulages, des sarclages, des hersages et des binages. Nous ne reviendrons plus sur ces diverses opérations, dont nous avons déjà traité.

Des froments de printemps. Le succès des froments de

printemps est beaucoup moins certain que celui des froments d'automne, dans toutes les parties du sud et du centre de la France où ils sont pratiqués, et leur culture est d'ailleurs moins productive ; aussi sont-ils à peine connus dans beaucoup de nos départements, et surtout en Alsace.

DE LA QUANTITÉ DE PRODUIT. Le froment n'est pas seulement la plus utile de nos céréales, il est aussi une des plus productives ; car, si, à volume égal, il a plus de poids, ce qui est un indice suffisant de sa supériorité nutritive, assez souvent, sur une étendue donnée de terrain, il rend autant et plus en volume.

Toutes circonstances égales, un froment de bonne qualité, pesant 80 kilos à l'hectolitre, le seigle, qui s'en rapproche le plus, arrive rarement à 75 kilos ; l'orge vient ensuite, et l'avoine en dernier lieu. D'ailleurs, à poids égal, le froment contient encore beaucoup plus de parties nutritives que ces diverses céréales.

Le terme moyen entre la quantité de semence et le produit, en semant à la volée, est de 2 hectolitres à 2 hectolitres 20 litres de semence par hectare, pour y récolter de 8 à 16 hectolitres, selon que le sol est médiocre ou fertile, cultivé avec négligence ou avec soin.

L'hectare de blé-froment doit donner, terme moyen, 720 bottes de paille d'environ 5 kilos chacune ou 3500 kilos. Dans les bonnes terres il en donne davantage, et la quantité d'hectolitres que produit l'hectare varie de 20 à 25. Ce dernier chiffre est la moyenne des terres de froment en Angleterre.

DU SEIGLE. Le seigle (en anglais *Rye*, en allemand *Rocken*), est une de nos plus précieuses céréales, vu la propriété qu'il possède de prospérer dans des terrains où le froment ne viendrait pas, ou serait, tout au moins, peu productif. La farine du seigle est moins blanche et moins nourrissante que celle du froment ; mais elle produit un pain de bonne qualité, fort agréable au goût, qui se conserve longtemps frais, et qui fait la nourriture du peuple, à cause de son bon marché.

DES VARIÉTÉS DU SEIGLE. Le seigle a, comme le froment, les épillets solitaires sur chaque dent de l'axe central de l'épi; mais il en diffère, en ce que ces mêmes épillets ne renferment que deux fleurs, qui portent une arête au sommet de la valve externe de leur balle.

On ne cultive qu'une espèce botanique de seigle. Ses tiges articulées et garnies de feuilles étroites s'élèvent, dans les bonnes terres, parfois à deux mètres; l'épi qu'elles portent à leur sommet est plus grêle que celui du froment, et entouré de barbes assez longues.

Cette espèce a donné naissance, sous l'influence de la culture et des climats, à diverses variétés transmissibles par les semis.

Le seigle d'automne est au seigle de printemps, ce que les froments d'hiver sont aux froments marsais.

Le seigle de Mars, ou trémois, a la paille moins longue et plus fine que celui d'automne; son grain est plus menu.

Le seigle de Saint-Jean se distingue des deux autres par la longueur de sa paille et de ses épis, par son grain un peu plus court que celui du seigle d'automne, et la propriété qu'il possède bien sensiblement, de taller davantage et de mûrir plus tard. On le sème, vers la fin de Juin, et on le fauche en vert, ce qui n'empêche pas de le moissonner l'été suivant.

Nous présumons que c'est la même espèce que celle que nous cultivons en Alsace, sous le nom de seigle multicaule. On le sème en Juin avec le sarrasin et aussi seul. En automne on coupe en vert ce seigle; on peut encore le couper une seconde fois avant l'hiver; on a vu même qu'on en obtient une troisième coupe au printemps. Puis il monte en épis, mais plus tard que le seigle ordinaire : il dégénère facilement.

7

Le seigle est beaucoup moins exigeant que le froment, sur le choix des terrains ; quant à la préparation du sol, c'est la même que pour les semailles du froment, excepté que le premier préfère un guéret plus entièrement divisé.

Le trèfle ne réussit pas dans toutes les terres à seigle, la lupuline ou le sainfoin le remplace avantageusement comme culture préparatoire de cette céréale.

On sème ordinairement entre 150 à 200 litres de seigle par hectare et on le sème avant le froment.

L'usage de cultiver le seigle mêlé à des proportions variables de froment, s'est conservé en Alsace, comme dans d'autres contrées de la France. On trouve que ce mélange, connu sous le nom de *Méteil*, est plus productif que l'une ou l'autre céréale semée seulement dans la même proportion.

De l'orge. L'orge (*Hordeum, Linn.*, en anglais *Barley*, en allemand *Gersté*) a des usages aussi nombreux qu'importants. Sa farine est courte et donne un pain rude, quoique nourrissant et sain ; mais l'orge à l'état de gruau est une très-bonne nourriture associée à de la viande. Le principal usage est destiné pour la fabrication de la bière.

Espèces et variétés. L'*orge carrée* ou commune, a presque toujours toutes ses fleurs hermaphrodites et munies de barbes longues et droites. Des six rangées de fleurs, quatre sont plus prééminentes que les autres, et donnent ainsi à l'épi une forme à peu près quadrangulaire.

L'*orge d'hiver* (Escourgeon) est très-estimée et fort cultivée dans le nord de la France, où on la regarde comme la meilleure pour la bière, et la plus productive de ses congénères. Semée avant l'hiver, elle mûrit la première de toutes nos autres graines.

L'*Orge carrée de printemps* (*petite orge* ou *escourgeon de printemps*) diffère des autres, autant par sa manière de végéter que par la couleur de son grain. Semée en automne elle ne réussit pas, du moins sous le climat de l'a-

ris ; si on la met en terre plus tard que la fin de Mars,
elle ne monte pas toujours, mais ses touffes se conservent
vertes, passent bien l'hiver, et fructifient abondamment
l'année suivante.

L'*orge céleste* (orge carrée nue) est regardée comme une
des plus productives, mais sous la condition, plus rigoureuse pour elle que pour toutes les autres, d'un bon terrain.

On connaît encore d'autres variétés, savoir : l'orge à six
rangs, l'orge à deux rangs, l'orge couverte à deux rangs,
l'orge nue à deux rangs, l'orge à éventail, et enfin, l'orge
trifurquée, la seule variété sans barbes.

L'orge n'est pas très-difficile pour le choix du terrain.
Toutefois elle se plaît de préférence sur les sols de consistance moyenne, sablo-argileux. Elle vient bien après une
récolte de turneps ou de pommes de terre ; jamais après
un autre grain. Selon l'état du sol, on le prépare à recevoir la semence d'orge, soit par un seul labour d'automne
et quelques façons à l'extirpateur, au printemps ; soit par
deux labours, l'un d'automne, l'autre de printemps. Quel
que soit le nombre de labours, il faut que l'ameublement
du sol soit aussi parfait que possible, puisque, comme le
savent très-bien tous les praticiens, l'orge ne réussit jamais mieux que lorsqu'elle est semée dans la poussière.

Très-rarement on fume directement pour l'orge, elle
pousserait trop en paille ; mais il ne faut pas la semer non
plus dans un terrain épuisé.

L'orge d'automne est semée, dans notre zône, pendant
tout le courant de Septembre et une partie d'Octobre, et
c'est de la fin de Mars au 15 Avril, qu'on fait les semailles
d'orge printanière.

Semant à la volée, on recommande d'employer, pour la
grosse orge plate, ainsi que pour l'orge nue à deux rangs,
250 à 300 litres de semence par hectare ; pour la petite
orge quadrangulaire, 225 à 250. Selon nous, qui ne som-

mes pas porté pour les semis épais, le maximum, pour
les deux premières variétés, est de 250, et, pour la
petite orge, de deux cents litres seulement.

Toutes les orges printanières aiment à être recouvertes
un peu profondément. — Quand on sème à la charrue, on
peut les enterrer de 81 à 108 millimètres. Dans les sols légers, c'est même une condition importante de leur réussite.

De l'avoine (*Avena sativa, Linn.*; en anglais *Oat*, en allemand *Haber*). L'avoine sert principalement de fourrage.
Ses fanes vertes procurent une nourriture saine aux ruminants; sa paille leur convient également.

Ses variétés sont : *l'avoine commune*, qui a les fleurs
dispersées en panicules lâches ; les épillets sont ordinairement à deux fleurs.

L'avoine d'hiver se distingue de la précédente plutôt par
sa rusticité plus grande que par des caractères botaniques.

L'avoine noire de Brie est une des plus productives dans
les bons terrains.

L'avoine de Géorgie, nouvellement introduite, a le grain
d'un blanc jaunâtre, remarquablement gros, mais d'une
écorce dure.

L'avoine patate a le grain blanc, court, mais pesant et
farineux ; elle est répandue depuis un certain nombre
d'années en Angleterre.

L'avoine unilatérale de Hongrie n'est pas cultivée chez
nous, comme étant inférieure à l'espèce ordinaire.

L'avoine nue diffère des autres espèces par ses épillets
de quatre à cinq fleurs réunies en petites grappes. — Enfin,

L'avoine courte a les feuilles courtes, très-érigées, d'un
vert blond.

L'avoine préfère les régions du nord à celles méridionales ; elle aime la fraîcheur, et ne redoute l'humidité
qu'autant qu'elle est trop permanente. Aussi, ne pros-
père-t-elle dans nos terres légères que dans les années hu-

mides ; au reste, c'est la céréale la moins difficile sur le choix du sol et sur sa préparation.

On sème l'avoine depuis Septembre jusqu'en Mars, le plus tôt le mieux, au printemps. Il est indispensable de bien cribler la semence pour la séparer des graines étrangères, telles que la moutarde des champs ; l'épluchage à la main est même recommandable. On peut semer très-épais, ordinairement on sème trois hectolitres par hectare. Sur les sols légers on sème à la surface du champ non labouré, et on couvre à la charrue ; dans les terres fortes, on laboure et on herse après les semailles.

Du Sarrasin. Le sarrasin (*Polygonum fagopyrum* ; en anglais *Buck Wheat*, en allemand *Buchweizen*, *Heidenkorn*) a la racine fibreuse, annuelle ; tige herbacée, dressée, haute de 30 à 60 centimètres, feuilles très-distantes, fleurs blanches, disposées à l'aisselle des feuilles en épis courts et serrés. On croit que le sarrasin est originaire de la zône tempérée de l'Asie, d'où il nous a été apporté.

Le sarrasin de Sibérie ou de la Tartarie, introduit depuis quelque temps, a l'avantage d'être plus rustique, plus vigoureux, plus précoce, plus productif, exige moins de semence, et donne un grain plus pesant.

Le grain du sarrasin sert principalement à la nourriture de la volaille ; converti en farine, on en fait de la bouillie, des galettes, des gâteaux, qui ne causent pas d'aigreurs sur l'estomac.

Le sarrasin fauché pendant la floraison donne un assez bon fourrage vert, et même plus nutritif que le trèfle. Enterré vert, il peut servir d'engrais, et c'est même une des meilleures plantes pour former un engrais végétal.

Le sarrasin se contente de terrains trop maigres pour toutes les autres espèces de graines d'été ou de printemps. Il croit très-rapidement, mais il est très-sensible aux influences atmosphériques : la moindre gelée le détruit. Pour éviter cet inconvénient, on sème au printemps à trois ou quatre époques différentes et on emploie peu de semences : il ne faut qu'un demi-hectolitre par hectare. On la coupe avec la faulx ou avec la faucille, ou on l'arrache lorsque la plus grande partie des graines sont mûres.

Du maïs. (*Zea maïs, L., blé de Turquie*, en anglais *Maïze*, en allemand *Mays, Turkenkorn*). Le maïs paraît originaire des deux mondes.

Il n'est aucune plante d'une utilité plus générale que le maïs. Il croît sous les tropiques et dans une grande partie des régions tempérées. Il sert, sous un grand nombre de formes différentes, à la nourriture des hommes et à celle des animaux domestiques ; aux besoins de l'économie industrielle ; et il offre des ressources à la médecine hygiénique. Réduit en farine, il est connu sous le nom de *gaude*. Soumis à la fermentation alcoolique, le maïs peut remplacer l'orge dans la préparation de la bière. En Chili, on le torréfie, et on en fait un breuvage qui a l'apparence du café. Sous les tropiques, la tige de cette plante est tellement sucrée, que les Indiens la sucent, comme la canne à sucre. Le suc fermenté peut servir à la préparation des liqueurs spiritueuses. Son emploi comme fourrage est généralement connu ; ses graines sont une excellente nourriture pour presque tous les animaux, et surtout pour les oiseaux de basse-cour.

Le maïs est connu sous une multitude de variétés, qui diffèrent entre elles par la couleur, la forme, le volume des grains, et par l'époque de leur maturité. Nous allons citer les principales.

1° Maïs d'Août ou d'été, la durée de sa végétation est de quatre mois.

2° Maïs d'automne ou maïs tardif, il mûrit 15 jours plus tard.

3° Maïs quarantaine, il mûrit en 40 jours.

4° Maïs de Pensylvanie, le plus fécond connu.

5° Maïs des îles Canaries, il mûrit dans quatre mois et demi.

6° Maïs des Landes, il mûrit en quatre mois.

7° Maïs de Grèce.

8° Maïs à épi renflé.

9° Maïs d'Espagne.

10° Maïs cinquantaine, sa maturité est de trois mois et demi.

11° Maïs nain ou à poulets, remarquable par la petitesse de ses grains. Ces onze variétés sont à graines jaunes.

12° Maïs blanc hâtif. C'est celui cultivé avec le plus de succès dans les environs de Paris.

13° Maïs de Guasco, de Virginie et autres à grains blancs.

14° Maïs rouge, et enfin,

15° Maïs panaché.

Le maïs aime un sol argilo-sableux et frais dans le midi, sablo-argileux et facilement échauffable vers le centre, il s'accommode cependant des terres de toute nature, pourvu qu'elles soient suffisamment ameublées et convenablement fumées.

La semence de maïs germe après dix et même douze ans, mais on prend préférablement les grains de l'année précédente, en choisissant ceux du centre des épis, comme mieux formés et plus farineux.

Les graines ne lèvent que lorsqu'elles trouvent dans le sol une température convenable ; ainsi, il ne faut pas semer avant que le sol ne soit suffisamment échauffé pour hâter la germination, et qu'il n'y ait plus à craindre le retour des gelées. — De fin Avril, au 6 Mai.

On sème en rayons, sous raies, en sillons, on on plante à la houe dans la petite culture, à 0^m,90 de distance, et à 0^m,06 de profondeur ; on jette trois grains dans chaque trou, et on le recouvre légèrement.

Pendant la croissance du maïs, il est urgent de tenir le

terrain, par de fréquents binages, dans un parfait état de propreté.

Lorsque la plante a atteint une certaine force, on bute, et l'on supprime les tiges latérales qui poussent du collet, et qui affameraient la tige principale sans donner en compensation des produits suffisans. C'est aussi le moment d'éclaircir.

Après la cueillette, on étend ou on suspend les épis pour sécher la graine et empêcher la fermentation.

Le produit moyen du maïs est de soixante pour un; ainsi de toutes les céréales, c'est celle qui donne les plus abondants produits.

Du MILLET ET DU SORGHO. Le millet ou panis (en anglais *Millet*; en allemand *Panick*.) n'est cultivé un peu en grand que dans quelques-unes de nos provinces méridionales.

On mange la graine à la façon du riz, ou on l'emploie à la nourriture de tous les animaux domestiques. — Ses feuilles sont avidement recherchées par les bestiaux.

Il existe trois espèces principales de panis : le commun, le millet d'Italie et le moha.

Tous les millets aiment une terre légère, mais substantielle, profondément amenblie par plusieurs labours, et richement fumée. On les sème à la volée dans le courant de Mai, dans l'appréhension des gelées, dont ces plantes ne peuvent supporter la moindre atteinte. Il faut éclaircir, sarcler, biner et buter.

On coupe les épis à un pied de leur base, et on les suspend dans un endroit aéré et sec, jusqu'à ce que la maturation soit complète; si on attendait, pour les recueillir, que toutes les graines fussent parfaitement mûres, on en perdrait une grande quantité. Le produit en grain des panis, est considérable; mais peu propre à la nourriture de l'homme.

Le *Sorgho* (*Holcus Sorghum*, *Linn.*, en anglais *Millet*;

en allemand *Hirse*) est souvent confondu avec le millet, dont il diffère, du reste, très-peu.

Du riz. (*Oriza Sativa*, *Linn.*, en anglais *Rice*; en allemand *Reis*).

Le riz cultivé est une plante annuelle qu'on croit originaire des Indes et de la Chine, et qui appartient à la famille des graminées. Ses racines sont fibreuses et superficielles, et ressemblent à celles du froment; elle fournit des tiges hautes d'un mètre, grêles, et aussi fermes que celles du blé.

Les feuilles sont longues, étroites, terminées en pointes. Les fleurs portent des étamines de couleur purpurine, et forment des panicules comme chez le millet. Les graines sont contenues une à une dans une balle sans arête, à pointe aiguë, à deux valves à peu près égales, et ordinairement de couleur blanche.

On en connaît un grand nombre de variétés; mais, pour nous, les plus intéressantes sont celles cultivées en Piémont et dans les Carolines.

L'usage du riz, comme aliment très-nourrissant et sain, est trop connu pour que nous ayons besoin d'en parler.

La culture du riz ne prospère que dans les contrées méridionales, et sur des terrains qu'on peut inonder à volonté, ou dans des contrées soumises à des pluies régulières et abondantes; il faut à cette plante, en général, un terrain gras, humide et naturellement fertile. Les rizières doivent être environnées de toutes parts d'eau qu'il faut renouveler constamment, car le riz y pompe presque toute sa nourriture.

LE PATURIN FLOTTANT. Connu vulgairement sous le nom de *Fétuque flottante*, et rangé parmi les graminées. On le récolte soigneusement dans le nord de l'Europe et notamment en Pologne; cuit à la manière du riz, on lui trouve un goût délicat et sucré. On en nourrit aussi les volailles et les oiseaux. C'est une bonne ressource pour les pays marécageux, en le propageant par semis ; d'autant plus que ses produits herbacés font un bon fourrage vert pour ces sortes de localités.

Il y a encore dans cette classe, le paturin d'Abyssinie, l'alpiste ou phalarie des Canaries, et la zizanie, ou riz de Canada ; plantes des pays méridionaux.

Des essais ont été faits récemment sur le blé anglais *red blood*, le *blé blanc de Flandre* et sur le *blé S⁵ᵉ.-Hélène*. Ces trois variétés de froment étranger ont donné un surcroît de produit de 9 hectolitres par hectare, dans les bons sols, et de 7 hectolitres, dans les sols médiocres.

Il ne faut pas conclure de ces expériences qu'il y ait certitude, en adoptant ces trois espèces de blé étranger, d'augmenter ainsi les produits de près de 50 pour cent ; mais il est hors de doute qu'il y a toujours avantage pour le cultivateur à varier la semence : on ne doit pas semer constamment dans le même sol les mêmes espèces.

PRALINAGE DU BLÉ.

En préparant les semences de céréales de la manière suivante, on les gonfle au point que 100 litres deviennent 180 litres. On épargne donc par hectare 67 litres de blé.

Pour praliner 100 litres de blé, on fait dissoudre 500 grammes de colle-forte dans 20 litres d'eau ; on y ajoute 500 grammes de sel marin ou de cuisine, on prépare 20 litres de cendres de bois et 20 litres de chaux délitée, passées par un tamis fin. On met le blé dans une caisse spacieuse, afin de pouvoir bien l'humecter et le travailler, en l'arrosant avec les 20 litres d'eau de colle (on peut remplacer l'eau de colle par le sang de bœuf). On tamise dessus moitié de cendres et moitié de chaux, jusqu'à ce que les grains ne prennent plus en grosseur. Mieux vaut encore, après avoir brassé, mettre les grains sur un large tamis et saupoudrer avec mi-partie de cendres et de chaux. On praline ainsi jusqu'à ce que les grains ne gonflent plus et on les fait sécher sur un tas pendant 24 heures. Ce procédé économise un quart de semence et accélère le développement de la végétation ; il doit avoir de l'analogie avec ceux prônés par Bickes et de Laborderie, et qui consistent à tremper le blé dans un liquide particulier avant son ensemencement, afin d'être dispensé de l'emploi agricole des engrais.

CHAPITRE XIII.

Des Légumineuses à semences farineuses et des Racines nutritives.

La fève (*Faba*, *Linn.*, en anglais *Bean*; en allemand *Bohné*) est de la famille des légumineuses, et originaire des environs de la mer Caspienne. Elle a donné naissance en Europe à deux races principales ; ce sont : la *grosse fève de marais*, et la *féverolle*. Les variétés sont : la féverolle proprement dite, la féverolle d'hiver, qu'on sème en automne dans le midi ; la féverolle d'héligoland, peu connue, la fève julienne, et la fève de Windsor, la plus grosse de toutes.

C'est la grosse fève de Windsor et la fève à longues cosses que l'on plante dans les jardins pour la nourriture de l'homme. Au mois de Mars, après avoir béché, on trace des rayons à 52 centimètres les uns des autres, et de 8 environ de profondeur ; on y place les fèves deux par deux, tous les 25 centimèt., et on recouvre au rateau. Ce semis lève au bout de 25 jours ; il est en fleurs au commencement de Mai, et donne du fruit au mois de Juin. On réchausse le plant lorsqu'il a huit centimètres de haut, et quand les fleurs du bas de la tige sont nouées aux trois quarts, on coupe l'extrémité avec des ciseaux ou avec les ongles, ce qui hâte la formation des graines, et détruit les pucerons qui sont ordinairement réunis au bout des tiges : dans les printemps pluvieux, il est inutile et même nuisible de le faire.

La féverolle ou fève de cheval, ainsi que ce nom l'indique, est particulièrement propre à la nourriture des chevaux, qui la mangent mêlée à de l'avoine ou à des fourrages hachés, sans nulle autre préparation. Réduite en farine, elle peut servir très-avantageusement à engraisser rapidement tous les ruminants, les porcs et les animaux de basse-cour.

Les fèves sont, après le froment et le maïs, le principal objet de culture de quelques départements ; la farine qu'on en tire, entre pour un douzième dans la formation du pain du cultivateur, et pour un vingtième dans celui du boulanger. L'addition de la farine de fève rend le pain poreux, et par conséquent les miches plus volumineuses.

Les fèves, à l'aide d'une culture convenable, réussissent fort bien sur les terres argileuses, rendues, par leur trop grande tenacité, impropres à la végétation des autres plantes qu'il est possible d'intercaler aux récoltes de blé, et remplacent le trèfle, qui y vient mal.

On sème ordinairement, après que les plus grands froids sont passés, deux à trois cents litres de fèves par hectare, par semis en lignes. Le semeur suit la charrue et laisse tomber les graines une à une au fond de chaque sillon, ou de chaque deuxième ou troisième sillon, ce qui porte l'écartement, soit à 25 centimètres, soit à 65. Deux binages, pour arracher les mauvaises herbes, sont indispensables. Lorsque les rayons sont suffisamment espacés, on se sert avantageusement de la houe à cheval. Le boutage est toujours utile ; mais il est surtout très-recommandé dans les terrains légers, pour maintenir la fraîcheur au pied des touffes.

Des haricots. (*Phaseolus, Linn.*, en anglais *Kidneybean*, en allemand *Schminkbohne*.)

Les haricots, plante annuelle, sont sans nul doute, une des semences farineuses, dont les usages économiques sont le plus généralement répandus, et font dans les champs, comme dans les jardins, l'objet d'une culture fort importante.

Les cultivateurs divisent les haricots, en haricots à rames et haricots nains : les premiers exigent des appuis pour soutenir leurs longues tiges filantes.

Les variétés des haricots à rames, sont : les haricots blancs communs, les haricots de Soissons, les haricots de Liancourt, les haricots sabres, et les haricots Prédome qui sont sans parchemin : c'est une des meilleures variétés ; son grain arrondi est également estimé, frais ou sec. On la cultive fréquemment dans la Normandie. Le haricot rouge de Prague, s'élève beaucoup ; il est tardif et d'un grand rapport.

Les haricots nains sont connus sous une infinité de variétés. Le haricot rond blanc commun, l'un des plus rustiques, le haricot de Soissons nain, le haricot sabre nain, celui nain blanc sans parchemin, le haricot hâtif de Hollande, celui hâtif de Laon, le haricot Suisse blanc, rouge, gris, ou noir, le haricot jaune précoce, celui de Chine jaune, le haricot rouge d'Orléans, le haricot de Lima et celui d'Espagne.

Toutes ces espèces, cultivées sur le même terrain, dégénèrent promptement, et par le mélange, produisent de nouvelles variétés ; ce qui doit engager les cultivateurs à s'en tenir à deux espèces seulement, les nains et celle à rames.

Les haricots, en général, ont besoin à la fois de chaleur pour fructifier abondamment, et de fraîcheur dans le sol, pour amener leur graines à bien. Ce sont des plantes, plutôt du midi et du centre, que du nord de la France. Un sol léger, et pourtant substantiel et frais, leur convient particulièrement. Dans les terres argileuses, leur culture est plus difficile et moins productive.

Les haricots enlèvent à la terre beaucoup de parties nutritives. Lorsqu'on veut les faire entrer dans un assolement comme culture préparatoire, il faut donc les fumer copieusement.

Il faut choisir avec soin les haricots pour semer, et rejeter ceux qui sont, ou plus petits, ou moins bien conformés, parce qu'on s'est aperçu qu'ils donnaient de moins beaux produits.

Les haricots conservent longtemps leur propriété germinative; ainsi il importe peu de semer des graines de la dernière, ou des deux ou trois dernières récoltes. On a même cru remarquer que des semences de deux et trois ans étaient plus productives en gousses, et moins sujettes à la dégénérescence, que celles d'un an.

On cultive les haricots dans la petite culture en augets, contenant chacuns 6 à 8 grains, et disposés en échiquiers; on les plante du 15 au 30 Avril : ils sont 15 jours à lever.

Les semis en rayons pratiqués en grand, se font tantôt sous raies, à la charrue, tantôt en laissant tomber les graines une à une dans les sillons, et en recouvrant à la herse. La première de ces pratiques est propre aux terrains très-légers, faciles à échauffer; la seconde, aux terrains plus consistants. Dans cette dernière situation, les haricots doivent être fort peu enterrés, attendu qu'ils pourrissent facilement : un pouce suffit généralement.

Les semis ne doivent être effectués, que lorsque les gelées printanières ne sont plus à craindre. La quantité de graines à mettre en terre, est fort variable : on la porte à 260 kilos par hectare. Il faut biner de bonne heure, et tenir le terrain constamment propre.

Les *Dolices* diffèrent fort peu des haricots : ils sont orginaires des régions intertropicales, où on les cultive pour la nourriture des hommes. On ne les connaît que dans le midi de la France, où on les cultive sous le nom de *Mougette*. Il y a le dolice à onglet (mongette ou banette), le dolice à longues gousses, le dolice lablab, et le dolice soja.

Des pois. (*Pisum*, *Linn.*, en anglais *Pea*, en allemand *Erbse*).

Dans notre contrée on cultive les pois, principalement pour la nourriture des hommes. Dans d'autres pays on les cultive en grand pour servir à l'engrais des bêtes à laine, surtout des jeunes agneaux, dont ils rendent la chair aussi blanche que délicate. Les cochons mangent avec avidité les fanes et les cosses de pois.

Les pois se divisent en deux groupes : les pois des champs, *pois gris* ou *bisaille*, dont il y a trois variétés, le *pois gris hâtif*, le *pois gris tardif* et le *pois gris d'hiver*, qui convient particulièrement aux climats sans pluies printanières, et aux terrains secs. Les pois des jardins comprennent les nains hâtifs, ceux à rames, et les pois mange-tout.

Les *pois michaux*, petit pois de Paris, sont très-précoces et très-délicats. Il y a le pois Michaux de Hollande et celui de Rueil, à grains plus gros. Le pois tardif de Marly, celui à rames de Clamort, ou carré fin. Le pois cul-noir, qui s'élève beaucoup. Le pois carré blanc et vert, et le pois ridé de Knight tardif, qui l'emporte sur tous les autres par sa qualité sucrée et moëlleuse.

Les nains comprennent : le pois nain hâtif, le pois nain de Hollande, et le pois nain vert.

Les *pois mange-tout* sont de deux variétés, ceux à rames et les nains. Comme les fèves, les pois gris sont particulièrement propres aux assolements des terrains argileux. Les pois, en général, ne végètent jamais mieux que dans les terres argilo-calcaires, ou sablo-argilo-calcaires ;

on se trouve donc fort bien, pour leur culture, de l'emploi
des marnes et de la chaux, là, où ces principes manquent.
On recommande aussi de ne répandre le fumier sur le sol
qu'après l'ensemencement. On les sème en augets dans la
petite culture, comme les haricots, disposés en échiquier.
On fait des trous de huit centimètres et on y place sept ou
huit pois ensemble. Autour de Paris la culture des pois de
primeur en grand est l'objet d'un produit évalué à un million, dans une bonne année. On étend sur chaque touffe à
force boue de Paris, conservée de l'automne précédent.
On bine deux ou trois fois le pied des pois, et on pince les
extrémités.

Des Lentilles. (En anglais *Lentil*; en allemand *Linzen*).

La culture de la lentille, en plein champ, a deux desti-
nations principales : la production de ses graines, dont
on fait en France une consommation assez considérable,
et celle de ses tiges, qui, fauchées en vert, donnent un
excellent, mais peu abondant fourrage.

La lentille est de deux espèces, la grande et la petite
lentille. La grande espèce est cultivée autour de Paris, et
apportée abondamment sur le grand marché de cette ville.

Les lentilles sont des plantes propres aux assolements des
terres légères ; elles redoutent la trop grande humidité
plus qu'elles ne craignent la chaleur. Aussi croissent-elles
bien sur les sols sablonneux d'assez médiocre qualité, et
leur culture peut être considérée comme une des plus
productives sur ces terrains.

Le *pois chiche* est une plante légumineuse, voisine des
lentilles, et cultivée principalement dans les pays chauds.

La *vesce blanche* est une plante légumineuse qu'on
nomme aussi *lentille du Canada*; elle peut se manger et
donne un bon fourrage, fauchée en vert.

La *vesce cultivée*, ou lentille d'Espagne, est aussi cultivée pour son fourrage, et pour sa graine, que l'on mange
tantôt en vert, tantôt en purée.

DES PLANTES CULTIVÉES POUR LEURS RACINES.

Dans le système de culture perfectionnée, les végétaux cultivés pour leurs racines, sont les plantes sarclées par excellence, et ce sont ceux qui forment le pivot de ce mode de culture, ainsi que nous l'avons dit dans le chapitre des assolements.

Ces plantes sont : la *pomme de terre*, les *navets* ou *raves*, les *carottes*, les *panais* et *topinambours*, la *betterave*, la *chicorée*, etc., et enfin la *patate* pour le midi.

DE LA POMME DE TERRE. (*Solanum tuberosum, Linn.*, en anglais *Patato*; en allemand *Kartoffel*).

La pomme de terre appartient à la famille des solanées, dont elle forme le type. Elle est originaire de l'Amérique méridionale, ayant été trouvée sauvage dans le Chili et à Buénos-Ayres. On en doit la propagation en France au célèbre *Parmentier*.

L'usage de la pomme de terre est trop généralement connu, pour qu'il soit nécessaire de s'arrêter sur ce point.

Le nombre des variétés s'est accru et s'accroît encore toujours, à un tel point, qu'une classification complète et exacte est désormais illusoire. Nous allons en citer les plus marquantes.

La Truffe d'Août, de forme ronde, les yeux logés dans des cavités profondes.

La Chaw ou *Chave*, jaune, ronde, excellente, plus productive que la précédente.

La Grosse grise ou bleue.

La Marjolin, ou de 40 jours, sans fleurs, sans yeux, jaune, forme de larme.

La Jaune d'Août, Jemmapes, Néerlandaise, oblongue.

La Neuf-Semaines, parcourant en peu de temps la période de sa végétation.

Ces six variétés sont les principales parmi les sortes précoces, bonnes à récolter de fin Juin à fin Août.

Parmi les variétés plus tardives on distingue :

La Vitelotte, petite, alongée, rouge, yeux nombreux, la plus estimée pour la table et la plus recherchée.

La Hollande jaune, ou cornichon jaune. Peau fine, tubercule alongé, aplati, très-lisse, yeux rares.

La Hollande rouge, ou cornichon rouge. Ces deux espèces sont très-estimées par leur bon goût.

La Brugeoise, ou de Bruges, elle est une des plus productives, forme ronde.

La Patraque jaune et *la Patraque rouge*, tubercules gros, irréguliers, yeux enfoncés dans des cavités profondes. L'espèce rouge, éminemment propre aux terres humides.

La Patraque blanche, maculée de rose, très-grosse; cultivée pour les bestiaux.

La Tardive d'Irlande, bonne, mais peu productive.

La Corne bleue de la Saxe. Fécule bleue, passant au violet par la cuisson.

La Rohan, découverte par le prince de Rohan, près Genève. Sa qualité n'est pas très-bonne, mais elle produit immensément.

La Noisette ou *Châtaigne de Sainville*, jaune, longue, petite, peu productive, mais d'un excellent goût.

Les trois sortes les plus connues en Angleterre sont l'*Aœnable*, la *Cantorbéry* et *la Champion*.

La proportion de matières sèches contenues dans la pomme de terre, varie de 24 à 32 pour 100, suivant qu'elle a atteint sa maturité plus ou moins complète. Les matières solides de la pomme de terre contiennent 11 1/4 pour 100 de fécule.

Un sol argileux est peu propre à la culture de la pomme de terre en grand, parce que, si elle rencontre une terre dure, imperméable aux influences atmosphériques, son accroissement est contrarié; elle se difforme et mûrit tard.

Une humidité surabondante est plus nuisible aux pom-

mes de terre que la sécheresse. Dans ce dernier cas, la récolte peut être quelquefois réduite à fort peu de chose, il
est vrai ; mais dans un sol où l'eau demeure stagnante, les
pommes de terre qui ne sont pas pourries se conservent
avec beaucoup de peine, et ont des propriétés nuisibles
pour la santé.

Les sols glaizo-calcaires, argilo-calcaires, loameux-ar-
gileux et sableux silicieux, marneux et calcaires, conviennent, dans la plupart des cas, à la culture de la pomme
de terre.

Quant au climat, le plus favorable pour la pomme de
terre est celui qui est plutôt humide que sec, tempéré ou
frais que chaud. Voilà pourquoi celui de l'Angleterre, et
surtout de l'Irlande, lui convient si bien.

Un grave obstacle à la culture des pommes de terre sur
des terrains secs caillouteux, c'est que, losque les grandes
chaleurs dessèchent le sol, la végétation demeure stationnaire, et quand les pluies viennent la ranimer, ces petits
tubercules, au lieu de se développer, poussent de nouveaux
tubercules, et ni les premiers produits ni les seconds ne
sont de bonne qualité. Pour éviter cet inconvénient, il est
nécessaire de choisir, pour ces sortes de terrains, des espèces précoces, et qu'on puisse récolter courant Juillet et
Août ; ce qui présente l'avantage de rendre le terrain disponible pour les semis d'automne.

Le fumier de litière convient préférablement aux pommes de terre : aux sols légers et chauds, il faut un fumier
décomposé ; le fumier long sera réservé pour les sols argileux et froids. L'emploi du purin fait plus que doubler le
produit de la récolte.

On doit fumer immédiatement avant la plantation, et
en plantant à la charrue, répandre le fumier dans le sillon
ouvert, après y avoir jeté la pomme de terre semence.
Pour cela, on fait suivre par un ouvrier muni d'une fourche, celui qui plante, et qui met dans les sillons de pom-

mes de terre, le fumier qui a été distribué en petits tas su[r]
le champ. Nous n'avons pas remarqué que cette pratiqu[e]
donnât une saveur désagréable aux pommes de terre.

La pomme de terre exige un sol meuble, et les labour[s]
préparatoires doivent se faire aussi profonds que possible[.]
Par contre, le dernier labour doit l'être beaucoup moins,
car l'expérience a démontré que des pommes de terr[e]
plantées à cinq centimètres de profondeur, rapportent 2[?]
pour cent de plus que celles qui l'ont été à quinze centi[-]
mètres.

Il y a également plus de produit en espaçant davantag[e]
les lignes et en rapprochant les tubercules dans la ligne. C[e]
procédé permet d'ailleurs de buter avec la houe à cheval[,]
qui donne une économie énorme sur le butage à bras. O[n]
ne donne ordinairement qu'un butage ; mais deux ne son[t]
pas de trop. Aussitôt que quelques germes viennent dessi[-]
ner les rangées de plantes, on donne un hersage énergiqu[e]
pour détruire les mauvaises herbes, et entretenir l'ameu[-]
blissement du sol.

La pomme de terre est sujette à plusieurs maladies : l[a]
rouille, la *frisolée*, et cette maladie qui fait tant de ravag[es]
depuis quelques années, et dont les vraies causes sont en[-]
core inconnues.

La rouille ne se montre pas souvent ; dans cette maladi[e]
les feuilles se couvrent de macules roussâtres, qui couvren[t]
peu à peu toutes les parties foliacées. Les tiges se dessèchen[t]
et les tubercules présentent à l'intérieur des rognons noir[s.]
Quelquefois cette maladie disparaît après une pluie douce,
mais si l'affection gagne du terrain, il n'y a pas d'autr[e]
moyen d'en arrêter la marche, que de couper les tiges at[-]
teintes, ce qui produit ordinairement une nouvelle pousse[.]

La frisolée se rencontre plus souvent en Allemagne qu'e[n]
France. Les plantes qui en sont attaquées paraissent souf[-]
frantes ; les tiges sont lisses, d'une couleur brune et souillé[es]
de taches couleur de rouille ; les feuilles sont ridées et cré[-]

pues ; il en résulte que la plante jaunit prématurément en automne, et meurt au moment même où la végétation devrait être vigoureuse. Le petit nombre de tubercules que produisent ces plantes, mortes avant le temps, ont une saveur désagréable, et sont impropres à l'alimentation de l'homme, parce qu'ils laissent dans la gorge une matière âcre qui en lèse les parois. Il faut rejeter ces pommes de terre et renouveler l'espèce.

La maladie qui a attaqué les pommes de terre dans presque toutes les contrées de l'Europe, et que l'on croit provenir de l'affaiblissement des germes, se présente après la sécheresse de l'été, à la première pluie qui tombe en automne. Elle se manifeste d'abord aux feuilles supérieures par une tache brune cerclée d'un blanc bistré ; le même caractère se fait voir ensuite sur la pétiole et sur la tige : lorsque la tache est descendue jusqu'à environ cinq centimètres du sol, les tubercules sont presque toujours atteints, et prennent des taches noires qui augmentent peu à peu, pénètrent dans l'intérieur des tubercules, et finissent par les détruire en peu de temps par la putréfaction.

On a essayé de renouveler les espèces par des semis, par l'importation de la pomme de terre d'Amérique, mais tout a été inutile : la maladie se montre toujours et sévit plus dans les contrées humides que sur les sols secs, plus sur les espèces tardives que sur les précoces.

Des expériences récentes ont fait connaître qu'en plantant les pommes de terre entre deux couches de charbon végétal pulvérisé, on les préserve de l'atteinte de la maladie.

Comme cette dangereuse maladie ne se prononce qu'à l'approche de la maturité des tubercules, il faut les sortir de terre le plus tôt possible ; si l'on remarque qu'ils en sont atteints, les étaler dans un endroit sec, et au bout de quinze jours d'exposition, séparer avec soin les pommes de terre malades des saines ; sans cette précaution, on risquerait de voir passer tout le tas à la putréfaction, après l'emmagasinage.

Les pommes de terre atteintes peuvent servir à la fabrication de la fécule ; il est, par conséquent, du grand intérêt du cultivateur de les vendre de suite après la récolte au féculier.

La récolte à la charrue peut être d'une ressource utile, dans certains cas, et dans les contrées où l'ouvrier manque. Lorsque les tiges ont éprouvé un commencement de dessiccation, ou qu'étant vertes encore, on les a coupées, afin qu'elles n'entravent point l'instrument dans sa marche, on conduit la charrue, qui sert à buter, dans le champ de pommes de terre, on place les deux chevaux de front, de sorte que l'ados où se trouvent les tiges soit précisément entre les deux animaux. On fait piquer l'instrument à une moyenne profondeur, et on lui imprime une direction telle que, dans son mouvement de progression, il fende toujours en deux parties égales la butte qui est devant lui, et que le double versoir éparpille de chaque côté la terre et les tubercules.

Pour utiliser l'attelage, il est indispensable d'employer le nombre de bras nécessaires, pour pouvoir ramasser les pommes de terre au fur et à mesure que la charrue les arrache. Sans cette mesure, il n'y aurait pas d'économie de se servir de cet instrument, parce que, avant d'arracher la seconde rangée, il faut nécessairement que les tubercules déterrés soient ramassés ; sans cela, la charrue, dans sa marche, les enterrerait de nouveau ; ou l'attelage serait tenu d'attendre que l'opération soit faite, et de perdre ainsi un temps précieux.

Les pommes de terre se conservent très-bien dans une excavation creusée dans un sol sec et revêtu d'un mur de soutènement en briques ; on place d'abord un lit de sable fin et parfaitement desséché, puis une couche de tubercules, une couche de sable et un lit de tubercules, en alternant ainsi jusqu'à ce qu'on soit arrivé au niveau du sol. On recouvre la dernière couche de paille et de terre. On a vu des pommes de terre, ainsi traitées, se conserver deux ans, sans perdre leur propriété germinative, ni leur saveur première. Au reste, tel moyen de conservation qu'on emploie, la condition principale consiste à les préserver contre la gelée et contre l'humidité.

Les variétés précoces de pommes de terre fournissent en général moins que les autres; les terres sablonneuses produisent moins en volume et en poids que les terres plus compactes et plus humides; mais, en revanche, elles procurent une plus grande proportion de substances alibiles.

L'importance de la récolte dépend, au reste, de la fécondité du sol et de la fertilité de l'année : le produit moyen d'un hectare doit être de 174 hectolitres; mais, on cite des récoltes de cinq cents hectolitres. La plus petite ne doit pas descendre au-dessous de quatre-vingt-seize. Quant au poids, on suppose communément qu'un hectolitre pèse 65 à 70 kilo.

La pomme de terre atteinte légèrement de la gelée peut être utilisée dans les féculeries, si on la passe à la rappe avant qu'elle ne se soit ramollie.

DES RAVES, NAVETS, TURNEPS ET RUTABAGAS. C'est surtout pour occuper la terre pendant l'année de jachère triennale, ou pour passer de l'assolement triennal à un assolement de plus longue durée, que la culture de ces racines est pratiquée, et qu'elle est d'un grand avantage. Après une culture de navets, la récolte des céréales, du blé, soit d'hiver, soit de printemps, surtout, est plus abondante dans la plupart des terrains, parce que le terrain est plus net et plus ameubli. Au reste, les navets fournissent pour l'homme, comme pour le bétail de toute espèce, une nourriture d'hiver excellente.

Les *Navets* (*Brassica napus*, en anglais *Turnip*, en allemand *Rübe*) sont cultivés en plein champ et dans les jardins, sous une foule de variétés et de races. Les principales variétés qu'il convient de recommander, sont :

Le *Navet des vertus*, de forme oblongue, très-blanc, à moitié hors de terre, hâtif et de bonne qualité ; mais craignant la gelée. Le *navet de Claire-Fontaine*, très-long et sortant presqu'à moitié de terre. Le *navet de Meaux*, très-alongé et en forme de carotte effilée. Le *navet de Freneuse*, long, s'enfonçant profondément en terre, où il passe les plus rudes hivers : il est sucré et excellent, mais il faut chaque année renouveler sa graine de Freneuse même, autrement il dégénère.

Le *Turneps*, rave du Limousin, généralement cultivé pour les bestiaux, mais, cependant, très-bon à manger, de forme ronde fortement applatie, craignant la gelée et devenant creux de bonne heure. Ses diverses variétés sont le turneps à tête verte, à tête verdâtre et purpurine, à tête rouge, à racine jaune, etc.

Le *Rutabaga*, ou *Navet de Suède*, à racine jaunâtre, plus compacte, plus pesante, moins aqueuse, très-délicate au goût, plus nourrissante et plus rustique. On peut le semer quinze jours avant les autres variétés : il résiste bien aux gelées.

La *Rave* (en anglais *Red-Topped Turnep*, en allemand *Gemeine Rübe*). On en cultive un grand nombre de variétés. L'une de celles qu'on préfère dans la grande culture est la *rave à tête rose* ou *grande rave*, de forme conique très-alongée. La *rave de Bortfild*, de même forme, est particulièrement recommandée, comme préférable à toutes les autres variétés.

Un climat humide comme celui de l'Angleterre, est le plus convenable à la culture des navets ; cependant, cette plante utile vient presque partout ; elle aime préférable ment un sol peu compact, un peu frais, sans être trop humide, et d'une certaine profondeur.

On sème les navets depuis Mai jusqu'à la fin de Juin ; mais, le commencement de Juin est l'époque, en général, la plus favorable. C'est immédiatement après que le fumier a été déposé en terre, qu'en Angleterre on sème les navets, et l'on emploie, à cet effet, le semoir, sans faire grande attention à la quantité de graine que l'on met en terre. Le semoir en verse ordinairement dix fois plus qu'il n'est nécessaire, afin de parer aux effets des années défavorables à la végétation, à la mauvaise qualité de la graine, qui ne lève qu'en partie ; enfin, des insectes qui attaquent les jeunes plantes, et qui les détruisent. Au moyen d'un semis abondant, on trouve dans les places trop garnies, de quoi pourvoir, par le repiquage, au repeuplement de celles qui en sont dépourvues.

Les travaux qui suivent l'ensemencement sont extrêmement simples : il s'agit d'entretenir la propreté du sol par le sarclage, et d'éclaircir les places trop couvertes, en espaçant les navets selon la grosseur qu'ils doivent atteindre.

En Alsace, c'est ordinairement après une première récolte enlevée, qu'on sème les navets, et cette culture se borne à un labour qui enterre le chaume. On sème aussitôt à la volée, et, autant que possible, par un temps pluvieux et couvert, et on recouvre la semence par un hersage. Le semis peut avoir lieu depuis le mois de Juillet jusqu'à la fin d'Août.

Pour conserver ces racines pendant l'hiver, on les place dans un endroit très-sec, soit le côté d'une cour, d'un jardin, d'un champ près de la maison ; on pose une couche de paille sur le sol ; on y entasse les navets jusqu'à la hauteur d'un mètre, on les couvre d'une couche de paille et d'une couche de terre. Par-dessus la couche de terre, que l'on fait assez épaisse, on met une seconde couche de paille, qui fait toit, et empêche la pluie de pénétrer dans l'intérieur. Elles se conservent ainsi assez bien, jusqu'au printemps suivant.

A peine les feuilles des navets sortent-elles de terre, qu'elles sont attaquées et dévorées par des altises, par les pucerons, par les limaçons, et par d'autres petits animaux. Un grand nombre de moyens ont été indiqués pour détruire ces ennemis; malheureusement, ils ont été reconnus insuffisants, et il n'y a d'autres ressources que de semer très-épais, afin de conserver le nombre de plantes nécessaires pour couvrir convenablement le sol.

De la carotte et de sa culture.

Aucune racine n'a plus d'utilité que celle de la carotte pour l'alimentation du bétail de toute espèce; les chevaux la préfèrent à toute autre. Cuites, elles engraissent mieux les cochons que le grain et les pommes de terre. Les vaches à lait se trouvent très-bien de la nourriture dont les carottes forment la base; cette plante à la propriété de donner au beurre, même en hiver, cette belle teinte jaune que les acheteurs regardent comme indice de bonne qualité. Cent parties de carottes contiennent 80 parties liquides.

La *Carotte* (*Daucus carotta*, en anglais *Carrot*, en allemand *Gelbé-Rübe*), plante bisannuelle de la famille des ombellifères, a plusieurs variétés, dont voici les principales.

1° La *carotte jaune commune*. Racine étranglée, courte, élargie.

2° La *carotte blanche*, Variété de la précédente, moins forte en goût.

3° La *carotte jaune dorée*. C'est la meilleure espèce, mais une des plus petites.

4° La *carotte rouge, longue et grosse*. Elle vient bien dans les sols argileux.

5° La *carotte hollandaise ou printanière*. Variété de jardin.

6° La *carotte d'Achicourt et de Breteuil*. Variété qui diffère peu de la carotte rouge.

7° La *carotte blanche à collet vert*. Espèce bien caractérisée, très-productive, et dont la racine sort un peu de terre, avantage incalculable pour les sols qui ont peu de profondeur.

Depuis quelques années on cultive une nouvelle variété, que nous appelons la *carotte géante*; elle devient d'une grandeur colosale dans les bonnes terre.

Au moment de la récolte, on doit choisir les racines qu'on destine à porter semence : on prend celles qui réunissent le plus grand nombre des qualités, qui constituent l'espèce dans sa pureté.

On coupera l'extrémité des feuilles, on transportera les racines dans un lieu où elles soient à l'abri de la gelée, de l'humidité et de la lumière. A la fin de Mars, on les plante à un mètre de distance, dans un sol bien préparé; et, lorsque la plus grande partie des ombelles sont mûres, ce qui arrive dans le courant d'Août, on en coupe les plus belles, et on les suspend dans un endroit sec et abrité.

La carotte demande un sol meuble; les terrains pierreux et graveleux ne lui conviennent pas, parce qu'ils s'opposent au développement des racines. Cette racine étant fusiforme, et pénétrant généralement à une grande profondeur, il lui faut nécessairement une couche arable assez profonde.

Sous le rapport des assolements, les carottes laissent peu de latitude au cultivateur. En effet, elles aiment à être semées de bonne heure, et à être récoltées très-tard, ce qui nécessite de préparer le sol avant l'hiver, et empêche les semis d'automne.

On peut déjà semer les carottes vers la fin de Février, mais l'époque la plus favorable, c'est la première quinzaine de Mars. Avant d'employer la graine on l'expose au soleil ou dans un local chauffé, et on la frotte entre les mains, afin de briser les aspérités qui la recouvrent et au moyen desquelles les semences s'accrochent et se pelotonnent. On fera bien d'y mélanger une quantité quadruple de sable fin et de semer dru. La graine est 24 à 30 jours à lever.

On cultive ordinairement dans les jardins la rouge longue, la jaune et la petite ronde.

Les carottes restent fort bien l'hiver en pleine terre, si on a soin de rogner les feuilles et qu'on couvre la plante de trois centimètres de sable sec et d'un peu de paille.

On peut semer la carrotte dans une autre récolte qui lui servira d'abri; procédé avantageux, parce que le terrain n'exige pas de préparation particulière et peu de frais d'entretien. — On sème 4 à 5 kilo. par hectare à la volée.

Semées seules, les carottes exigent des travaux dispendieux d'entretien. Cette plante, en effet, à une enfance longue et laborieuse, et les mauvaises herbes se multipliant avec rapidité ne tardent pas à envahir toute la superficie; il faut de toute nécessité les arracher et les emporter.

Les carottes bien cultivées donnent un produit en racines de 335 quintaux métriques, comme récolte secondaire, et de 592 quintaux métriques, cultivées en récoltes principales.

En comptant que 2 kilo. 65 déc. de racines de carottes, contiennent autant de substance alibile qu'un kilo. de foin, on trouve qu'un hectare de carotte en récolte secondaire, équivaut à 94 quintaux métriques de bon foin, produit moyen d'un hectare de prairie naturelle.

Du panais (*Pastinaca sativa*, en anglais *Parsuep*, en allemand *Pastinake*). On cultive deux espèces de panais, le long et le rond. Le patenais rond, sucré, est peu cultivé hors des jardins; — le patenais long, est cultivé principalement pour les bestiaux dans la Bretagne, dans les îles de Jersey et de Guernesey, etc. La culture de cette plante est peu répandue, et n'est convenable que dans les terres de haute fertilité ; mais elle a une parfaite analogie avec celle de la carotte. Le panais présente toutefois cet avantage que, même par des froids très-rigoureux, il ne souffre nullement des gelées lorsqu'il se trouve dans le sol. On peut aussi le laisser dans la terre jusqu'au printems, pour en faire la récolte au fur et à mesure du besoin.

Du TOPINAMBOUR (*Helianthus tuberosus*, en anglais *Jerusalem-artichoke*, en allemand *Erdbirne*). Le topinambour est une plante vivace par ses racines, qui atteint communément deux mètres, et dont les fortes tiges sont chargées d'abondantes et de longues feuilles. Ses racines sont accompagnées de tubercules souvent très-volumineux et très-multipliés, dont la forme a fait donner à cette plante le nom de poire de terre. Le topinambour appartient au genre Soleil de la grande famille des Radiées, originaire du Chili ou du Brésil.

Les avantages que présente le topinambour, sont : de résister aux plus fortes sécheresses, même sur des sols naturellement arides, et de croître avec succès dans des terres de la plus mauvaise qualité. En second lieu, les tubercules du topinambour ont la précieuse faculté de résister aux froids les plus rigoureux, sans se désorganiser, d'où résulte l'immense avantage de pouvoir n'en faire la récolte qu'au fur et à mesure des besoins.

Le tubercule du topinambour, ordinairement de couleur rouge, peut fournir à l'homme un aliment sain, cuit dans l'eau ou sous les cendres, et une bonne nourriture aux bestiaux, qui la rejettent quelquefois au premier abord : les topinambours conviennent surtout aux porcs et aux moutons, et mieux encore, quand ils sont cuits, pour détruire la qualité aqueuse et le principe âcre qu'ils renferment.

Du reste, il est très-essentiel d'éviter, en les donnant aux bestiaux, qu'ils aient éprouvé un commencement de fermentation ou de décomposition, qui produit souvent des cas de météorisation très-dangereux.

Le feuillage du topinambour est un fourrage très-recherché pour les bestiaux, et peut devenir une ressource fort utile.

La culture des topinambours est en général simple et facile, cette plante étant, sous ce rapport, l'une des moins exigeantes et l'une des plus robustes; cependant, on peut dire que cette culture est la même que pour la pomme de terre. L'inconvénient qu'on lui reproche, est la difficulté d'en empêcher la reproduction dans les cultures subsequentes: les plus petits tubercules ou racines reproduisent de nouvelles tiges.

CHAPITRE XIV.

De la culture maraîchère, et du jardin potager.

Nous allons dire un mot, dans ce chapitre, des plantes légumineuses qui ne sont cultivées que pour l'usage de l'homme et plus particulièrement dans les jardins.

Pour le jardinage, on ne peut et on ne doit pas économiser l'engrais; ce sont ordinairement des terrains très-coûteux, desquels il s'agit de tirer tout le parti possible, en n'y laissant aucune place inculte, en les entretenant dans un parfait état de fertilité.

Il faut donc, à mesure qu'une planche est vide, la réfumer sans délai, et enterrer le fumier assez profondément pour que les racines de ce qu'on plante ou sème, ne l'atteignent pas. Par cette succession non interrompue de fumage et d'ensemencement, les plantes ne se nourrissent que du terrain produit par le précédent fumage et ne contractent point le mauvais goût que communique toujours un engrais trop récent; mais il faut, pour obtenir cet avantage important, faire bêcher très-profondément, et de manière à ramener au-dessus l'ancien fumier consommé pour remettre à sa place le nouveau : le jardin y gagnera sous tous les rapports.

Lorsqu'on fume à l'entrée de l'hiver, il faut le faire avec du fumier sortant de l'étable; au printemps, avec du fumier consommé. Le fumier de cheval pur, est excellent pour les terres fortes, froides et humides; celui de vache pour les terres légères et chaudes, et le mélange de l'un et de l'autre est bon partout. La condition principale consiste à enterrer tout de suite le fumier qu'on a porté sur une planche du jardin, et à ne point le laisser sécher au soleil et au vent.

Il faut en général bien défoncer : plus le terrain aura de fond, plus les légumes seront beaux, même ceux qui ne pivotent pas. Pour défoncer les planches d'un jardin, il faut ramener la terre du fond en dessus sur une profondeur de 70 centimètres : ce qui se pratique aisément, en commençant par faire, sur toute la largeur de la pièce qu'on veut soumettre à ce travail, un fossé de 130 centimètres de large et de la profondeur désirée, rejetant les terres du côté opposé à celui qu'on va défoncer; ensuite on continue de fossés en fossés, jetant à mesure dans celui qui est vide. Quand la terre est mauvaise au fond, il vaut mieux la transporter sur les chemins, et la remplacer par d'autre, que l'on ramasse partout où elle se trouve à proximité.

Une terre profonde a le grand avantage de conserver sa fraîcheur en été, et de ne pas être humide à sa surface en hiver, ce qu'on ne saurait obtenir autrement.

Un terrain léger et sablonneux est, sans contredit, le plus favorable à la culture des légumes; dans les terres fortes, ils deviennent âcres et tardifs. Si vous avez une terre forte, amendez-la donc avec du sable fin, cela vaudra un engrais; si elle est cail004teuse, faites-la passer à la claie, et mettez les cailloux dans les allées, en enlevant et utilisant la bonne terre.

Une chose très-essentielle, c'est d'alterner autant que possible les récoltes d'un jardin, et de ne remettre des plantes de la même famille à la même place, qu'après y avoir cultivé dans l'intervalle un légume d'une autre espèce.

Les instruments de jardinage les plus usités, sont : l'*arrosoir*, la *hotte à arroser*, la *bêche*, la *binette*, la *brouette*, le *cordeau*, des *échelles doubles*, des *ciseaux à tondre*, la *fourche*, la *pelle*, le *pic*, la *pioche*, le *plantoir*, le *rateau*, préférablement celui à dents en fer, la *serpe* et enfin la *serpette*.

Nous allons prendre par ordre alphabétique les plantes potagères, dont nous n'avons pas parlé dans le chapitre précédent. Nous indiquerons l'époque des semis à faire, et celle de la maturité; époques qui varient selon la nature du terrain, et des localités plus ou moins abritées.

Ail cultivé (*Allium*). On sépare les cayeux, on rejette celui du milieu qui ne produit pas d'aussi belles têtes. On plante à la fin de Février, à six centimètres de profondeur, et à seize de distance les uns des autres, dans un terrain léger et chaud. Lorsque les fanes sont jaunes, et presque desséchées, ce qui arrive en Juillet, on l'arrache et le sèche comme les oignons.

Artichaut commun (*Cynara scolymus*). Plante vivace et pivotante. Il y en a beaucoup de variétés : les deux meilleures sont le vert de Laon et le petit violet. Pour prospérer et résister aux hivers, l'artichaut demande un terrain fort, profond et bien fumé; ce sont des conditions essentielles, et si elles n'existent pas, il faut vous les procurer en amendant avec de la terre argileuse.

On multiplie par œilletons. C'est courant Mai qu'on doit les lever et les replanter de suite à un mètre de distance les uns des autres, après avoir rabattu les feuilles avec un couteau tranchant, pour ne laisser aux œilletons que 14 centimètres de longueur ; après avoir planté, il faut arroser immédiatement la nouvelle plantation, et le faire tous les soirs pendant quinze jours, s'il ne pleut pas.

On doit œilletonner au commencement de Mai, qu'on ait besoin de plant ou non ; pour cela, on déchausse avec précaution tout le collet du pied, et on arrache à la main, tous les rejets qui entourent la souche ; on ne laisse que deux tiges au pied principal, rarement trois.

Lorsque les fruits commencent à marquer, on arrose de temps à autre, si la saison est sèche. Quand une tige porte 4 à 5 fruits, on coupe ceux du tour pour la poivrade, et celui qui reste devient superbe. — Aussitôt qu'on a cueilli tous les fruits d'une tige, il faut la couper jusqu'à terre ; rien ne fait dépérir les pieds comme de leur laisser les troncs boisés.

Quand les artichauts ont produit leur première récolte, on en rabat toutes les feuilles à 27 centimètres de hauteur, on arrose tous les 4 à 5 jours, et l'on est sûr d'avoir une seconde récolte en Septembre. — En Novembre, selon la température, on lie les feuilles de chaque pied avec de la paille, on rabat un peu celles qui sont trop longues, on arrache celles qui sont pourries ; ensuite on n'y touche plus jusqu'à ce que le thermomètre marque 4 degrés sous O ; alors on butte les pieds en relevant la terre tout au tour, à une hauteur d'environ trente centimètres, suivant la longueur des feuilles, car il faut toujours qu'elles surmontent la butte pour servir de tuyau à l'air. Ceci étant terminé, on attend que le froid soit descendu à 6 degrés ; alors on remplit tous les intervalles du carré avec du fumier long, qu'on retrousse légèrement autour de la terre des buttes.

Au commencement d'Avril, on débutte, en rejetant la terre sur le fumier environnant, puis on laisse les feuilles étiolées se reverdir à l'air. Au milieu dudit mois, on nettoie toutes les feuilles pourries de chaque pied, et l'on bêche tout le carré, en enterrant le fumier. La graine d'artichaut conserve 10 ans sa faculté germinative.

ASPERGE. *Asparagus officinalus.* Plante vivace qui peut durer douze ans en plein rapport, si elle est bien entretenue ; au bout de ce temps elle diminue de grosseur, quoiqu'on fasse.

La grosse violette de Hollande, celle de Strasbourg et celle d'Ulm, sont les plus estimées ; mais, le fait est que la beauté et la bonté de l'asperge tiennent à la terre où elle est plantée, bien plus qu'à la nature de la graine ou des griffes, quoiqu'elle y influe en quelque chose. Le terrain qui leur convient le mieux, est un sable gras d'alluvion. Les engrais les plus favorables à l'asperge, sont les cendres, la chaux en petite quantité, les débris d'animaux et surtout l'urine, ou les sels ammoniacaux.

La meilleure manière de multiplier l'asperge est, lorsqu'on a une vieille fosse de belle espèce, d'arracher les pieds avec précaution et par défoncement ; de séparer les griffes qui sont entassées les unes sur les autres, seule cause qui les fait dégénérer, et de les replanter séparément. On peut aussi semer en place ; mais, par le premier moyen, on jouit au bout de trois ans, par le second, il en faut cinq.

Les défoncements profonds qu'on fait pour planter les asperges, sont plus qu'inutiles ; les griffes s'exhaussent les unes sur les autres, et tendent à atteindre la surface : ce qui fait qu'elles ne peuvent pas profiter des engrais enfouis profondément.

Nous conseillons de choisir un terrain léger et bien

fumé, frais sans être d'une humidité stagnante, et bêché nouvellement; on y plante en Mars des griffes d'une vieille fosse, dans de petits trous faits à la bêche, espacés de cinquante centimètres en tous sens, on ne recouvre l'œil que de huit centimètres de terreau, et on passe ensuite le rateau sur la planche.

L'hiver, on les couvre d'un peu de litière pour les rendre hâtives. À chaque printemps, on fertilise le champ en y parsemant trois centimètres de terreau ou de fumier bien consommé.

Ce n'est qu'au bout de trois ans qu'on doit commencer à couper les plus grosses asperges venues de griffes. On ne doit point laisser la graine des tiges venir à maturité, si on veut éviter qu'elle se ressème. Lorsqu'on ôte ces tiges à la fin de l'automne, il faut les tordre et non les couper, pour qu'il ne reste point de tronçons.

Pendant tout le temps que dure la récolte des asperges, on les arrose, et pendant toute l'année on les sarcle.

Les asperges sont sujettes à être dévorées par un petit insecte nommé le *criocère* des asperges. Pour le détruire, le meilleur moyen consiste à couvrir le carré d'asperges d'une légère couche de paille sèche, d'y mettre le feu, et de donner de suite un bon arrosement. Au bout de 15 jours, une nouvelle récolte d'asperges, plus belle que la première, reparaît, et il ne reste plus aucun vestige de criocères. Il est nécessaire de bêcher un carré d'asperges, tous les printemps, à demi-fer de bêche.

CARDON (*Cynara cardonculus*). Plante vivace et pivotante. On cultive pour la cuisine, le cardon de Tours et celui d'Espagne; il demande un terrain profond et très-fumé. On le tire de graine, en mettant, aux premiers jours de Mai, 5 à 6 grains en terre, à 3 centimètres de profondeur et à 50 centimètres de distance. Au 15 Septembre, on butte, en les liant préalablement avec deux liens de paille, pour blanchir les tiges.

Céleri cultivé (*Apium graveolem*). Plante bisannuelle. On cultive le grand céleri long, le plein, le turc, le nain frisé, celui à grosses racines, qui ne se butte pas, non plus que celui à couper. Les espèces préférables sont la première et la seconde. Le céleri veut de la chaleur, beaucoup d'eau et du fumier. Dans un terrain léger, nouvellement bêché et fumé, semez au 15 Avril, clair et en pépinière, de la graine de l'année, dans des rayons peu profonds; recouvrez très-peu, arrosez de suite et tous les jours jusqu'à l'apparition du plant, qui a lieu 15 à 18 jours après. Quand les plantes auront acquis 16 à 18 centimètres, on les repiquera à 32 centimètres de distance l'une de l'autre. Il faut, en repiquant, avoir soin d'ôter avec l'ongle les œilletons qui entourent quelque fois la tige principale, et de rogner le bout des feuilles avec la serpette. On continue d'arroser tous les deux jours jusqu'au commencement de Septembre. On butte le céleri à trois reprises et le laisse en terre l'hiver, en le couvrant d'un peu de paille. On réserve quelques pieds pour graine, qu'on débutte en Mars, on les recouvre de paille pendant quelques jours pour les préserver du hâle. La graine mûrit à la fin d'Août, et dure quatre ans; mais il est bon de la renouveler tous les ans.

Le *céleri-rave*, dont la racine seule se mange, ne se butte pas; on l'arrache en Novembre, le rentre dans la serre des légumes, où on l'arrange par couches, qu'on recouvre de paille, et le conserve pour le mettre dans la soupe et dans la salade.

Cerfeuil (*Scandix cerefolium*). Plante annuelle. On sème le cerfeuil de quinze jours en quinze jours, depuis Mars jusqu'au 1ᵉʳ Octobre; ce dernier semis passe l'hiver et donne la meilleure graine, qui mûrit en Juillet, et qui est bonne trois ans. Dans l'été, il est huit jours à lever, et dans cette saison il se trouve mieux de l'ombre que du soleil.

CCHICORÉE FRISÉE (*Cicorium endivia*). Plante annuelle. Il y en a plusieurs variétés, mais les meilleures sont celles de Meaux et d'Italie. Cette dernière monte moins facilement, et pour, cette raison, est préférée.

Au 25 Juin, dans une terre nouvellement bêchée et fumée, semez très-clair en rayons ; recouvrez au râteau et arrosez. La chicorée, dans cette saison, lève au bout de 5 jours. On conseille de semer aussi une planche entière, et d'en repiquer une autre avec l'éclaircissage de la première; ce qui prolonge sa durée, car la transplantation retarde la récolte de huit jours.

Cette salade peut être bonne à lier vers la mi-Août. On commence par mettre un lien en bas, puis un second plus haut quatre jours après, ayant soin de ne faire cette opération qu'à midi, par un temps sec. En 10 à 12 jours, au plus, elle est blanche. On n'en lie que peu à la fois, et on continue de deux jours l'un.

On peut ressemer de la chicorée au 15 Juillet, pour la consommation d'hiver. Pour cela, on la sort aux premières gelées d'automne, on la sèche, sous un hangard, pendant huit jours, et on la plante en rangées serrées dans un cellier, dans du sable fin. Elle se conserve longtemps si on la préserve de l'humidité. Pour obtenir de la graine, on plante quelques pieds en Octobre, au bas d'un mur, au midi; on les lève en mottes ; on les laisse passer l'hiver. Au mois de Juillet elles donnent de la graine, mais avant que celle-ci soit entièrement mûre, on coupe les tiges : sans cette précaution, on risquerait de la perdre. La graine est difficile à éplucher ; pour y parvenir, il faut tremper les branches dans l'eau, les y laisser une heure, les faire sécher à moitié et les battre de suite. Cette graine se conserve plus de 12 ans; on ne la sème que lorsqu'elle en à 4 à 5, afin qu'elle monte moins vite. La chicorée cuite fait un très-bon légume. Il y en a une espèce que l'on sème dru en lignes au printemps, et qui repousse en la coupant pour servir de légume.

Chou (*Brassica oleracea*). Plante bis-annuelle. Le chou est une des plantes qui ont produit le plus de variétés, et celle qui a le plus de propension à dégénérer ; en sorte, qu'il est devenu rare d'avoir de la graine pure, qui reproduise l'espèce sur laquelle elle a été cueillie. Pour éviter cet inconvénient, il faudrait séparer les portes-graines, non pas d'un carré à l'autre, mais d'un jardin à un autre, s'il y a possibilité.

Tous les semis de choux sont sujets à être dévorés par les tiquets, ce qui oblige quelquefois à ressemer. Pour remédier au mal, il faut choisir un endroit où le terrain soit frais, quoique exposé au soleil ; car les semis faits à l'ombre produisent du plant long, étiolé, qui ne fait jamais de beaux choux. Quand le plant a six feuilles, on le met en place à 70 ou 80 centimètres de distance, suivant la grosseur de l'espèce ; on l'enfonce jusqu'à l'œil ; on rejette tous les pieds effilés ; on doit planter avec la houlette et non au plantoir ; on donne un bon mouillage après la plantation, et on le répète tous les deux jours. On sarcle lorsqu'il y a de mauvaises herbes, et l'on bêche au moins une fois entre la plantation et la récolte.

Chou blanc (*Cabus*) gros, très-bas, et pommant toujours bien ; c'est l'espèce employée à faire la choucroute, dont on fait une si forte consommation en Alsace et qui s'expédie, de là, dans toutes les parties du monde. Pour préparer ce légume, on coupe les choux en aiguilles fines sur un rabot particulier ; ces aiguilles sont entassées dans une cuve, en mettant entre chaque couche une forte poignée de sel de cuisine et quelques graines de genièvre. Le tonneau rempli, on foule bien et on charge le couvercle de la cuve avec de lourdes pierres.

La fermentation s'y établit bientôt et aigrit les choux ; pour les expédier, on les emballe dans des tonnelets de 25 à 50 kilo. ; ainsi préparée la choucroute se conserve, sans se gâter une année entière.

On sème ces choux au commencement de Mai, pour les récolter en automne.

CHOUX DE MILAN OU DES VERTUS. Même culture que le cabus; c'est l'espèce la plus rustique pour passer l'hiver.

CHOU D'YORK, nain hatif, pommant toujours très-bien et très-promptement. C'est une des espèces qui dégénèrent le moins. Il se sème dans les derniers jours de Mai, et il est bon à récolter dès la fin d'Août.

CHOU DE BRUXELLES, ou DE REJETS. Il se sème à la mi-Mai, et peut se manger de Novembre jusqu'en Mars, résistant bien au froid. On peut réserver pour graines quelques pieds de ceux dont les petites pommes sont les plus dures et les mieux formées.

Les choux aiment une terre un peu forte et bien fumée. Ils l'épuisent extrêmement. On ne peut en remettre avec succès dans le même carré qu'au bout de trois ans.

Pour conserver les choux, on fait à la fin de Novembre des rigoles de 32 centimètres de large sur 22 de profondeur, dans un carré sec et bien exposé; on enlève en motte les plus beaux choux pommés, on les incline dans cette fosse, la tête du côté du Nord; on remet un peu de terre entre chaque pied, et lorsque les gelées sont fortes et longues, ou que le temps est à la neige, on recouvre toutes les têtes avec de la longue paille, qu'on ôte au dégel. Quelques jardiniers les conservent en les mettant dessus dessous, les têtes en bas, dans les rigoles dont nous venons de parler, pour les préserver de la gelée: ils se conservent assez bien de cette manière.

Au mois de Mars, on replante quelques beaux choux pour graines, dans des trous garnis de fumier; on étaie les tiges à graine, et on les préserve des oiseaux. Les graines mûrissent du 15 Juillet au 15 Août, et se conservent bonnes 10 ans et plus.

CHOU-RAVE OU DE SIAM. Il pousse une espèce de rave au-dessus du collet des racines; c'est cette partie qui se mange. Il se sème au commencement de Mai, et résiste aux intempéries de nos hivers.

Chou-navet. Il pousse une racine unie, très-grosse et de la forme d'une betterave ; il lui faut un terrain léger, profond et très-fumé. On le sème à la mi-Mai ; il faut que ce soit en place, autrement il devient fourchu et boiteux. On le cultive davantage pour les vaches, que pour la table.

Chou-Fleur (*Brassica oleracea botrytis*). On connaît trois espèces de chou-fleur, le tendre, le demi-dur et le dur. C'est le demi-dur qui est préférable pour toutes les saisons. Il est rare d'avoir de bonne graine pure ; elle dégénère promptement et produit des choux branchus.

On doit semer très-clair, du 1er au 25 Avril, en bonne exposition. Lorsque le plant est bon à repiquer, on prépare sur toute la longueur d'un carré, de petits fossés de 24 centim. de large sur autant de profondeur, et espacés de 65 ; on met dans le fond 10 centim. fumier de cheval consommé, et on le couvre de bonne terre meuble.

Ayant préparé ainsi autant de fossés qu'il est nécessaire, on place sur le milieu un cordeau, et l'on plante les choux-fleurs à 50 centim. de distance les uns des autres ; en motte autant que possible, et avec la houlette. On arrose et on recouvre tout le terrain d'un peu de litière courte et à moitié consommée. On continue d'arroser tous les deux jours. Quand les choux-fleurs commencent à tourner dans le centre, on détache avec précaution le rang des feuilles d'en bas, ce qui hâte la formation de la pomme. On bêche à demi-fer de bêche, en enterrant la litière, et on en remet de la nouvelle. On continue les arrosements, et lorsque la pomme est formée, on rabat dessus deux ou trois des feuilles extérieures. De cette manière on a de très-beaux choux-fleurs dès le mois d'Octobre.

Tous les choux sont sujets à être mangés par les chenilles : on doit les chercher avec soin au soleil couchant, ou à son lever, lorsqu'elles sont réunies. Il faut commen-

cer l'opération avec persévérance toute les fois qu'il en
reparaît ; sans cela on ne peut espérer une bonne récolte.

Concombre (*Cucumis*). Plante annuelle. Les variétés
bonnes à cultiver pour la table, sont le jaune et le blanc.
On les sème fin Avril, en pleine terre et en place, dans
une terre meuble et bien fumée, où on a préparé de petits
trous de 16 centim. en carré, emplis de bon terreau, et
espacés d'un mètre en tous sens. On met dans chaque
trou cinq ou six grains, qu'on recouvre d'un peu de terreau.

Lorsque le plant a deux feuilles, on n'en laisse qu'une
en place. Quand les jets ont 14 à 16 centim. de long, on en
rogne le bout avec des ciceaux, et on suprime la tige
montante du centre. Les concombres ayant commencé à
nouer, on retranche les bras du dessus, qui s'entrecroisent
et étouffent ceux du dessous. Cette plante ne demande
pas d'autres soins pour produire en abondance, surtout
si on l'arrose souvent.

On en a une variété dont le fruit devient monstrueux :
on en voit de 50 à 60 centim. de long.

Le Cornichon se sème comme le concombre ; mais on
doit avoir l'attention de suprimer les fruits qui grossissent
trop, et qui empêcheraient la plantation d'en produire
une assez grande quantité de petits. — La graine de concombre se conserve 10 ans, mais elle est meilleure la
première année.

Cresson de fontaine (*Sisymbrum nasturtium*). Plante
vivace. Il se sème en Mars sur les bords des eaux de sources peu profondes. Dans les environs de Paris on rencontre des plantations très-étendues de cresson de fontaine,
qui sont d'un grand produit, et pour cela, entretenues et
dirigées avec beaucoup de soins et d'intelligence, afin
d'empêcher la gelée de l'hiver de les détruire.

Cresson aléxois (*Lepidum sativum*). Plante annuelle.
On le sème en Mars, en terre meuble et fumée, peu à la
fois, et en contre-bordures. Comme il dure peu de tems,

il faut renouveller les semis tous les 15 jours et à l'ombre.

On ne doit pas semer la graine de l'année, elle monte trop vite.

Echalote (*Allium colonicum*). La culture de l'échalote est l'écueil de beaucoup de jardiniers; cela dépend souvent du terrain, plus souvent de la manière dont elle est soignée. Elle aime un terrain sec, quoique tenu meuble, léger, fumé longtemps d'avance avec du vieux fumier de cheval, et surtout mêlé avec du vieux mortier de muraille, ou autres substances calcaires. Elle se plaît à l'exposition du levant. Les arrosements lui sont nuisibles. On la plante fin Février, en séparant les cayeux et en enlevant la grosse tunique qui les recouvre, ainsi que les vieilles racines. L'*échalote de Jersey*, cultivée depuis quelques années, est préférable à la commune; elle se conserve mieux.

Epinard (*Spinacia oberacca*). Plante annuelle. Il y en a deux variétés différentes : celle à feuilles étroites et pointues, et celle à feuilles larges et rondes. L'épinard à feuilles de laitue, que l'on trouve chez les marchands grainiers à Paris, est évidemment la meilleure espèce.

L'un et l'autre se cultivent de la même manière; mais celui à feuilles rondes se cueille feuille par feuille, sans toucher au cœur, et l'autre se coupe en rasant toute la plante. L'épinard à feuilles rondes est d'un vert plus noir, étant cuit; il supporte mieux la sécheresse que l'autre, qui est d'un goût plus doux au printems. — Si on cultive les deux variétés dans le même jardin, elles sont bientôt mêlées et dégénérées. Lorsqu'on tient à avoir de la bonne graine, on doit en semer, qu'on ne coupe ni ne cueille. Les épinards qui n'ont pas passé l'hiver donnent de la graine mal nourrie et qui monte plus facilement.

On sème l'épinard dans une terre nouvellement bêchée, légère et bien amendée, du 20 au 25 Août, pour la consommation d'automne et de printems, et au 1ᵉʳ Mars on sème pour cueillir en Mai. — La graine a besoin de 15 jours pour lever ; elle mûrit en Juillet, et se conserve trois ans : on ne doit jamais semer celle de l'année.

Laitue pommée (*Lactucæ capitata*). Plante annuelle. Les meilleures espèces sont : la *laitue crépe blonde*, qui est très-petite et pomme très-bien ; la *laitue blonde paresseuse*, très-grosse, pommant bien et très-tardive à monter : c'est la meilleure espèce à cultiver pendant tout l'été ; la *laitue blonde tapue*, est encore plus lente à monter que la précédente ; ce qui la rend très-précieuse pour l'été. — La *grosse brune paresseuse*, est excellente aussi. La *laitue turque*, la plus grosse de toutes, est assez bonne, mais elle monte trop promptement. La *laitue rouge d'Amérique*, a le grand avantage de résister au froid de l'hiver, surtout si on la sème en place au pied d'un mur.

La *laitue romaine maraîchère* à graine grise, est la meilleure espèce et la plus goûtée pour salade. Elle se sème aux époques des autres laitues, et se cultive de la même manière, excepté qu'il faut la lier, lorsqu'elle a acquis sa grosseur et qu'en pressant avec la main, elle paraît pleine : elle blanchit en neuf jours.

On ne saurait trop éloigner les unes des autres les différentes espèces dont on veut récolter la graine ; elle doit provenir de plantes qui ont passé l'hiver, ou des premiers semis pour les espèces d'été : toutes les salades venues dans le courant de ladite saison donnent de mauvaises graines dégénérées, qui montent promptement. — Les graines de laitues se conservent quatre à cinq ans : celles de trois ans sont les meilleures.

Melon (*Cucumis melo*). Plante annuelle. Le *gros cantaloup galeux*, et le *gros* et le *petit prescot*, qui sont très-hâtifs, sont les espèces les plus recherchées. — Le seul indice certain pour connaître la maturité d'un melon, est lorsqu'il commence à répandre son parfum au dehors. La culture du melon exige, chez nous, un dessus de châssis et une vingtaine de cloches en verre.

En Février, par un beau tems sec, dans l'endroit l[e] mieux exposé et le plus sec du jardin, on place le cadr[e] de bois qui doit servir de soutien au châssis vitré ; ce ca[d]dre doit avoir, du côté du nord, 50 centimètres de haut e[t] 25 du côté du midi. On défonce le terrain, dans l'intérieu[r] de ce cadre, à 80 centimètres de profondeur, on met a[u] fond un lit de gros fumier de cheval, bien mouillé d'urin[e] de 16 centimètres d'épaisseur, étant foulé. Après ce pre[-] mier lit, on en fait un second avec des feuilles d'arbre[s] de l'automne, non pourries. Ce second lit foulé doit avoi[r] 30 centimètres d'épaisseur. Le troisième lit à mettre, do[it] être du même fumier et de la même épaisseur que le pre[-] mier lit. — Le tout étant bien dressé, avec une pente a[u] midi de 15 à 20 centimètres, on recouvre ce fumier de 1[0] centimètres de terreau passé à la claie : on foule et ratell[e] — On garnit-le tour extérieur du cadre, sur toute sa ha[u]teur, avec du fumier frais, et tout cela doit s'exécuter d[e] suite dans la même journée. Le châssis vitré doit être di[-] visé en deux parties, et soutenu au milieu par une tra[-] verse qui maintient le cadre et en empêche l'écartement [:] ces châssis doivent pouvoir se soulever à volonté, par l[e] moyen de piquets à crans qu'on place sur le devant. Lors[-] que de grands froids ou de grandes pluies surviennent[,] on recouvre les châssis d'une toile imperméable.

Si une telle couche, qui est la même pour toutes le[s] plantes délicates, est bien faite, elle monte à 36 degre[s] en 6 à 7 jours, et en conserve 12 à 15 jusqu'au milieu d[e] Mai, époque à laquelle on met les melons en pleine terre[.]

Au bout de 8 jours, après la création de la couche, o[n] y sème, à 3 centim. de profondeur et à 16 de distance, l[a] graine de melon de la dernière récolte. Plus la graine es[t] nouvelle, plus elle lève promptement. — Au bout de cin[q] jours de semis, les cotylédons paraissent ; on arrose lége[-] rement lorsqu'il en est besoin, et on donne de l'air tou[s] les jours, en ouvrant un peu les châssis.

Pour transporter les plantes en pleine terre, on prépare un terrain au pied d'un mur, si faire se peut, bien fumé, bêché et recouvert partout de quelques centimètres de sable fin et sec; on plante dans des trous de 30 centimèt. en tous sens, emplis de bonne terre, ou de terreau; le sable reflète la chaleur des rayons du soleil, et hâte infiniment la végétation des melons.

On enlève le plant de melon avec précaution et en motte, et on en place un dans chaque trou. On foule avec la main, et on arrose modérément; à côté de chaque pied, on place une cloche, et tous les soirs on s'en sert pour recouvrir le plant; on le laisse même couvert pendant la journée, lors du temps de pluie continue.

Quand les branches ont 8 à 10 centimètres de long, il faut en rogner le bout, avec des ciseaux, pour ne pas en occasionner le déchirement, et supprimer par le même moyen la tige montante; ensuite, on empêche les bras de s'entrecroiser; on retranche ceux qui sont abondants; on raccourcit les autres lorsqu'ils s'allongent trop sur les voisins. — Les fruits étant gros comme des noix, on n'en laisse que six au plus sur chaque pied, et l'on garde de préférence les plus allongés. Il ne faut arroser que dans les plus grandes sécheresses, le soir et proche du pied seulement.

Oignon (*Allium cepa*). L'oignon aime une terre extrêmement fumée, mais de longue main et avec un fumier très-consommé. Nous diviserons sa culture en deux espèces et deux saisons : celle de l'*oignon rouge*, gros et plat, qui se conserve dans les greniers jusqu'en Mars et Avril, et celle de l'*oignon blanc*, doux et hâtif, qui est bon vers la fin de Mai, et se prolonge jusqu'à ce que les rouges soient formés.

Du 15 au 25 Février, on bêche la terre qu'on destine à la culture de l'oignon, et qui a dû être fumée en Septembre; on sème assez dru, en rayons profonds de 3 centimètres et espacés de 16 ; on recouvre au râteau. L'oignon est un mois à lever ; on le sarcle, et, quand il a acquis la grosseur d'un tuyau de plume, on l'éclaircit. — Il est nécessaire de sarcler et de serfouir l'oignon tous les quinze jours, de l'arroser souvent, ce qui le fait grossir, en même temps que cela diminue son goût piquant. Quand il est aux trois quarts de sa grosseur, on couche les tiges avec le pied, et dès ce moment on ne doit plus arroser.

Les feuilles étant jaunes vers la mi-Août, on l'arrache, on le laisse quelques jours se ressuyer au soleil, puis on le lie par bottes, ou bien on l'étend simplement sur un grenier ; il gèle et dégèle sans s'altérer, pourvu qu'on ne le touche pas pendant qu'il est dans cet état.

D'habitude on sème, en Alsace, la graine d'oignon en Avril, bien drue et sans éclaircir les planches ; les oignons restent alors très-petits et produisent des masses ; arrachés en automne et conservés pendant l'hiver dans un endroit sec et préservés de la gelée, on les replante le printemps suivant, à la distance voulue, pour en tirer des oignons superbes, infiniment plus gros que ceux venus directement de semis. Un peu de plâtre répandu sur les planches d'oignons à l'époque où ils sont gros comme des tuyaux de plume, les fait grossir infiniment.

L'oignon blanc peut rester trois ans en place, si on prend la précaution de laisser à chaque touffe un cayeu en cueillant les oignons pour la consommation : ces cayeux en produisent toujours de nouveaux. Au bout de trois ans, on transplante l'oignon blanc, pour qu'il ne dégénère pas de grosseur.

OSEILLE (*Rumex acetosa*). Plante vivace et pivotante. On ne cultive guère dans les jardins que la commune et l'oseille vierge, qui ne monte point ; par cette raison, cette dernière espèce doit être préférée.

Quoiqu'il soit facile de multiplier l'oseille commune par le semis, on le fait plus ordinairement par la séparation des pieds, en Septembre. Si on veut en avoir de bonne heure, il faut garnir le tour des pieds avec de la litière pendant les fortes gelées, et les rechausser avec du terreau au commencement de Février.

On relève l'oseille tous les trois ou quatre ans, et si on la remet à la même place, on renouvelle la terre. La graine se conserve quatre ans.

Persil commun. Plante trisannuelle. La culture du persil est très-facile; il suffit seulement de bien connaître l'époque à laquelle il faut le semer. Il lui faut une terre bien fumée et bêchée profondément au moment du semis, qui doit se faire en rayons, ou en contre-bordure, au 15 Avril. On sème assez dru de la graine de la dernière récolte, qu'on couvre légèrement au râteau. Il est 15 jours à lever; il faut arroser de suite, et tous les jours jusqu'à la levée. Ce persil dure jusqu'à ce que le nouveau de l'année suivante soit bon à couper; alors on en laisse monter un certain nombre de pieds pour graine et on arrache le reste. Le persil effrite infiniment la terre; c'est pourquoi, on doit changer de place à chaque semis. — La graine est mûre en Septembre.

Poireau (*Allium parrum*) On bêche profondément, en Mars, une bande de terre qui a été fumée à l'automne, on y sème clair en rayons, et on recouvre au râteau: le plant est 25 jours à lever. Lorsqu'il est gros comme un fort tuyau de plume, on le soulève sans blesser les racines et on le repique dans un terrain bien meuble et bien fumé, dans des rayons espacés de 20 centimètres. On raccourcit la tige ainsi que les racines, non par préjugé, mais parce que, sans cette précaution, elles se rebroussent presque toujours en entrant dans le trou fait par le plantoir, position qui nuit infiniment à la végétation de toutes les plantes repiquées. Quand il est bon à cueillir, on en butte avec la terre environnante une vingtaine de pieds à la fois et on les laisse blanchir avant de les récolter.

Les poireaux, ainsi soignés, sont blancs et tendres, et il n'en faut qu'un pour équivaloir à trois de ceux qui sont cultivés à la manière ordinaire. En Mars de l'année suivante, on en réserve des plus beaux pour grener, on les étaye comme les oignons. La graine mûrit vers le 15 Septembre ; elle est sujette à avorter, quoiqu'elle se conserve bonne pendant quatre ans. Il faut, autant que possible, semer celle de la dernière récolte.

Radis (*Rapsanus sativus rotundus*), plante annuelle. On peut semer sous châssis vitrés, dès le mois de Janvier, le radis blanc hâtif et le petit rose de Bourgogne. Du mois de Mars, jusqu'au commencement de Mai, on peut les semer au pied d'un mur, en rayons profonds de 3 centimètres, et espacés de 10, dans du terreau. Passé Mai, ils ne donnent plus que des racines longues et cordées. Les radis sont vingt jours à lever.

Après l'espèce hâtive, on sème le radis jaune, plus grand et moins hâtif, mais très-délicat et tendre.

On ne doit récolter que la graine des premiers semis de chaque espèce ; cette graine se conserve 12 à 15 ans, mais on fera bien de choisir celle de 3 à 4 ans.

Salsifis (*Trogopogon porrifolum*), plante bisannuelle, bien inférieure en qualité à la suivante, qu'on doit cultiver de préférence.

Scorsonère d'Espagne (*Scorsonera hispanica*), plante vivace, mais qu'on fera bien de ressemer chaque printems, pour l'avoir tendre et bonne. Il lui faut un terrain profond, frais et bien fumé. On sème assez dru au commencement d'Avril, en rayons profons de 4 centimètres et espacés de 16 ; on arrose abondamment. — La graine est 25 jours à lever ; la racine est bonne à manger dès Novembre, mais on la laisse habituellement passer l'hiver en terre, pour ne la manger qu'au printemps suivant, et pour la laisser monter en graine. Celle-ci est mûre en Juillet : on la cueille à mesure que les têtes s'ouvrent au soleil, alors on pince toutes les aigrettes en les réunissant entre les doigts de la main droite, et, de la gauche, on détache la graine qu'on fait tomber sur un papier. On ne sème que celle de la dernière récolte, autrement il n'en lève pas la moitié.

Tomate (*Solanum Lycopersicon*). Plante annuelle. On peut la semer sur la couche sourde, en même temps que les melons.

On la repique en pleine terre, dans des trous pleins de terreau, au commencement du mois de Mai, et à bonne exposition. Il faut des arrosements fréquents dans les sécheresses. On fera bien, lorsque les premiers fruits seront marqués, de supprimer le bout des tiges et de ramer les plantes. — Ils mûrissent à la fin d'Août.

On choisit pour graine quelques fruits des plus ronds et des moins fendus; on ne peut l'éplucher sans la frotter dans plusieurs eaux : elle se conserve quatre ans au moins.

Nous terminerons ce chapitre en parlant du Fraisier (*Fragaria*).

Cette plante est vivace et traçante; les espèces principales, sont : le *fraisier des bois*, le *fraisier des Alpes*, le *fraisier hâtif*, le *fraisier caperon musqué* et le *fraisier ananas*.

Les fraisiers ont besoin d'une culture suivie; ils n'aiment pas le fumier frais : il leur faut du terreau ou de la terre meuble bien amendée. On doit les arroser beaucoup, et rogner les tiges à 3 centimètres au-dessus de terre, à l'approche de l'hiver. On les relève et on change leur terre tous les trois ans. Le fraisier se multiplie par ses filets; par conséquent, il est bon d'en laisser la quantité voulue pour les plantes à renouveler, et de ne couper que les pieds surabondants qui dérangeraient l'alignement, et ceux qui sont trop vieux. La meilleure époque pour planter les fraisiers, est en Septembre, afin de n'avoir point d'interruption de récolte.

Le ver blanc du hanneton est friand de la racine du fraisier et détruit souvent toute une bordure ; il faut alors relever la terre avec la bêche, pour l'atteindre et le détruire.

NB. On cultive depuis peu un tubercule qui a quelque
ressemblance extérieure avec certaines espèces de pommes
de terre ; on le nomme *Oxalis*. On le plante au printemps,
dans des trous de 15 centimètres de profondeur ; on comble ces trous de bonne terre au fur et à mesure que les
tiges de cette plante poussent. On récolte avant l'hiver :
ces tubercules ont un goût un peu acide, mais agréable.

CHAPITRE XV.

Des plantes à fourrages.

Tous les herbages fourragers peuvent être compris sous
deux titres principaux : les pâturages, c'est-à-dire ceux
dont les produits sont consommés sur place par les bestiaux ; — et les prairies, dont la récolte se fait à l'aide
de la faulx.

Les prés sont dits naturels, lorsqu'on abandonne le
soin de leur formation à la seule nature ; — artificiels,
lorsqu'ils sont formés par le moyen de semis, d'espèces
particulières ou plusieurs ensemble, et qui, dans presque
tous les cas, ne croîtraient pas spontanément sur le terrain, auquel on juge avantageux de les confier.

Les prairies naturelles ou artificielles sont permanentes,
c'est-à-dire d'une durée illimitée ; — ou temporaires,
c'est-à-dire d'une durée limitée, par la nature des assolements dont ils font partie.

Les prairies, aussi bien que les pâturages, se divisent
encore en prés secs, dits à une herbe, parce qu'on ne

peut généralement les faucher qu'une fois ; — en prés bas, regaignables, ou de deux herbes, et en prés marécageux. Selon la place qu'elles occupent dans les assolements à court ou à long terme, ou en dehors de tout assolement, on les subdivise, en annuelles, bisannuelles et vivaces.

Des paturages.

Dans l'état actuel de l'agriculture européenne, on ne réserve guère en paturâges que ceux des montagnes ou des pentes raides, inaccessibles à la charrue, et par conséquent impropres à toute autre culture qu'à celle des arbres ou des herbes vivaces, et ceux qui appartiennent, d'une manière indivise, à des communes, et sur lesquels la législation aura tôt ou tard à prononcer, dans l'intérêt de l'État, comme dans celui des usagers.

La coutume de faire pâturer les bestiaux, ne s'est conservée que là où l'on élève un grand nombre de bêtes à laine ; dans nos contrées, il ne reste, ainsi que nous venons de le dire, que les pâturages de montagnes et ceux communaux : nous ne nous en occuperons pas.

Des prairies permanentes : on en compte 4,198,147 hectares en France.

Les botanistes qui ont analysé les prairies naturelles, les ont distinguées en hautes, moyennes et basses ; ils ont reconnu que sur 58 espèces de plantes que contenaient quelques prairies hautes, il n'y en avait que 8 convenables à la nourriture des animaux ; que, dans les moyennes, sur 42 espèces, il ne s'en trouvait que 17 utiles, et que les 25 autres étaient inutiles ou nuisibles ; — et qu'enfin, dans les prairies basses, il ne s'en trouvait que 4 utiles sur 29. — Il résulte de ces expériences, que, sur le foin des prairies moyennes, il doit y avoir 5/7 de perte, plus des 3/4 sur celui des hautes, et 6/7 sur celui des prairies basses, si l'animal rejette tout ce qui lui est insipide ou nuisible ; et qu'il est exposé à quantité de maladies, lorsque, attaché à un râtelier, la faim le force de manger tout ce qu'on lui donne.

Ces recherches démontrent jusqu'à l'évidence de quelle importance il doit être, de faire choix des plantes vivaces les mieux appropriées à la nourriture du bétail et à la qualité du sol, au lieu d'abandonner au hasard la formation des prairies naturelles.

Les herbes fourragères qui conviennent le mieux aux prairies plus ou moins humides, selon l'ordre de leur moindre besoin d'eau, sont : les *ivraies vivaces* et *d'Italie*, la *houque laineuse*, le *pâturin des prés*, l'*agrostis fiorin* et l'*agrostis d'Amérique*, la *fléole des prés*, le *phalaris roseau*, et beaucoup d'autres graminées d'un produit non moins avantageux, auxquelles il est facile d'adjoindre diverses légumineuses du genre des trèfles, des gesses, des lotiers, des luzernes, etc.

Sur les fonds sablonneux, où les petits trèfles croissent à côté de la hupuline, de la gesse chiche, du lotier corniculé, etc., se placent, au premier rang, le *fromental*, la *flouve odorante*, la *fétuque ovine* et la *fétuque traçante*, puis le *dactyle pelotonné*, le *ray-gras*, l'*avoine jaunâtre*, le *pâturin des prés*, la *crételle*, le *brome des prés*, etc.

Dans les sols plus arides, une partie de ces mêmes plantes viennent encore avec la *canche flexueuse*, la *fétuque rougeâtre*, la *mélique ciliée*, la *brize tremblante*, l'*élyme des sables*, la *petite pimprenelle*, etc.

Enfin, dans les terres calcaires à l'excès, de toutes les plus difficiles à féconder, pour remplacer les chardons, les euphorbes, etc., les espèces qui réussissent le mieux, sont : le *brome des prés*, les *fétuques ovine* et *traçante*, la *fétuque rouge*, le *dactyle pelotonné*, le *fromental*, le *pâturin des prés*, etc.

Quelque limité que soit le nombre des plantes cultivables sur un terrain donné, on devra avoir égard, avant tout, aux diverses circonstances suivantes : — le goût plus ou moins marqué que montre le bétail pour telles ou telles herbes ; — leur précocité ; — l'abondance de leurs produits ; — leur permanence ; — et les propriétés nutritives propres à chaque espèce.

Le gros bétail, par exemple, repousse les labiées, les personnées, le thym, la véronique, la sauge, la crète-de-coq, tandis que ces plantes sont une nourriture saine et agréable pour les moutons.

Le bétail à cornes mange avec plaisir tous les végétaux de la famille des crucifères, comme les choux, les raves ; — les chevaux, au contraire, ne s'en nourrissent qu'avec répugnance ; ils recherchent, par contre, de même que les moutons, les plantes qui appartiennent à la famille des équisitacées : ils s'en nourrissent sans prejudice pour leur santé, tandis que ces mêmes plantes déterminent chez le bétail à cornes, lorsque la faim l'a forcé à en manger, des dyssenteries et enfin la mort.

Les plantes de la famille des hypéricinées, comme le *millepertuis crépu*, très-nuisible et même un poison pour les moutons, sont consommées sans inconvénient par les chevaux.

Comme il existe une sensible différence de maturité dans les plantes fourragères, il importe beaucoup, lorsqu'on établit une prairie, de ne choisir que les especes d'une végétation à peu près uniforme ; sans cela, il arrivera, ou qu'on récoltera des herbes précoces lorsqu'elles auront perdu la plus grande partie de leurs sucs nutritifs, par suite de la dessication sur pied ; ou que les herbes tardives seront loin encore d'être arrivées au point de maturité qui constitue les bons foins. Le *vulpin des prés*, la *flouve odorante*, le *dactyle pelotonné*, l'*ivraie vivace*, le *poa des prés*, l'*avoine des prés*, etc., croissent en même temps et fournissent un abondant fanage d'herbes précoces. Plus tardifs, sont : l'*avoine jaunâtre*, la *crételle*, la *fétuque des prés*, divers *pâturins*, la *houe laineuse*, les trèfles des prés, le *trèfle rampant*, la *gesse des prés*, etc.; enfin, pendant l'été mûrissent : la *fétuque élevée*, l'*agrostis stolonifère*, le *chiendent*, la *millefeuille*, etc.

Parmi nos graminées les plus rustiques, il faut citer l'*agrostis fiorin*, le *brome des prés*, le *dactyle pelotonné*, la *fétuque ovine*, etc. Celles qui se développent plus lentement, sont aussi d'une végétation plus durable. Ainsi, on doit attendre le maximum des produits d'un trèfle dès la seconde année ; mais on ne peut compter sur celui d'un sainfoin que la troisième ou la quatrième. Il en est de même des graminées vivaces ; quoique la plupart végètent vigoureusement dès la seconde année, beaucoup ne parviennent à toute leur force que plus tard.

Parmi les diverses graminées herbagères qu'on rencontre le plus habituellement dans les prairies, celles qui paraissent, à l'état de foin, contenir à poids égal le plus de parties nutritives, sont : 1° divers *pâturins*, et le *poa comprimé*, dont on fait peut-être trop peu de cas en France; — 2° la *fléole des prés* (*Thimothy* des Anglais), lorsqu'on la fauche déjà en graines ; — 3° l'*élyme des sables*, trop ignoré comme fourrage vert ; — 4° la *fétuque élevée*, la plus riche de toutes en parties nutritives ; puis celle des *prés*, la *houe odorante*, la *houque molle* et celle *laineuse*, la *crételle* et quelques *bromes*, le *pâturin élevé*, le *dactyle pelotonné*, les *fétuques durette* et *glauque*, la *brize*, l'*avoine jaunâtre*, l'*orge des prés*, l'*agrostis stolonifère*, etc. ; — en 5° ligne se trouvent l'*ivraie vivace* (*ray-grass anglais*), le *pâturin commun*, l'*avoine des prés*, quelques *aira*, le *chiendent*, le *brome élevé*, l'*agratis des chiens*, etc. — Enfin, d'après les expériences faites, le *fromental* et l'*avoine pubescente*, la *canche flexueuse*, la *fétuque flottante* et la *mélique bleue*, seraient, à toutes les époques de la végétation, les moins riches en substances nutritives.

Lorsque l'on veut créer un pré permanent, il est hors de doute qu'il faut le composer de plusieurs espèces:

car, s'il était homogène à son origine, il cesserait bientôt de l'être par suite de l'affaiblissement progressif de l'espèce primitive, et l'envahissement d'herbes nouvelles. D'ailleurs, le mélange en pareil cas ne peut avoir que des avantages, quand il a été bien combiné. Les plus importans sont, d'offrir une nourriture plus saine et plus agréable aux animaux, qui s'en dégoûtent à la fin, si on ne leur offre tous les jours qu'une seule et même plante pour nourriture. — L'abondance à peu près égale de cette même nourriture pendant toutes les parties de l'année, et la durée de l'herbage dans un état tel, que les mauvaises herbes ne trouvent aucune place pour se montrer.

Cependant, dans le composé des espèces, il est nécessaire d'associer, autant que faire se peut, des plantes qui vivent et se maintiennent ensemble, qui mûrissent à la même époque et qui sont à peu près également rustiques.

Les semences les moins vieilles parmi les graminées et quelques légumineuses, sont celles qui lèvent le plus promptement, le plus complétement, et qui donnent lieu à la végétation la plus vigoureuse.

Il faut donc tâcher de se les procurer de la dernière récolte, et pour ne pas être trompé, le moyen le plus simple est de les récolter à la main, sur pied ; c'est long, pénible, dispendieux, mais on est certain d'avoir de la bonne graine et de l'espèce voulue.

Ce que les prairies redoutent par dessus tout, c'est une humidité stagnante. Partout donc où cette humidité existe, le premier soin du cultivateur doit être de leur procurer un écoulement suffisant. Lorsqu'au contraire les prés se trouvent dans le voisinage d'eaux courantes, on sait trop de quelle importance il est de pouvoir les arroser, pour qu'il soit besoin de recommander de les disposer de manière à favoriser le plus possible les irrigations.

Il importe ensuite de nettoyer le terrain, le plus exactement possible, des graines et des racines vivaces des mauvaises herbes, ce qu'on obtient à l'aide de labours, plus ou moins nombreux, donnés pendant une jachère complète; ou mieux une culture sarclée, qui a le double avantage de payer par ses produits, d'abord la préparation du sol, et, de plus, une grande partie de l'engrais qu'on lui donne, et qui devra cependant profiter beaucoup encore au succès du pré. Une terre ainsi préparée, et qui n'est pas trop épuisée par les cultures antérieures, se trouve disposée de la manière la plus complète et la plus profitable à recevoir des semences herbagères. Une récolte enfouie produit encore un très-bon effet.

Quant à l'époque la plus profitable de semer les herbages, il est certain que, toutes les fois que les semis d'automne peuvent réussir, ils sont préférables à ceux de printemps, par la raison qu'ils donnent des produits ou plus abondants ou plus prompts; ainsi, pour toutes les herbes qui ne redoutent pas, dans un climat quelconque, les froids et la mauvaise saison, les semis de Septembre doivent être préférés à ceux de Mars.

Pour semer sur une céréale, il faut de toute nécessité choisir le printemps, dans la crainte que les graminées fourragères ne dominent les blés ou ne les affament, ce qui pourrait avoir lieu sans cette précaution; tandis qu'en les semant au printemps, elles ne prennent leur plus fort développement qu'après la moisson.

On sème toutes les plantes herbagères à la volée, en une seule fois, lorsque les graines sont à peu près de même grosseur; — en deux fois, lorsqu'il en est autrement. Sitôt que la surface du terrain a été convenablement préparée, on répand la semence volumineuse; puis on la recouvre d'un hersage d'autant plus énergique qu'on croit utile de l'enfouir plus profondément. — On mêle ensuite, et on sème sur ce hersage les semences les plus fines, que l'on enterre par un hersage plus léger, on même par un simple roulage, selon que l'état de la terre et l'espèce de la graine l'exigent.

Quand on sème au printemps sur une céréale d'automne, il faut herser d'abord le blé, sans s'inquiéter de briser une partie de ses feuilles, semer ensuite, et recouvrir en passant une seconde fois avec une herse plus légère. — Cependant, sur les terrains légers, les hersages pourraient avoir des inconvénients si l'on ne modérait beaucoup leur énergie, ou si l'on ne substituait le rouleau pour la deuxième opération.

Pour détruire les plantes nuisibles sur les prés, le moyen le plus simple est de les faucher, s'il est possible, jusqu'à 4 et 5 fois dans le courant de l'année, surtout à l'époque des chaleurs. Rarement elles résistent longtemps à une pareille mutilation.

La destruction des mousses s'opère au moyen de hersages ou de ratissages plus ou moins multipliés, et dont l'énergie doit être proportionnée à la tenacité du sol. Ces opérations produisent d'ailleurs d'excellents effets, en ouvrant le sol aux influences atmosphériques et en préparant l'émission de nouvelles racines. C'est à leur aide que l'emploi des composts et des simples amendements acquiert véritablement son efficacité.

L'IRRIGATION est le grand moyen de fertilisation des prés. Il y a beaucoup encore à apprendre sur la manière dont l'eau agit dans l'acte de la végétation, soit par elle-même, à son état de pureté, soit comme dissolvant des substances nutritives ou délétères contenues dans le sol ; soit, enfin, par suite de la présence et du dépôt, à la surface du sol, des matières favorables ou défavorables, qu'elle tient en suspension. De là résultent les doutes sur le choix des eaux les plus favorables aux irrigations.

Il est certain que toutes ne produisent pas le même bon effet, et que même celles surchargées de certains sels minéraux sont nuisibles. Elles sont heureusement peu abondantes dans la nature, de sorte que, en définitive, il vaut mieux utiliser, quelles qu'elles soient, celles dont on peut disposer, que de chercher péniblement à reconnaître leur supériorité ou leur infériorité sur d'autres eaux, qu'on n'a pas à sa proximité. La principale condition, c'est de les rendre courantes au moment où on les emploie, de façon qu'elles ne séjournent pas ou ne séjournent que peu de temps à la surface du sol ; vu, qu'il n'y a rien de plus nuisible que les eaux stagnantes. Là où elles restent, les plantes médiocres remplacent bientôt les bonnes, les mauvaises finissent par envahir le sol, et le fourrage qu'elles procurent devient nuisible à la santé des bestiaux. Il est donc indispensable d'éviter l'eau stagnante, et d'user de tous les moyens praticables pour donner un écoulement constant aux eaux d'irrigation ; soit en pratiquant des fossés d'assainissement, ou en creusant des puits perdus, ou en faisant de travaux de drainage, là où le défaut de pente ne favorise pas l'écoulement naturel.

Les irrigations peuvent avoir lieu par submersion, par infiltration, et quelquefois par suite du rejaillissement des eaux. Lorsque les eaux qu'on utilise sont vaseuses, à moins qu'on ne les emploie par submersion avant que l'herbe ait commencé à s'élever, on ne peut plus s'en servir que par infiltration. — En général, les arrosements d'automne et du commencement de l'hiver sont les plus utiles, parce qu'ils apportent sur le sol une couche limoneuse fécondante ; ceux de printemps et surtout d'été activent et entretiennent la végétation, mais il faut, dans bien des circonstances, savoir en user avec modération. — Voici la méthode d'irrigation la plus recommandable. Au commencement d'Octobre on doit nettoyer et renouveler toutes les raies d'arrosage et de desséchement ; on doit réparer les vannes et les bords des canaux lorsqu'ils ont été endommagés par le piétinement des bestiaux. Après cela, l'eau étant généralement abondante à cette époque de l'année, l'irrigation doit commencer. Il faut distribuer convenablement l'eau dans chaque canal de conduite ; alors on commence à placer les barrages temporaires dans la première raie d'irrigation, et on y laisse entrer l'eau de la maîtresse rigole, dont on augmente l'ouverture, jusqu'à ce que l'eau reflue sur chaque bord, d'une manière uniforme et en quantité suffisante, d'une extrémité à l'autre de la raie, et ainsi de suite, jusqu'à ce que l'eau soit lâchée dans toutes.

L'irrigateur doit faire sa ronde pour examiner si l'eau coule bien également sur toute la surface de la prairie ; il détruira les obstacles qui pourraient en gêner le cours, et fera en sorte que partout le gazon soit recouvert d'eau. Lorsque tout est dans l'ordre voulu, on doit laisser couler les eaux pendant les mois d'Octobre, Novembre et même Décembre, si la température le permet, par périodes de 15 à 20 jours consécutifs. Entre chaque période on doit laisser le sol se ressuyer complétement, en retirant les eaux pendant 5 à 6 jours, afin de donner de l'air au gazon ; car il est peu d'herbes, parmi celles des diverses espèces que l'on trouve dans les prairies arrosées, qui puissent résister à une immersion totale plus longtemps prolongée. En outre, si la gelée devient forte et si l'eau commence à se congeler, il est urgent de la retirer, de suspendre l'irrigation ; sans quoi, toute la surface du sol ne formerait qu'une nappe de glace : or, partout où la glace s'empare du sol, elle finit par le soulever, au grand préjudice des plantes, qui se trouvent alors déchaussées. — Tous ces préparatifs d'automne ont pour but de faire profiter l'herbe des ondées, qui ont lieu à cette époque de l'année et qui entraînent avec elles une grande quantité de débris animaux et végétaux très-propres à enrichir et fertiliser le sol.

En Février, après le dégel, il faut que l'irrigateur surveille l'arrosage, encore de plus près, parce que l'herbe commence à végéter de nouveau ; en conséquence, si, lorsque la température s'est radoucie, on laisse trop long-temps l'eau couler, sans interruption, sur la prairie, il s'y forme une écume blanchâtre extrêmement nuisible à la jeune herbe. On a également à craindre la gelée, à cette époque ; car, si les eaux ont été détournées de dessus le pré, trop tard dans la soirée, pour que la surface ait pu se bien ressuyer avant le moment du gel, les plantes, alors très-tendres, en souffrent beaucoup. Pour prévenir le premier de ces inconvénients, on ne laisse couler l'eau que par périodes de 6 à 8 jours ; et, pour éviter le second, il faut toujours retirer les eaux de bonne heure dans la journée.

De la fin de Mars au commencement d'Avril, on ne laisse couler l'eau que par période de 5 à 6 jours, et jusqu'à la fin de Mai, il ne faut prolonger chaque arrosage que pendant 2 à 3 jours. — Vers le commencement de Juin, toute irrigation doit être suspendue ; car alors l'herbe est assez haute et assez touffue pour couvrir le sol de manière à laisser au soleil peu d'action desséchante sur les racines, et parce que les eaux déposeraient sur les feuilles un sédiment terreux, qui rendrait le fauchage difficile et qui détériorerait beaucoup les fourrages. — Après la fenaison on peut conduire de nouveau les eaux sur les prés, s'il y en a de disponibles.

En résumé, les arrosements sous toutes les formes, pour peu qu'ils soient convenablement dirigés, sont le principal élément de fécondité des herbages naturels et artificiels, temporaires ou permanents. Sous l'influence d'un climat favorable, ils peuvent sextupler les récoltes.

Nous sommes de l'opinion des agronomes qui pensent que les engrais sont plus profitablement employés sur les terres labourables que sur les prairies permanentes, et que celles qui ne peuvent s'en passer doivent être rompues. Il faut cependant se garder de lui donner trop de portée ; car, en fumant les prairies, on peut bien mieux se procurer, par suite de l'augmentation de fourrages, les engrais nécessaires aux champs labourables, surtout en n'employant pour ces fumiers que les engrais liquides, qui y font un effet merveilleux, et des composts provenant des boues de ville et de grandes routes, impropres à fertiliser les champs, vu les mauvaises herbes qu'elles y amèneraient.

Il existe, à la vérité, des prairies tellement améliorées par suite des débordements périodiques des cours d'eau ou des irrigations limoneuses, qu'elles peuvent se passer indéfiniment de toutes fumures ; mais, en général, la fécondité des prairies décroît tôt ou tard, surtout si l'on y fait habituellement plusieurs coupes dans le courant de chaque saison. — Il faut donc les fumer si on veut leur conserver leur fécondité ; ou n'y faire qu'une seule coupe, comme c'est l'habitude en Angleterre, et faire pâturer les regains, pour que les excréments du bétail puissent servir de fumure. Ce procédé est très-économique, il évite les frais de la seconde récolte et ceux du transport des engrais.

On se sert quelquefois de fumier long d'étable, pour le répandre avant l'hiver, afin que les pluies entraînent dans le sol les parties solubles qu'il contient ; le printemps suivant, par un temps sec, on enlève les pailles non décomposées. Plus communément on a recours à des fumiers consommés, parce qu'il est plus facile de les répandre également ; soit noir animalisé, poudrette, ou plus communément le compost. Nous recommanderons surtout les composts, dans lesquels la chaux se rencontre en proportion plus ou moins grande : leur action sur les herbages est puissante, la chaux détruisant les mousses et la plupart des mauvaises herbes. Sur les terres légères et sèches, les argiles marneuses produisent les plus heureux effets.

Il y a de l'utilité à faire brouter les moutons dans les herbages, au printemps ; ils mangent les herbes les plus précoces qui devanceraient les autres dans leur maturité, et diminueraient plus tard la qualité du foin ; ces animaux égalisent en quelque sorte la croissance des herbes ; la pression qu'ils exercent à la surface des terrains poreux, faciles à soulever, est d'un très-bon effet ; enfin, leurs excréments contribuent à maintenir la fertilité du sol et à améliorer les fenaisons suivantes. Quant à la durée d'un tel pâturage, il est d'une haute importance de ne pas la prolonger outre mesure. Si le printemps est chaud, le pâturage doit cesser dès le commencement d'Avril.

Après l'enlèvement des regains, il est toujours très-avantageux de mener sur ses prés son propre bétail. Les engrais qu'il y laisse sont très-fertilisants, lorsqu'on a soin de les faire diviser et épandre, et le bétail à cornes trouve, souvent jusqu'à la fin de Novembre, une bonne nourriture sur ces pâturages.

Le foin des prairies longtemps couvertes d'eaux stagnantes, est toujours dur et souvent fort malsain ; il ne doit servir en grande partie que de litière. Cependant il y a, sur les bords des fleuves ou des rivières, des prairies basses, que les eaux couvrent de temps en temps, sans nuire autrement à leurs foins si ce n'est lorsque des débordements vaseux, source de fécondité en automne, surviennent accidentellement dans le cours de la belle saison.

Les prairies hautes et moyennes, selon la position qu'elles occupent, peuvent être excellentes ou très-médiocres. Leur qualité dépend de la nature et de la fertilité du terrain qu'elles recouvrent, et de l'abondance des eaux qu'on peut y amener. Beaucoup de prairies hautes sont trop sèches pour donner du regain ; aussi, à mesure que l'on apprécie mieux les avantages des prairies artificielles, ces premières sortes d'herbages perdent-elles considérablement de leur importance aux yeux des cultivateurs instruits, et sont-elles successivement défrichées partout où les bons assolements gagnent du terrain.

L'introduction et la propagation des prairies artificielles est le principal élément des améliorations portées dans notre économie rurale. Les principaux avantages qu'elles présentent, sont :

1° De demander pour la nourriture d'un même nombre de bestiaux, une étendue beaucoup moins considérable de terrain, que la plupart des bonnes prairies de graminées ;

2° De disposer, en général, très-bien la terre à recevoir les plantes économiques les plus habituellement cultivées et du plus haut produit ;

3° De faciliter, conjointement avec les racines fourragères, l'adoption du système de culture qui a pour base la nourriture du gros bétail, et même des troupeaux à l'étable, pendant la plus grande partie de l'année, parfois même pendant toute l'année.

La production moyenne d'une étendue déterminée de terrain en prairie graminée, n'est, à très-peu près, que la moitié de celle d'une bonne luzerne, et un peu plus de la moitié de celle d'un champ de trèfle ; et, ces récoltes, enfouies quelque temps après leur dernière coupe, donnent au sol plus de fertilité qu'elles ne lui en enlèvent, fussent-elles fauchées jusqu'à 2 et 3 fois chaque année.

Quant à l'époque à laquelle on doit semer les plantes des prairies légumineuses, nos praticiens optent généralement pour le printemps, parce qu'ils ont cru remarquer que les jeunes tiges et les jeunes feuilles de ces plantes, qui sont toujours pleines de sucs aqueux, ont beaucoup plus à souffrir que les graminées, des alternatives de gelées et de dégels d'un premier hiver.

La quantité de semence qu'on doit employer est un second point d'une importance particulière, relativement à la prospérité future des prairies légumineuses. Il est hors de doute que la luzerne, le trèfle, et spécialement le sainfoin, semés dru, sont d'une qualité bien supérieure à celle de ces plantes semées plus clair. Les tiges deviennent moins grosses, moins dures, et les plantes très-serrées étouffent mieux les plantes étrangères qui leur disputent le terrain, et résistent mieux à la sécheresse, qui est un des plus grands fléaux pour les prairies artificielles.

La préparation du terrain pour les prairies artificielles, n'offre aucune particularité, sinon que l'épaisseur de la terre végétale, qui suffit à la rigueur aux céréales, est insuffisante pour les fourrages vivaces, dont les longues racines, comme celles de la luzerne et du sainfoin, pivotent profondément ; ce qui nécessite un défoncement de 30 à 40 centimètres de profondeur.

Un léger hersage suffit pour enterrer la semence, soit qu'on sème en automne ou au printemps, sur semis de céréale.

Faire biner au printemps les céréales semées en automne, c'est le moyen le plus efficace pour assurer la réussite d'un semis de trèfle ou de luzerne. Un autre moyen de faire réussir les prairies légumineuses, tant dans les céréales de printemps que dans celles d'hiver, est le plâtrage au moment de la semaille. Cette pratique peut être regardée comme une des meilleures pour la réussite d'une récolte de trèfle, de luzerne ou de sainfoin ; on répand un hectolitre de plâtre par hectare. — Le stimulant par excellence pour les légumineuses est donc le plâtre ; toutefois, tous les engrais en poudre peuvent être employés avec succès.

La véritable manière de faire consommer en vert ou en sec les fourrages légumineux, c'est de les réserver à l'étable ; le pâturage des prairies artificielles, entraînant souvent de graves inconvénients pour la santé des animaux, et causant facilement la météorisation.

Les plantes légumineuses servant de fourrage, sont :

Le *lupin blanc* ; il a l'avantage incontestable de croître fort bien sur les sols de très-médiocre qualité, dans les graviers et les sables ferrugineux, comme sur les argiles les plus maigres, et de résister partout à la chaleur. Il craint le froid ; on ne peut le semer, dans notre contrée, que vers la mi-Avril, à raison de 10 à 12 décalitres par hectare. C'est un assez bon fourrage pour les moutons : les bêtes à cornes ne le mangent pas.

L'*antyllide vulnéraire* ; plante indigène, qu'on rencontre souvent dans les prés et les pâturages secs, que les bêtes à laine, les chevaux et les bœufs mangent, et qui nous paraît propre à utiliser les sols les plus ingrats ; ses tiges sont herbacées, et ses fleurs jaunes sont ramassées en têtes géminées.

Le *trèfle commun* (Trifolium pratense) ; grand trèfle rouge, trèfle de Hollande ; en anglais *Clover*, en allemand *Klée* ; vivace : il a des tiges plus ou moins rameuses, longues de 30 à 40 centimètres, redressées, peu ou point dentées ; ses fleurs sont d'un rouge de chair, disposées en tête serrée.

Le trèfle se plaît de préférence dans les terrains frais et profonds de nature sablo-argileux. Le plus souvent, on le sème au printemps, avec les avoines, les orges, les blés de Mars, le maïs ; — d'autres fois avec le lin (ce qui exige quelques précautions) ; — avec le colza, etc.

Les Anglais mêlent toujours au trèfle rouge commun, soit de la graine de foin, du cow-grass, du ray-grass, soit du trèfle blanc, du jaune, du rouge des prés ; savoir, 15 kilos trèfles divers et 15 kilos graminées, par hectare. Comme ils font pâturer ces trèfles, il est nécessaire de neutraliser leur effet malsain, par un mélange de graminées.

Le *trèfle d'Argovie*, est une variété du trèfle rouge, cultivée en Suisse, et qui paraît posséder des qualités importantes. On assure qu'il dure 4 à 5 ans, ce qui lui a fait donner le nom de trèfle perpétuel.

Le *trèfle intermédiaire*, *cow-grass* des Anglais, se distingue du trèfle commun, par la disposition moins serrée et plus allongée de ses fleurs. Cette espèce est beaucoup plus vivace que la précédente ; on lui a reconnu l'avantage de croître sur des terrains de nature fort diverse, et de résister mieux aux efforts des fortes sécheresses. — Quant à la somme de ses produits, il est inférieur à celui des prés.

Le *trèfle blanc* ; petit trèfle de Hollande, vivace ; il a des fleurs blanches, portées chacune sur un pédoncule particulier, d'une très-grande longueur. Cette espèce est peu propre à remplacer le trèfle rouge, comme prairie artificielle, sans mélange ; mais son mérite n'est pas moins bien connu des cultivateurs : à peine visible dans les terrains arides ou privés des éléments calcaires, il se développe et apparaît tout à coup au milieu des graminées, à la suite d'une fumure ou d'un simple amendement à base de chaux. Il résiste bien à la sécheresse, et il est une des meilleures légumineuses connues pour regarnir les herbages vieillis.

Le *trèfle incarnat* ; fleurs rouges d'une couleur vive purpurine, disposées en long épi conique, non accompagné de feuilles ; son calice, dont les divisions sont égales, est très-velu et marqué de côtes. Quoique ce trèfle ne donne qu'une coupe, et que son fourrage sec soit inférieur en qualité à celui du trèfle ordinaire, cependant il est peu d'espèces qui puissent rendre d'aussi grands services à l'agriculture, attendu que, presque sans frais, sans soins et sans déranger l'ordre des cultures, on en peut obtenir d'abondantes récoltes de fourrage. Il a de plus le mérite d'être très-précoce, et d'offrir au printemps des ressources pour la nourriture du bétail. On sème ce trèfle en Août ou au commencement de Septembre, ordinairement sur les chaumes, après les avoir retournés par un très-léger labour. On emploie 20 kilos graines mondées à l'hectare et en graines en gousses, environ 8 hectolitres.

Le *mélilot*, à fleurs jaunes, ou blanches, ou bleues, selon la variété : elles sont disposées en grapes allongées. On lui préfère la lupuline, qui s'accommode comme lui des sols sablonneux et chauds.

La *luzerne cultivée*, vivace ; gousse plus ou moins courbée en forme de faulx, ou tortillée en spirales, à feuilles tournées, à folioles dentées en scie, et à fleurs presque toujours disposées en petites grappes lâches. Les fleurs sont violettes, purpurines, bleuâtres ou jaunâtres.

De toutes les plantes fourragères, la luzerne est la plus productive ; mais, pour qu'elle prospère, il lui faut un terrain qui soit en même temps profond, substantiel et d'une consistance moyenne. Elle languit dans les localités arides et sur les fonds compactes, d'une humidité froide.

On sème le plus habituellement la luzerne au printemps, sur de l'orge ou de l'avoine, et comme elle craint le froid, il faut attendre le mois de Mai.

Lorsque l'on veut conserver une luzernière aussi long-temps et en aussi bon état que possible, on la recouvre de temps en temps d'un engrais pulvérulent, ou de plâtre, et quelquefois alternativement de l'un et de l'autre. Lorsqu'on peut l'arroser, elle fournit jusqu'à 5 et 6 coupes par an. Cependant, terme moyen, on ne doit compter que sur trois coupes, qu'on peut évaluer à 5000 kilos par hectare.

La *luzerne faucille*, vivace ; se distingue de l'espèce cultivée, par la forme de ses gousses et par la couleur jaune, rougeâtre, de ses fleurs. Elle croît dans des terrains fort médiocres.

La *luzerne rustique*, croît naturellement ; elle mérite l'attention du cultivateur. Elle est intermédiaire entre la luzerne ordinaire et celle faucille.

La *luzerne lupuline*, *minette dorée*, *trèfle jaune*, bis-annuelle ; fleurs fort petites, jaunes, en épis ovales ; tiges dépassant rarement 55 centimètres. La lupuline, dont il faudrait à peine parler, si elle ne venait que sur les terres à trèfle, a, sur celui-ci, l'avantage fort important de réussir dans les sols médiocres et fort légers. Elle est devenue, en quelques lieux, pour les assolements des terres à seigle, ce que le trèfle est aux assolements des terres à froment. On sème la lupuline avec les céréales de printemps à raison de 15 kilos par hectare.

Le *lotier corniculé*, *trèfle cornu*, fleurs jaunes, vivace, vient à côté du trèfle blanc, dans les prés.

La *gesse cultivée*, annuelle, haute de 30 à 60 centimètres, un peu grimpante; ses feuilles sont à deux, plus rarement à quatre folioles longues; les fleurs sont solitaires, de couleur variable, mais jamais jaunes. Elle est peu difficile sur le choix du terrain, tout en redoutant une humidité excessive. Bien des cultivateurs la préfèrent à la vesce, comme moins échauffante. Les bœufs, les vaches et les chevaux la mangent avec un égal plaisir, en vert ou en sec. — On sème aussi la gesse en automne ou au printemps; la dernière de ces saisons doit être préférée pour notre contrée. Quand on cultive la gesse comme fourrage vert, on la fauche par petites portions, depuis le commencement de la floraison. — Il y a encore la *gesse velue*, la *gesse chiche* et la *gesse des prés*; cette dernière est vivace et très-précoce, elle vient partout et produit un fourrage fort recherché de tous les animaux herbivores.

Vesce (*Vicia*), calice tubuleux, à cinq divisions, dont les deux supérieures sont plus courtes, comme dans les gesses; gousse oblongue à plusieurs graines, folioles nombreuses. On cite les variétés suivantes :

La *vesce commune*, la *vesce bisannuelle*, la *vesce multiflore*, auxquelles on peut ajouter la *vesce des haies*.

Des vesces communes on connaît deux variétés, l'une de printemps, l'autre d'automne; qui donnent, chacune, un fourrage annuel très-avantageux : d'abord, parce qu'il et propre à utiliser la jachère, et ensuite parce qu'on peut semer la variété estivale jusqu'en Juin.

Les vesces d'hiver redoutent une excessive humidité, et celles de printemps, un fond trop sec. Il est assez ordinaire de semer l'une ou l'autre sans engrais. — La vesce bisannuelle est recommandable comme un des fourrages les plus rustiques et les plus propres à procurer une nourriture verte aux bestiaux, pendant tout l'hiver. Comme elle s'élève beaucoup trop pour se soutenir, on propose de la semer avec le *mélilot de Sibérie*. — La vesce multiflore est vivace et croît naturellement sur la lizière des bois et dans les haies. Plusieurs auteurs anglais la recommandent, parce que les bestiaux la mangent avec plaisir et s'en trouvent fort bien.

Le *sainfoin*, *crête-de-coq*, *esparcette* (Hedisarum onobrychis), tige droite, rameuse, des feuilles ailées, avec impaire, à 17 ou 19 folioles ; des fleurs en épis, terminal de couleur rose.

Le sainfoin est un des fourrages les plus précieux, non seulement parce qu'il est excellent en lui-même, mais parce qu'il croît dans les terrains très-médiocres, de nature sableuse ou calcaire, qu'il les améliore sensiblement, et qu'il résiste bien aux sécheresses. On n'a pas besoin de fumer ; on sème à la main, à peu près deux fois autant de semence que si c'était du blé, et on enterre à la herse. Cette semaille se fait au commencement d'Avril. La première année, la récolte est peu considérable ; mais la seconde, on en obtient déjà un bon rapport. Le sainfoin sec reste d'un beau vert ; c'est une nourriture fort saine. Une prairie de sainfoin dure 5 ou 6 ans.

L'*ajonc* est recommandé comme plante fourragère ; mais il faut le couper très-court, avec le hache-paille, et le broyer sous une meule, pour détruire ses épines. Dans cet état, et mêlé avec moitié foin ou paille coupée il fait une bonne nourriture pour le gros bétail. On le sème en Mars.

à 12 kilos par hectare ; treize mois après on peut com
mencer à récolter, ce qui se fait avec la faulx.

Diverses autres plantes herbacées, propres à être culti
vées comme fourrage, sont : le *jonc de Botinie*, la *bis
torte*, le *plantin lancéolé*, l'*épervier piloselle*, la *laitue*
la *chicorée*, la *centaurée noire*, la *petite marguerite*, l
millefeuille, le *grand* et le *petit boucages*, la *spergule*, l
pimpernelle, etc.

CHAPITRE XVI.

**Des plantes oléagineuses, des plantes tex
tiles et filamenteuses, et des plantes éco
nomiques.**

Le COLZA (en anglais *Rape* ou *Cole-seea*, en allemand
Raps), est une plante de la famille des crucifères, nommé
Brassica oberacea campestris. — Il en existe deux variété
principales : l'une d'hiver, l'autre de printemps. Le colza
que l'on confond encore dans quelques lieux avec la na
vette, a les feuilles lisses et d'un vert glauque ; les aspé
rités et les poils épars qu'elles présentent dans leur jeu
nesse, disparaissent plus tard ; les radicales sont pétiolée
et légèrement découpées, et les caulinaires sont entiers
sessiles et cordiformes.

La variété que l'on cultive le plus communément, es
celle d'hiver. Elle a les fleurs ordinairement jaunes ; —
ses tiges sont plus branchues, plus élevées ; — ses siliques
par conséquent, plus nombreuses : — ses feuilles, à l
fois plus épaisses et plus larges que celles du colza de
Mars, dont le principal mérite consiste dans sa précocité
car, semé au printemps, il mûrit ses graines dans le mê

me été, particularité assez remarquable dans la famille des choux.

Cette plante, comme toutes celles à graines abondantes, qui mûrissent entièrement sur le sol, doit être considérée comme une culture épuisante.

Ainsi que les autres choux, il aime une terre franche, substantielle, suffisamment ameublie et richement fumée. Cependant, nous avons acquis la certitude qu'il réussit sur nos sols légers, et qu'il donne encore des produits avantageux sur ces terres, lorsqu'il est cultivé avec les soins nécessaires. Il résiste même à de fortes gelées, sur les terrains qui ne retiennent pas l'eau; tandis qu'il est facilement détruit par l'hiver, dans les localités humides et mal égouttées.

A ne considérer que la main-d'œuvre et les frais de culture, les semis paraissent plus économiques que la transplantation; mais en comparant les deux méthodes dans l'ensemble de leurs résultats, on doit pencher pour la dernière. — Les semis doivent être faits, dans notre climat, dès la fin de Juillet, ou, au plus tard, dans le courant d'Août; mais il arrive trop souvent que le terrain n'est pas encore préparé et disponible, de manière qu'il n'y a d'autre ressource que de semer en pépinière, en n'y consacrant qu'un sixième de l'espace destiné à être planté, et en repiquant le restant plus tard.

Il y a grande économie de semer en lignes, soit sur raies, soit au semoir. En Belgique, aussitôt après l'enlèvement de la récolte, on donne à la terre un labour qui, quelque temps après, est suivi de la herse. Un second labour a lieu immédiatement; puis on sème, après avoir encore passé la herse. On couvre ensuite par deux dents, c'est-à-dire en passant deux fois une herse légère sur le semis. Enfin, on roule en long et en travers, et ensuite on tire à la charrue des rayons espacés de 2^m,65, ayant soin de les diriger vers la pente, pour favoriser l'écoulement des eaux pluviales. Lorsque le colza a atteint un certain degré d'accroissement, on procède au buttage, en creusant un fossé à la place de chaque raie, en jetant les terres qui en proviennent, à droite et à gauche, entre les plantes de colza.

Ce fossé a ordinairement 55 centimètres carrés, et on a soin, en le creusant, de conserver, autant que possible, les mottes de terre dans leur entier, afin de mieux abriter le colza.

Dans notre contrée, après avoir éclairci le plant, selon le besoin, au lieu de le butter, ainsi qu'il vient d'être dit, on le bine une ou deux fois à la houe à main. — S'il a été semé en lignes, ce qui rend les binages plus faciles, on peut se servir de la houe à cheval.

De bons cultivateurs n'emploient pas moins de 40 voitures de fumier par hectare. Les semis de colza à la volée exigent de 6 à 8 litres de graine par hectare. Pour les semis en lignes espacées de 50 centimètres, on n'emploiera que 2 à 3 litres de graine par hectare.

On ne donne au colza qu'un binage, avant l'hiver, et un nouveau, même deux, au besoin, en Mars et Avril. Si le terrain n'est pas riche, les plantes se trouvent trop écartées, en semant en lignes espacés de 50 centimètres, pour garnir suffisamment le sol et donner une pleine récolte ; il est alors nécessaire de rapprocher les raies de moitié.

Indépendamment des gelées, qui annulent parfois les récoltes de colza, cette plante a beaucoup à souffrir de l'altise bleue, ou puce de terre, qui en dévore quelquefois des semis entiers. Le meilleur moyen de s'en préserver c'est de procurer aux plantes un développement rapide, pendant leur première jeunesse. La fumée pénétrante du brûlement des végétaux encore verts, éloigne efficacement ces insectes.

On a remarqué que les œufs de l'altise se trouvent accolés aux graines, au nombre d'un à cinq ; et qu'en les trempant, 12 à 24 heures, dans une forte saumure avant de semer, les jeunes plantes lèvent et croissent, sans qu'aucune altise paraisse.

Aussitôt que le colza est suffisamment mûr, ce que l'on reconnaît à la couleur jaunâtre de toutes ses parties extérieures et à la teinte brune de ses graines, c'est-à-dire vers le milieu du mois de Juillet, on commence la récolte du colza, avant qu'il n'égrène.

On le coupe avec une faucille, et on le pose par poignées ; — quand le temps est sec, on ne coupe que pendant la matinée, parce qu'alors les siliques sont fermées, et laissent échapper peu de graines.

Dès que les tiges sont suffisamment sèches, comme il arrive assez souvent après deux ou trois jours, on les ramasse dans des draps et on les enlève pour les battre ; ce qui peut se pratiquer en plein air, au milieu du champ, si le temps est beau. Pour cela, on se sert d'une grande bâche, qui couvre tout l'espace disposé pour le battage, et qu'on relève tout autour par le moyen d'un bourrelet en terre ou en paille.

La graine de colza pèse, terme moyen, 72 kilos l'hectolitre ; une bonne récolte doit être de 34 hectolitres par hectare, et 50 kilos de bonne graine de colza d'hiver peuvent donner 17 à 19 kilos d'huile et 27 kilos tourteaux.

Les calculs de M. de Dombasle établissent qu'un hectare en colza d'hiver, semé à demeure et à la volée, rapporte net...................... fr. 107 de bénéfice ;
et un hectare semé à demeure et en
ligne .... » 193   id.
en transplantant en rayons, l'hectare
doit rendre...................... » 226 50 id.

DE LA NAVETTE. Comme le colza, elle appartient à la famille des crucifères et au genre Brassica, mais elle fait partie des navets. Ses feuilles, au lieu d'être lisses et glauques, comme celles du colza et de la plupart des choux, sont, au contraire, rudes au toucher et d'un vert plus franc, comme celle des navets et des raves. — On distingue aussi deux variétés, la *navette d'hiver* et celle de *printemps*, ou *quarantaine*.

Si la navette donne, en général, des produits moins abondants que le colza, elle est aussi moins exigeante que lui sur la qualité de sol et les soins de la culture. Elle se contente encore mieux d'une terre légère, graveleuse même, pour peu qu'elle soit suffisamment fumée. On sème la navette ordinairement à demeure, de fin Juillet au commencement de Septembre ; quelquefois on sème dès le mois de Mars, dans les avoines, ou bien à la St.-Jean, avec le sarrasin. La culture est la même que pour le colza.

Le produit moyen d'un hectare semé en navette d'hiver, doit être de 16 hectolitres, et cette graine donne un dixième environ d'huile de moins que celle du colza.

La Caméline (*Myagrum sativum*, en anglais *Gold of pleqsure*, en allemand *Lein dotter, Flachs dotter*) appartient à la famille des crucifères. — Elle est toujours annuelle ; sa tige cylindrique est très-rameuse, et s'élève de 35 à 65 centimètres ; ses feuilles sont velues, alternes ; la fleur est jaune. La caméline, qui se sème au printemps, peut remplacer avantageusement tous les semis d'automne détruits par le froid. Elle aime préférablement les sols légers, et peut croître passablement bien dans les terres à seigle de médiocre qualité et de faible profondeur.

La récolte de la caméline ne diffère en rien de celle du colza. En des circonstances ordinaires, le produit de cette plante a été évalué à 15 hectolitres à l'hectare ; l'hectolitre rendant 15 kilos huile. Cette huile est très-bonne à brûler ; elle a même moins d'odeur et donne moins de fumée que celle du colza, à laquelle elle est inférieure sous les autres rapports.

Du pavot, œillette ou oliette, plante de la famille

des papavéracées ; le pavot présente à la grande culture trois espèces ou variétés principales.

Le *pavot ordinaire*, à graines grises (en anglais *Maw*, en allemand *Mohn*), a des racines pivotantes, des tiges cylindriques, rameuses, glabres, hautes d'un mètre ; des feuilles alternes, des fleurs de couleurs variables, mais ordinairement lilas ; ses capsules sont globuleuses et percées latéralement à leur sommet, aux approches de la maturité, de plusieurs opercules.

Le *pavot aveugle* diffère de l'espèce précédente par la grosseur plus considérable de ses capsules et l'absence des opercules.

Le *pavot blanc*, à capsules grosses et fermées, comme celles du pavot aveugle, se distingue, en outre, du pavot commun, par la couleur constamment blanche de ses fleurs et des graines.

L'*œillette grise*, par suite, sans doute, de la multiplicité plus grande de ses fleurs et de ses fruits, est généralement préférée dans nos départemens pour la production de l'huile. — Le pavot blanc, au contraire, est à peu près exclusivement cultivé pour la récolte des têtes destinées à des usages médicinaux.

Un terrain doux, léger, quoique substantiel, profondément ameubli par les labours, et fumé comme pour le colza, convient particulièrement au pavot. Dans les terres médiocres et dans celles argileuses, sa culture est rarement productive.

L'époque des semis d'œillette varie, selon les contrées, du commencement de l'automne à la fin du printemps. — Cette plante ayant peu à craindre de l'effet des gelées de notre climat, et donnant des pieds incomparablement plus forts, lorsqu'elle devient bisannuelle, on peut recommander préférablement les semis de Septembre.

Sur un sol parfaitement préparé, on répand à la volée 2 1/2 kilos de semence à l'hectare ; on l'enterre à une très-faible profondeur, par un demi-hersage. Il est bon de faire observer que le pavot réussit incomparablement mieux après un trèfle ou une luzerne, qu'après une céréale.

Le produit moyen des graines d'œillette est de 15 hectolitres par hectare; mais les sarclages et les frais de récolte sont considérables, parce qu'il faut égrener les têtes de pavot une à une, soit en les coupant sur place, ou en les transportant avec les tiges.

La graine d'œillette donne en huile environ 28 litres par hectare. Cette huile est douce et d'une saveur agréable.

Du SOLEIL, TOURNESOL (*Hélianthus annuces*, en anglais *Sunflower*, en allemand *Sonnenblume*). Le soleil appartient à la tribu des corymbifères, dans la famille des synanthécées. Ses grandes fleurs jaunes lui ont valu son nom de soleil. Ses graines volumineuses, noires, grises, ou rayées, sont tellement rapprochées qu'on en a compté jusqu'à dix mille sur un seul pied. Elles contiennent en abondance une huile douce et de saveur agréable, également bonne à manger et à brûler. Mais, le soleil ne prospère que sur de bons fonds, et des terres abondamment fumées; et il les effrite tellement qu'on a pu le considérer comme une des plantes les plus épuisantes; il est aussi fort sensible aux gelées de notre climat.

Du SÉSAME JUGOLINE (*Sesamum orientale*, en anglais *Oily-grain*, en allemand *Sésam*). On le cultive abondamment en Égypte et dans l'Orient, absolument de la même manière que le sorgho. On le cultive aussi en Italie. C'est une plante annuelle de la famille des bignones. On en tire une huile journellement utilisée pour l'assaisonnement des mets, au lieu de beurre, et cette huile fait une forte concurrence à l'huile d'olive, pour la fabrication du savon. La culture du sésame ne serait possible en France que dans nos départements les plus méridionaux.

Le MADIA SATIVA, plante annuelle, donne une bonne

huile; mais qui ne s'obtient que par une forte pression. Il se plaît dans les terres légères; les oiseaux sont très-avides de ses graines; c'est la forte odeur de la plante qui les attire.

En Allemagne, on le range parmi les plantes à enfouir : on lui accorde une estime toute particulière pour cet emploi.

Du LIN (*Linum ussitatissimum*, en anglais *Flax*, en allemand *Flachs*). Plante textile et filamenteuse. Le lin appartient à la famille des caryophyllées. Cette plante, cultivée principalement dans le Nord, a donné naissance à diverses variétés locales qui dégénèrent promptement, en changeant de climat et de terrain.

Le *lin de Riga*, grand lin, est un de ceux qui s'élèvent le plus; sa graine est fort estimée dans le commerce. On le cultive avec succès, sur quelques points de la France.

Le *lin de Flandre* est originaire de Riga. Les Belges en renouvellent souvent la semence en Russie ou en Zélande. Quoiqu'il s'élève moins que le premier, beaucoup de cultivateurs le préfèrent à cause de la finesse de sa filasse.

Le *lin de Calonnes-sur-Loire* acquiert encore moins de hauteur, mais la qualité de son brin est telle que, dans les bonnes années, les fileurs le préfèrent à tout autre, pous les fils d'une grande finesse. Ce lin, qu'on peut regarder comme une des bonnes races du type français, a l'avantage de donner beaucoup plus de semences que les lins de Riga et de Flandre.

Cette plante, assez délicate, est loin de donner partout de bons produits. — Pour les lins d'été, on peut dire, d'une manière absolue, qu'il n'y a de l'avantage à les cultiver que dans les terres meubles et très-fertiles.

Les sols d'alluvion, d'une consistance moyenne, doux, plutôt sablo-argileux qu'argilo-sableux, et cependant substantiels et frais; — les défriches de vieilles prairies;

les trèfles rompus ; — enfin, toutes les terres franches, facilement divisibles, profondément ameublies et richement fumées par la récolte précédente, sont propres à la culture du lin.

Dans les terres fortes, grasses, humides, la filasse en est grosse, et dans les terres très-légères, lorsque les pluies printannières viennent à manquer, le lin reste souvent si court, qu'on ne peut en tirer aucun parti.

Dans certaines terres, non seulement les lins dégénèrent promptement, mais on ne peut les faire revenir avec profit sur les mêmes sols, avant 6 ou 7 ans, même avec la précaution de renouveller la graine. Tandis que, dans les environs de Riga et dans le département de l'Aisne, les lins se succèdent tous les trois ans avec succès égal ; telles sont encore les fertiles vallées de Chalonnes, où cette plante fait presque partout, avec le froment, la base d'un assolement biennal dont l'origine remonte à plusieurs siècles.

Le lin d'hiver est moins difficile que celui d'été sur le choix du terrain. On le cultive, non seulement pour la filasse qu'on retire de ses tiges, mais pour l'huile qu'on exprime de ses graines.

Toute espèce d'engrais convient au lin. Ceux en poudre sont plus avantageux, parce qu'on peut les répandre fort également. L'engrais liquide est un des meilleurs dont on puisse faire usage pour le lin.

On sème les lins d'hiver dès les premiers jours de l'automne, et les lins d'été à la fin de Mars, à la volée, sur un dernier hersage. Il est important de mettre tous les soins à se procurer une bonne graine, grosse et luisante ; c'est de là que dépend la réussite et la beauté de la récolte, c'est aussi par là qu'on évite la dégénération.

Pour la récolte, il faut choisir avec discernement le moment où les tiges prennent une teinte jaune dorée, et où les semences, brunissant dans la plupart des capsules, sont déja mûres complétement dans celles qui ont paru les premières.

On arrache le lin par poignées, on en forme des bottes et on le laisse sécher quelques jours. En Flandre, on enlève les têtes à l'aide d'un peigne à 2 ou 3 rangs de dents de fer. En d'autres endroits on bat, sans séparer la graine de la tige.

Les produits varient beaucoup ; dans une année médiocre, le bénéfice net d'un hectare ne dépasse pas 52 fr., tandis que dans les bonnes années il peut s'élever à 227 francs.

La graine de Riga est de beaucoup préférable à celle du pays, elle se vend 50 fr. l'hectolitre et celle qu'elle produit ne se vend plus que 36 francs ; il s'établit ainsi une diminution progressive en rapport avec le nombre d'années d'importation, de manière qu'après 4 ou 5 ans, la graine ne vaut plus que 15 fr.

Du chanvre (*Cannabis sativa*), en anglais *Hemp*, en allemand *Hanf*.

Le chanvre est une des plantes textiles les plus utiles, on le cultive pour sa filasse, dont on fabrique les cordes et cordages et les trois quarts des toiles employées dans l'économie domestique et dans les arts ; on le cultive aussi pour l'huile contenue dans les graines que portent les pieds femelles ; cette plante étant dioïque ou ayant les deux sexes sur des individus différents.

L'huile que l'on tire de la graine de chanvre est employée à la peinture, à l'éclairage, à la fabrication du savon, et propre à beaucoup d'autres usages. On nourrit aussi de cette graine les oiseaux de basse-cour et de volière ; elle rend la ponte des poules plus hâtive et plus abondante.

Le chanvre demande une terre humide, forte, argileuse, recouverte d'une couche d'humus très-épaisse, ameublie par de profonds et fréquents labours, fumée par des engrais substantiels et abondants. Lorsque toutes ces conditions se trouvent réunies, on peut le cultiver à perpétuité sur le même sol, qu'il suffira de défoncer à la bêche et de fumer convenablement.

La culture du chanvre est très-étendue dans nos campagnes et forme un des bons produits du petit cultivateur, dans nos terres fortes. — On sème le chanvre immédiatement après les premières gelées, qu'il redoute beaucoup, et jusqu'au 1ᵉʳ Juin.

La graine est recouverte très-légèrement avec le râteau. Il est à propos de répandre sur le semis, des débris de chénevotte, de la fougère, de la vieille paille, qui tiennent la surface de la terre fraîche et meuble, en protégeant le jeune plant.

Le choix de la semence est toujours une condition de la bonté des récoltes; il influe particulièrement et d'une manière remarquable sur celle du chanvre. La graine de la dernière récolte est la seule propre à germer: ainsi on n'en conserve que la quantité nécessaire aux semailles de l'année, en choisissant celle provenant des tiges les plus fortes; il faut aussi que la graine soit changée souvent, autrement elle dégénère.

La bonne graine doit être nette, d'un grain foncé, luisante, pesante et bien nourrie; il en faut 8 hectolitres par hectare. Dans les terres légères et sablonneuses, on sème plus épais et plus tard que dans les terres humides et fortes. Lorsqu'on veut obtenir une filasse blonde, bien douce, facile à tailler et à filer, pour en faire des toiles de ménage, on sème aussi beaucoup plus épais.

Quand on a semé très-dru, le sarclage et le binage sont inutiles, mais il ne faut pas perdre de vue le champ ensemencé; car les oiseaux, et les pigeons surtout, sont extrêmement friands de la graine, et il faut les écarter par tous les moyens.

Pour récolter le chanvre, il faut saisir l'instant de sa maturité. Si on tarde trop, il pourrit ou devient ligneux, et, dans les deux cas, il est impropre à la filature et au tissage. Si on se hâte trop de l'arracher, on n'obtient qu'une filasse dont les fils ont peu de résistance, et la toile qu'on en fabrique s'use promptement.

L'époque de la maturité est différente pour les deux sexes. Le chanvre mâle est mûr lorsque son pollen est dissipé et que ses sommités jaunissent ; alors on l'arrache en ménageant le chanvre femelle, qui n'est mûr qu'environ six semaines après le mâle. On l'arrache, lorsque ses feuilles jaunissent et tombent, que ses sommités se fanent et s'inclinent, et que la graine commence à brunir.

Au fur et à mesure qu'on arrache le chanvre, soit mâle, soit femelle, on le lie en petites bottes que l'on dresse en faisceaux. Le mâle reste trois à quatre jours exposé au soleil ; la femelle y reste plus longtemps, parce que la graine achève ainsi de mûrir.

Pour extraire la graine, on frappe avec des battoirs sur la tête des bottes. Ensuite les graines, enveloppées de leur calice, sont exposées au soleil et vannées ou criblées, comme le blé. On les porte au grenier, pour y être étendues par couches très-minces et régulièrement remuées, de crainte qu'elles ne s'échauffent, ce qui leur fait perdre promptement leur faculté germinative. La bonne conservation des graines demande une extrême attention ; quand elles sont bien sèches, on peut, au bout d'un mois, les mettre dans les sacs.

Le rouissage a pour objet de dissoudre une gomme résine, qui maintient l'adhérence des fibres de l'écorce entre elles et à la partie ligneuse de la plante, s'oppose à leur subdivision en fibrilles plus ténues, ainsi qu'à la blancheur et à la durée des tissus.

Pour rouir le chanvre, on le submerge dans l'eau d'un étang, après l'avoir séché quelques jours au soleil ; le mâle séjourne dans les routoirs de 8 à 12 jours, et la femelle 15 jours au moins.

De la betterave.

Les avantages que présente la betterave comme plante saccharine, sont maintenant démontrés par la prospérité irrécusable des établissements où l'on se livre avec le plus grand succès à l'extraction du sucre que renferme sa racine. Cette industrie, d'origine toute française, a fait de tels progrès, que le gouvernement a été forcé de mettre un impôt sur le sucre indigène, pour ne pas ruiner nos colonies qui produisent le sucre de canne.

Considérée comme nourriture du bétail, la betterave ne réunit pas de moindres avantages, et elle l'emporte dans un grand nombre de circonstances, si on la compare aux autres récoltes qui peuvent occuper la même place qu'elle dans les assolements.

La betterave entre aussi pour une forte part dans la fabrication du café de chicorée, ou poudre de chicorée.

L'emploi des feuilles de la betterave, pour la nourriture des bestiaux, est également bien connu ; mais il est certain que leur enlèvement, durant la végétation, altère les qualités de la plante et surtout diminue la proportion du principe sucré : il ne doit donc avoir lieu qu'au moment de l'arrachement et on ne doit fourrager que les pétioles*.

La culture de la betterave peut se faire dans presque tous les terrains, mais avec plus ou moins d'avantages ; ceux qu'elle préfère sont les sols légers, meubles, profonds et riches en humus.

Il convient de fumer à l'automne, ou de prendre du fumier consommé ; car la composition chimique de la betterave est toujours influencée par la nature des matières solubles du sol où elle croît ; ainsi, lorsqu'on a

---

* N.B. Les limbes altèrent la santé des animaux.

employé beaucoup de fumier de vaches ou de chevaux, le jus des betteraves renferme de la potasse et de l'ammoniaque combinés, qui deviennent libres et jouent dans la fabrication un rôle nuisible. Les engrais les moins énergiques, et spécialement les récoltes enfouies en vert, sont donc particulièrement convenables. En sus de la fumure ordinaire, on ne doit cependant pas craindre d'arroser plusieurs fois les betteraves avec le purin, depuis l'instant du repiquage jusqu'à celui de la récolte, en l'étendant de plus ou moins d'eau, selon l'état plus ou moins humide de l'atmosphère.

Comme la betterave succède ordinairement à une céréale, on doit mettre la charrue dans le champ, de suite après la récolte; on donne un coup de herse quelque temps après; si les mauvaises herbes se montrent, on donne un second labour et un autre hersage. Au printemps, on donne un nouveau labour à la terre, puis l'on herse et l'on roule.

Le choix de la variété de betteraves à cultiver, lorsque la pulpe doit servir à l'extraction du sucre, est très-important; car on a reconnu que ce principe est contenu, selon les différentes variétés, dans des proportions qui varient entre 5 et 9. Les betteraves cultivées, dont nous allons citer les principales, ne sont que des sous-variétés de la *betterave Beta varia*, qui est une variété de la betterave commune.

La *betterave longue rose*, *Turlips*, (*Beta sylvestris*, en anglais *Field-beet*, en allemand *Mangold-Wurzel*), est la variété la plus commune, qui, avec la betterave panachée et rouge, parvienne au plus fort volume; mais elles sont aussi celles qui renferment le moins de sucre. Elles ne doivent être préférées aux autres, que lorsqu'on les destine à la nourriture des bestiaux.

La *betterave blanche*, dite *de Silésie*, et la variété à *peau rose et chair blanche*, sont les espèces qui donnent

le plus de jus et le plus de sucre. On recommande aussi
la betterave *jaune*, qui vient très-bien.

La difficulté de trouver de la graine bien pure, et surtout bien choisie, doit engager le cultivateur à recueillir
lui-même sa semence : à cet effet, il doit conserver un
certain nombre des racines les plus belles, ni trop longues, ni trop courtes, point branchues, et annonçant
une végétation vigoureuse. On leur enlève les feuilles,
mais sans toucher au collet; on les conserve, placées debout dans du sable et dans un cellier sec et frais, pour
les mettre en terre au printemps, dès qu'on n'a plus de
gelée à craindre. — La graine se récolte en Septembre,
à mesure qu'elle mûrit; on ne doit prendre que la meilleure et celle qui est très-mûre. Chaque pied peut fournir
de 15 à 25 décagram. de semence, qui conserve sa faculté germinative pendant 4 à 5 ans. Lorsqu'on veut
conserver la variété pure, il faut isoler les porte-graines;
autrement, les poussières fécondantes se mêlent et les
variétés cessent d'être pures.

L'époque la plus convenable aux semis de la betterave, est, pour notre contrée, la dernière moitié d'Avril,
lorsque les gelées printanières ne sont plus beaucoup à
craindre. Lorsqu'on sème trop tôt, les betteraves lèvent
le plus souvent mal et inégalement, parce que le sol n'est
pas assez échauffé.

La betterave doit être semée en rayons ou en lignes, ce
qui exige 5 à 6 kilos de graine par hectare. Pour cela,
on trace de petits sillons, distant de 50 centimètres les
uns des autres et de 55 millimètres de profondeur, dans
lesquels on dépose 9 à 12 graines par chaque mètre de
longueur.

En pilant les graines dans une sébille de bois, puis les
criblant et les pilant de nouveau, jusqu'à ce qu'elles
soient débarrassées des aspérités, et qu'il ne s'en trouve
plus que très-peu adhérentes les unes aux autres, on

évite le dépôt de la germination de 3 à 4 graines à la même place, et, conséquemment, la nécessité de faire enlever à la main les plants surabondants.

L'expérience nous a suffisamment démontré qu'il y a plus de profit de semer en place, que de semer en pépinière, pour repiquer, lorsque le plant est parvenu à une certaine grosseur; le premier procédé est donc préférable au second, si le terrain est suffisamment préparé pour recevoir la semence. Le repiquage a lieu du 15 au 30 Mai, lorsque le plant a la grosseur voulue; il y a un grand avantage à le faire de bonne heure et avec du gros plant, qui résiste aux sécheresses. Avant de repiquer, on coupe les extrémités des feuilles, et l'on profite autant que possible, pour le repiquage, d'un temps pluvieux. L'arrosage avec du purin, est très-avantageux au développement de la plante.

L'arrachage des betteraves se fait à l'aide du louchet ou du trident. Il doit, autant que possible, se faire par un temps sec. Le décolletage suit immédiatement, ou précède même l'arrachage: il consiste à couper le collet de la racine, avec un couteau ou une serpe. La rentrée des betteraves doit se faire le plus tard possible, cependant en évitant la gelée.

Les insectes les plus redoutables pour les betteraves, sont les larves des hannetons, ou vers blancs. Lorsqu'ils dévorent la racine d'un plant, on voit ses feuilles se flétrir immédiatement; on ne doit jamais balancer à détruire ce redoutable ennemi: en creusant un peu la terre, on le trouve attaché à la racine.

Dans un sol où le froment donne en moyenne quinze hectolitres par hectare, on doit obtenir un produit moyen de vingt mille kilos de betteraves; ce qui en établit le prix de quinze à seize francs les mille kilos, tous frais comptés. Des expériences très-précises ayant démontré que cent kilos de betteraves nourrissent autant que quarante-cinq kilos de bon foin, le fourrage de la betterave équivaut, en prix de revient, au bon foin, à 5 fr. 50 c. les cent kilos.

DE LA CHICORÉE.

La chicorée sauvage, qui croît le long des chemins, a la racine fort longue, simple, pivotante et assez charnue; on la cultive comme plante fourragère, aux environs de Paris et en Angleterre. On la sème au printemps à la volée, avec de l'avoine; mais il a été expérimenté que des vaches qui avaient eu de la chicorée sauvage pour seule nourriture, pendant quelque temps, ne donnaient plus qu'un mauvais lait et des fromages amers. On ne devra donc semer que peu de ce fourrage et en stratifier les feuilles par couches minces avec de la paille ou du foin.

La *chicorée à café* est une variété de la précédente, plus grande dans toutes ses parties, et assez facile à reconnaître. On la cultive en Allemagne et dans le nord de la France, pour ses racines, lesquelles, après avoir été séchées et torréfiées, sont réduites en une poudre qui remplace le café, ou se mêle avec lui. Cette variété est moins amère et ses racines sont plus grosses. Des individus ont les fleurs presque blanches, tandis que d'autres les ont d'un bleu d'azur vif.

Il lui faut une bonne terre, qui ait de la profondeur, et on doit semer la graine assez clair, dès le mois de Mars, sarcler et biner le plant quand il en a besoin, afin que les racines prennent un grand développement dans la même année; car elles devront être arrachées et livrées à la manipulation à la fin de l'automne, et pendant l'hiver qui suit.

DU TABAC.

C'est une plante de la famille des solanées, qui porte le nom de tabac ou *Tabacco*, parce que les Espagnols la virent employée à Tabasco, en 1518, pour la première fois, comme un objet de luxe.

Il y a plusieurs espèces et variétés de tabac cultivées ; toutes sont originaires de l'Amérique méridionale.

Les principales espèces, et les plus employées dans les manufactures de tabacs, sont les suivantes :

1° *Tabac à larges feuilles* (*Nicotiana latifolia*). Sa racine est blanche, fibreuse. Sa tige s'élève d'un à un mètre et demi, elle est cylindrique, moëlleuse, velue, divisée en rameaux garnis de feuilles alternes, grandes, ovales, lancéolées. L'extrémité de ces rameaux porte des bouquets de fleurs purpurines. Le fruit est une capsule contenant une multitude prodigieuse de semences très-fines.

Cette espèce, qu'on peut dire naturalisée en Europe, est cultivée en Alsace ; elle est aussi la plus avantageuse à cultiver, à cause de la grande dimension de ses feuilles et de la finesse de son goût. — Elle fleurit en Juillet et Août. Elle craint les grands froids, les brouillards et les ouragans.

2° *Tabac à feuilles étroites*. C'est le tabac de *Virginie*, le plus généralement cultivé dans cette province des Etats-Unis de l'Amérique. Ses feuilles étroites, pointues, produisent le tabac de première qualité, et le plus recherché.

3° *Tabac en arbre*. Cette espèce, laissée en plein air dans les pays où les hivers sont doux, devient ligneuse, forme un joli arbrisseau d'environ un mètre soixante-cinq centimètres, qui dure trois ans, et qui produit du tabac aussi bon que celui de la première espèce.

4° *Tabac rustique*. C'est une espèce moins précieuse et moins cultivée que les précédentes ; elle réussit bien dans les pays chauds, mais son produit n'est pas très-estimé.

5° *Tabac crépu*. C'est une petite espèce provenant du Brésil. C'est l'espèce qu'on cultive de préférence en Syrie, en Calabre, dans tout l'archipel et l'Asie-Mineure. Le tabac crépu est très-doux : c'est de cette feuille que l'on fait les cigares du Levant.

Le tabac demande une terre très-substantielle, profonde, ni trop légère, ni trop forte, fraîche, sans humidité, bien exposée au soleil, nourrie d'un fumier très-actif, consommé, à surface plane, et abritée contre les vents violents du nord et du nord-ouest.

Le champ destiné à porter cette plante doit recevoir, au commencement de l'hiver, un premier labour à la charrue, et un second labour au printemps, immédiatement avant la plantation. Ce second labour exige beaucoup de soin ; on doit détruire les mottes, enlever les pierres, incorporer les fumiers avec le sol et extirper les mauvaises herbes.

Lorsque le terrain est ainsi préparé, on le divise en lignes parallèles, distantes d'un mètre les unes des autres, sur lesquelles on met en quinconce les plantes du tabac, au moyen d'un cordeau garni de nœuds. On sème la graine en Février, dans un endroit exposé au midi ou au levant, sur une couche froide, composée de terre fine, meuble, mêlée de terreau : on sème la graine à la volée, on la couvre tout de suite d'un châssis vitré, recouvert d'un paillasson, pour éviter les rayons du soleil et les gelées de la nuit.

On donne de l'air à la couche toutes les fois que la température extérieure le permet.

Quand le jeune plant est garni de 3 à 4 feuilles, et qu'il a atteint quarante-cinq millimètres d'élévation, vers la fin d'Avril, on en fait la transplantation. On choisit pour cette opération un temps couvert, immédiatement après une pluie, afin que la reprise soit plus assurée. On enlève le plant de la couche, avec précaution, en conservant autour des racines une petite motte, et pour faciliter ce travail, on arrose d'avance la terre de la couche, si elle est trop sèche. On doit toujours y laisser du plant en dépôt, pour regarnir les places où le plant aurait manqué à la reprise. La transplantation a lieu à l'aide d'un plantoir, de la manière et à la distance que nous venons d'indiquer.

Les tabacs ainsi disposés exigent d'abord d'être tenus propres de toute herbe étrangère, et on renouvelle l'opération du binage toutes les fois que les mauvaises herbes reparaissent. On enlève de même tous les tabacs vicieux, rabougris, malades ou piqués des insectes. Plus tard, il est essentiel de butter les tabacs, pour fournir un nouvel aliment aux racines, et pour leur procurer une douce fraîcheur, si nécessaire à la végétation de cette plante.

Lorsque les tabacs ont atteint environ soixante-cinq centimètres d'élévation, ce qui arrive un mois ou six semaines après la plantation, on coupe, avant l'apparition des fleurs, le sommet de chaque tige, ce qu'on appelle l'opération du pincement ; on ôte les feuilles inférieures gâtées, qui sont près de terre, et on diminue ainsi leur nombre, en les réduisant à 10 ou 12 sur chaque plante ; et comme la suppression du sommet détermine la plante à pousser des bourgeons latéraux, il faut les enlever toutes les fois qu'ils paraissent.

Les plantes destinées à porter graine, sont cultivées dans un endroit particulier bien abrité ; on leur donne l'exposition la plus chaude possible, afin qu'elles puissent fleurir de bonne heure. Les premières capsules donnent la meilleure graine, et la meilleure semence est celle de la dernière récolte.

Parmi les ennemis des tabacs, on rencontre une chenille qui en dévore les feuilles : il faut la chercher, le matin avant le lever du soleil, et la détruire à la main. Les vers blancs sont aussi très-voraces des racines de cette plante.

Si les tabacs ont été bien soignés, et si la saison les a favorisés, six semaines après le pincement, les feuilles doivent se trouver en état de maturité parfaite. On connaît ce moment lorsque les feuilles commencent à changer de couleur, ou que leur couleur, assez vive, devient un peu obscure, jaunâtre ; qu'elles penchent vers la terre, qu'elles se rident, qu'elles deviennent rudes au toucher.

Cette récolte se fait le matin, lorsque les feuilles des tabacs ne sont plus mouillées par la rosée, en coupant la tige au-dessus du sol ; on les laisse sur les lieux, on les retourne deux ou trois fois dans la journée, afin qu'elles fanent également. Le soir même on les transporte sous un hangar un peu éloigné de l'habitation, parce que les feuilles de tabac, encore fraîches, exhalent une odeur irritante, qui, respirée dans un lieu fermé, pourrait même asphyxier.

C'est sur le sol de ce hangar qu'on étend les feuilles, les unes sur les autres ; on les couvre de toiles ou de nattes, puis de planches ; on les charge de grosses pierres, et on les laisse dans cette position, trois ou quatre jours, afin qu'elles puissent ressuyer et fermenter également.

DE LA PATATE.

La patate douce croît naturellement dans les régions les plus chaudes de l'Inde et de l'Amérique, où elle sert d'aliment à l'homme ; on l'a introduite en Portugal, en Espagne, en Italie, sur la côte d'Afrique, et particulièrement à Alger, où elle réussit très-bien. On la cultive aussi dans le midi de la France.

Il y en a plusieurs variétés. La *rouge*, la *jaune*, la *patate igname*, etc. Il faut élever les plantes sous couches, couvertes de châssis vitrés, et lorsque les tubercules ont poussé des tiges de 15 centimètres, on les détache et on les plante à 15 centimètres les unes des autres, dans une terre bien chaude et bien fumée.

CHAPITRE XVII.

Du Houblon et de quelques plantes tinctoriales.

Le houblon (*Humulus lupulus*, en anglais *Hop*, en allemand *Hoppfen*) est une plante grimpante, à racines vivaces ; les feuilles ont de la ressemblance avec celles de la vigne. Le houblon est dioïque, c'est-à-dire que les fleurs mâles et les fleurs femelles sont placées sur des pieds séparés ; les premières forment des grappes rameuses, irrégulières, qui sortent de l'aisselle des feuilles supérieures ; les secondes forment une espèce de tête globuleuse, conique, ovoïde, plus ou moins alongée, nommée cône du houblon, composée d'un grand nombre d'écailles foliacées, minces et consistantes, à l'aisselle desquelles se trouvent les deux véritables fleurs femelles ; il leur succède deux graines environnées d'une poussière jaune, granulée, ayant une odeur et une saveur amère, qui lui sont propres.

C'est cette poussière jaune qui est la partie active du houblon, elle lui donne sa saveur amère, son odeur aromatique, tandis que les feuilles des cônes qui n'ont point été touchées par cette matière jaune, n'ont pas plus d'odeur et de saveur que le foin sec. On a remarqué que cette sécrétion jaune active, existe en proportion différente dans les divers houblons, et, par conséquent, que leur valeur réelle et utile varie sensiblement. Ainsi, le houblon belge de Poperingue contient 18 parties sécrétion jaune ; tandis que celui des Vosges n'en contient que 14. — Celui de Liége en contient 9 parties, et celui de Toul (Meurthe), 8 parties.

Le houblon est indigène dans les contrées septentrionales de la France, et se rencontre fréquemment dans les haies et les broussailles ; ses cônes ne sont jamais d'une qualité aussi bonne que ceux du houblon cultivé, et ils ne sont presque jamais utilisés. Il est donc certain que la culture a considérablement amélioré la quantité comme la qualité du houblon, ainsi que cela est arrivé pour presque tous nos végétaux cultivés.

Le houblon est très-cultivé en Angleterre, en Allemagne, en Belgique, en Hollande, en Amérique, en Alsace, en Lorraine et dans les Vosges ; enfin, partout où l'on consomme et fabrique de la bière.

Cependant la France est loin de subvenir à la consommation de houblon de ses nombreuses brasseries ; le préjugé est tel, il est vrai, que les brasseurs payent le houblon étranger le double de l'indigène. Aussi, on en tire de l'étranger pour une valeur de plus d'un million et demi, et le cas s'est présenté, que nos brasseurs ont acheté au prix double, des houblons exportés de France, croyant acheter des houblons étrangers.

Le climat de la France, et une grande partie du sol conviennent parfaitement à la culture du houblon. — Les terres qu'on destine à former une houblonnière, doivent être profondes de 65 centimètres au moins, légères, plutôt sableuses que fortes, afin de permettre aux racines fines et délicates de s'y étendre à volonté ; les sols calcaires et les terres blanches franches, de consistance moyenne, sont les plus propres à cette culture.

Une exposition convenable est un point essentiel dans la formation d'une houblonnière ; elle doit être sud ou sud-est, et garantie des vents du nord et de l'ouest ; les emplacements situés près des rivières et des étangs, desquels il s'élève habituellement des brouillards, et où les gelées sont plus fréquentes, doivent être rejetés ; on doit encore éviter le voisinage des grandes routes, à cause de la poussière.

Les houblonnières doivent être bien entourées de haies vives, et il est bon, du côté où la fréquence et la violence des vents obligent à avoir des abris, de planter des arbres propres à fournir les perches nécessaires.

La préparation du terrain consiste à labourer en Octobre ; on herse en Février, puis on laboure et herse de nouveau pour aplanir le sol. — Le terrain est rarement assez fertile pour ne pas exiger de l'engrais, car le houblon est une plante très-épuisante ; on en met dans la proportion d'un panier rond par monticule : il doit être bien consommé, ou à l'état de terreau.

La plantation a lieu à deux époques différentes : au printemps, depuis le commencement de Mars jusqu'au milieu d'Avril, ce qui est la méthode habituelle ; à l'automne, au mois d'Octobre, lorsqu'on a des pieds enracinés, qu'on tire d'une ancienne houblonnière ; dans ce cas, on obtient une récolte dès la 1re année, tandis que le houblon planté au printemps, ne produit guère que la 2e année.

Ce premier produit se nomme houblon vierge.

Le choix du plant est une considération importante ; il ne doit pas mûrir à des époques différentes, ce qui rendrait la récolte difficile. Les variétés dont la maturité est précoce, comme celle de Spalt, méritent la préférence.

Le plant se compose des branches qui poussent de la souche ; on se le procure en découvrant, au printemps, les anciens pieds les plus vigoureux, et en éclatant ses branches. Le bon plant doit avoir la grosseur du doigt, ne pas être creux, avoir 18 à 20 centimètres de longueur, et 3 à 4 yeux. Lorsqu'on remarque des pieds qui méritent la préférence, on doit, lorsqu'on lie la houblonnière, laisser les branches superflues, et, au moment de la taille, les couper et piquer en terre, pour en faire des boutures ; on obtient de la sorte de bons plants, qui produiront dès l'année suivante.

Lorsque le moment de la plantation est arrivé, on fait faire, dans le terrain, des trous de 65 centimètres en carré, sur 50 centimètres de profondeur, et à 2 mètres de distance les uns des autres, en ligne droite ou en quinconce, les ruelles faisant face au sud plein. On fume bien ces trous et on les remplit de bonne terre.

Pour procéder à la plantation, on tasse de quelques centimètres, avec les pieds, la terre qui remplit les trous; on place les cinq plantes dans une fosse, faite au centre de chaque trou, en éloignant leur partie inférieure et tenant à la main les bouts du haut, plus rapprochés les uns des autres; on répand doucement de la terre entre les plants, et on la presse contre eux, en les arrangeant convenablement, sans leur laisser dépasser la surface du sol. On rend le milieu de la fosse plus creux que les bords, afin de retenir les eaux des pluies ou des arrosements.

L'entretien de la houblonnière, durant la première année, commence mi-Mai; lorsque les plants ont poussé une tige, on met un échalas à chaque trou et on y attache les jeunes pousses avec des brins de paille. Ensuite on bine le terrain et on nivèle le sol. — Plus tard, il faut encore attacher plusieurs fois les pousses, nommées vignes, aux échalas, en ayant soin de les tourner à l'entour, de gauche et à droite, c'est-à-dire selon le cours du soleil, direction qui leur est naturelle. On bine de nouveau la terre et on en recharge encore les plants.

On peut, sans inconvénient, cultiver des fèves, ou des oignons, entre les lignes de houblons; cet ombrage leur paraît favorable.

A l'automne, ou au commencement de Mars, on taille les vignes de houblon, à 50 centimètres de terre, avec la serpette; dans tous les cas, dès la première de ces époques, on arrache les échalas qui ont servi de tuteurs, et l'on ramène sur les plantes assez de terre pour en former un monticule de 35 centimètres de haut; en faisant ces travail, on réunit les ceps coupés, qui dépassent alors le monticule de quelques pouces. Cet amoncellement de la terre sur les plantes les garantit des grands froids et facilite l'écoulement des eaux.

Au mois de Mars de la deuxième année, on donne un labour avec la pioche, et on enlève les monticules. Lorsque les tiges sont parvenues à 50 centimètres de hauteur, on s'occupe du placement des perches, qui doivent être droites, fortes, et avoir 4 mètres de longueur. Avant de les mettre en terre, on leur donne une bonne pointe au gros bout, que l'on brûle extérieurement, ou qu'on goudronne à chaud, à la hauteur d'un mètre. Pour les implanter, on fait le trou avec une barre de fer pointue, et on y chasse de toute sa force la perche, qui doit y être fixée solidement, pour résister aux coups de vents. La terre est ensuite labourée et on la relève à l'entour des perches pour les consolider davantage.

Le nombre des perches généralement employées pour chaque monticule, est de trois ; lorsqu'ils sont très-éloignés les uns des autres, on en place quatre. Dans les Vosges, on ne met qu'une perche par monticule, qui n'est distancé que de 1^m,30. Le châtainier mérite la préférence.

On choisit 4 à 5 des tiges de houblon les plus vigoureuses, pour les attacher à chaque perche, et on coupe tous les autres rejetons ; ce qu'il faut continuer de faire tant qu'il s'en montre. On attache les tiges après les perches, avec des liens très-lâches, en les tournant à l'entour, en suivant le cours du soleil ; on prescrit de ne jamais faire ce travail le matin, parce qu'à cette époque de la journée les tiges sont plus cassantes.

Lorsque les tiges sont parvenues à une élévation de 1/2 à 4 mètres, on leur enlève les feuilles, jusqu'à une hauteur d'environ deux mètres, ce qui permet à la chaleur de pénétrer plus facilement, et fait porter la sève au haut de la plante où sont les fleurs.

Durant tout l'été, on doit, à l'aide d'une échelle double, continuer d'attacher les tiges aux perches. Quelques
cultivateurs pincent l'extrémité des tiges, pour accélérer
la fructification.

Au commencement de Juin, on donne un second labour
et après les pluies de cette époque, on relève les monticules.

Les travaux de la troisième année et des suivantes, diffèrent peu de la seconde ; il faut seulement, au commencement de Mars, par un temps sec, procéder à la taille
des racines. On écarte avec précaution et sans blesser le
chevelu, toute la terre des monticules, jusqu'à ce que les
pieds en soient débarrassés et les racines mises à découvert ; celles des tiges qui ont porté fruit, sont taillées de
manière à ce qu'il ne leur reste que 2 ou 3 yeux, qui four-
niront les nouveaux rejetons. Les jeunes racines, beaucoup moins fortes que les anciennes, sont coupées à 11
centimètres de longueur, pour servir de replants. Après
cette opération, on rapporte du fumier, et on l'enterre
en égalissant le terrain ; un mois après, on fait, comme
il a été prescrit, la plantation des perches et les autres
travaux.

Une houblonnière, maintenue en bon état, peut durer
10 à 12 ans, et on y réussit surtout, si l'on a soin, à chaque taille, de remplacer les racines trop vieilles, ou qui
ont des taches de pourriture. Elle doit être copieusement
fumée tous les deux ans, avec un engrais consommé, ou
avec le purin.

Le houblon est exposé à diverses maladies, auxquelles
l'expérience apprend à remédier. — L'époque de la récolte et de la maturité des fleurs du houblon est indiquée
par un léger changement de couleur des feuilles ; les
cônes, qui étaient d'un vert jaunâtre, prennent une teinte
d'un vert jaune doré, et répandent une odeur forte ; les
écailles sont serrées, ont les pointes rosées et offrent

leur base la sécrétion jaune aromatique, formant une pâte molle qui s'attache aux doigts ; les graines sont dures, brunes, et leur amande blanche et bien formée. — Il est très-essentiel de bien saisir le moment convenable pour la récolte : le houblon de couleur jaune pâle, un peu blanchâtre ou verdâtre, a été récolté trop tôt ; il donnera un goût âpre à la bière, et perdra au poids ; car, s'il faut quatre kilos cueillis en pleine maturité, il en faudra cinq de celui-ci pour donner un kilo. séché. — Ce qu'il faut surtout éviter, c'est que les cônes n'entr'ouvrent leurs écailles, parce qu'ils laissent alors échapper en partie la poussière jaune odorante. Les houblons bruns ont été cueillis trop tard et ont perdu une partie de leur activité, ce sont les plus mauvais. Les meilleurs sont ceux d'une couleur jaune dorée, ayant une bonne odeur et qui donnent beaucoup de poussière jaune.

La récolte du houblon a lieu ordinairement de la fin d'Août au commencement d'Octobre, selon les vicissitudes de la saison ; on doit choisir un temps sec et attendre, pour commencer, que la rosée soit séchée ; les cônes recueillis par l'humidité se moisissent souvent, ce qui nuit à la vente. Pour opérer la récolte, on apporte dans la houblonnière de grands paniers d'osier ; on établit des chevalets à 3 1/2 mètres de distance, on coupe les ceps à 33 centimètres de hauteur de terre ; on enlève les perches de terre, on les couche soigneusement sur les chevalets, avec tous les houblons dont elles sont chargées ; alors, avec des serpettes bien tranchantes, on coupe toutes les branches auxquelles il y a des fleurs, et on les pose dans les paniers, pour les transporter dans les lieux où doit avoir lieu la cueillette.

La cueillette des cônes, qui est ordinairement confiée à des femmes et à des enfants, doit être surveillée avec les plus grands soins, afin que la fleur conserve un petit bout de tige, pour qu'elle ne s'effeuille pas, qu'en la cueillant, elle ne soit pas froissée entre les doigts, et qu'on ne mêle pas aux produits de la récolte des feuilles ou autres substances étrangères, qui diminuent la valeur du houblon et le rendent moins propre à la fabrication de la bière.

La manière la plus ordinaire de procéder à la dessiccation du houblon, consiste à le transporter, à mesure qu'il est cueilli, dans de vastes greniers, où on l'éparpille, et où on le retourne chaque jour, avec une pelle en bois et un râteau, jusqu'à ce qu'il soit assez sec pour être mis en grands tas et emballé quelque temps après. On peut aussi le sécher dans des étuves, ou, comme dans les Vosges, sur des tamis de cordes placés dans les greniers, pour qu'il soit exposé au courant de l'air de tous côtés, et qu'on n'ait pas besoin de le retourner, ce qui altère souvent la fleur.

On reconnaît que les cônes de houblon sont bons à emballer, lorsque, frottés entre les doigts, ils paraissent souples et ne peuvent être ainsi réduits en poudre. Il faut ensacher le houblon ni trop sec, ni trop humide; au premier cas, il perdrait une partie de la matière jaune; au second, il prendrait une couleur brune et une odeur désagréable, ce qui le fait rejeter par les brasseurs. L'emballage du houblon est indispensable pour qu'il conserve plusieurs années ses propriétés actives et son arome. En Angleterre, on l'aide d'une presse très-forte.

On estime le produit moyen d'un hectare, cultivé avec les soins convenables, à 1200 kilos de cônes de houblon désséchés, vendables; au prix moyen de deux francs le kilo, c'est un produit brut de fr. 2400; — si l'on déduit de cette somme les frais de culture, que l'on porte à fr. 1300, — il reste un bénéfice net de 1100 fr. On voit par là, qu'il reste une belle marge au cultivateur qui s'occupe de cette branche d'industrie, tant négligée en Alsace.

De la garance cultivée (*Rubia tinctoria*), en anglais *Madder*, en allemand *Krapp*. La garance est une plante à racines vivaces et à tiges annuelles, de la famille des rubiacées. Il s'en fait une énorme consommation pour la teinture du rouge de garance sur coton et sur laine. La grande culture en est dans le midi de la France, on la cultive aussi avec succès à Smyrne, en Alsace, en Zélande ; mais il est telle nature de terrain qui lui convient si spécialement, qu'il aura toujours pour sa production un avantage marqué sur ceux qui ont des qualités différentes.

Il faut que le terrain à garance soit exempt de gravier, léger par excellence ; il doit se charger de beaucoup d'humidité, et l'évaporation doit s'en faire le plus lentement ; il ne faut pas qu'il adhère aux outils, et, étant sec, il ne doit pas faire corps. Il faut une terre qui puisse aspirer assez d'eau pour que la végétation de la garance n'y cesse presque pas dans l'été ; une terre qui contient de l'humus, beaucoup de parties calcaires, et qui soit bien fumée ; car la richesse de la récolte dépend de celle de la fumure : il faut 15 quintaux métriques de fumier de cheval, point entièrement consommé, pour 100 kilos de garance.

Pour cultiver avantageusement la garance, si le terrain y est propre, on doit le faire défoncer à demi-mètre de profondeur et à la bêche. Cette opération a lieu pendant l'hiver ; les pluies et les gelées rompent les mottes de terre, qui se trouvent pulvérisées au printemps : on l'entreprend quand la terre ne s'attache pas aux outils.

Quand le terrain est suffisamment fumé, à raison de 22 voitures par hectare, et que le fumier est étendu, on passe deux raies croisées de labour, pour l'enterrer légèrement ; ensuite on herse, pour égaliser le sol. On trace alors, avec un sillonneur à bras, les sillons où l'on doit semer la garance ; ces sillons doivent avoir un mètre deux tiers de largeur, avec un intervalle d'un tiers de mètre entre deux sillons : ainsi on trace les lignes à deux mètres de distance l'une de l'autre. Cette opération terminée, un homme creuse, le long du sillon, une raie plus profonde, avec une houe à bras ; il est suivi d'un enfant qui répand la semence dans la raie : on en emploie 85 kilos par hectare.

Les graines doivent être espacées également, et, au plus, à quatre centimètres dans tous les sens, et non pas placées en ligne. On sème ainsi de suite jusqu'à la sixième ligne, qui reste sans être semée, et qui fait l'intervalle du premier au second billon. Dans les terres légères des palus (de marais), cette opération est faite le plus souvent avec une pelle en bois.

Dans les terres dont la rente est chère, il y a toujours un avantage à planter, au lieu de semer la garance, puisque la garance plantée ne l'occupe que deux ans au lieu de trois. On emploie, pour planter un hectare, 1500 à 2000 kilos de racine fraîche, bien nettoyée de terre, qui se paye un cinquième du prix de la racine sèche.

Partout où l'on a de fortes chances d'éprouver des gelées, après l'époque des semailles, on doit renoncer aux semis, car la garance jaune est une plante très-délicate. Il est donc certain que, dans notre climat alsacien, la plantation de la garance est la méthode la plus sûre, et dans un grand nombre de cas la plus avantageuse.

La plantation se fait en Novembre ou Décembre, et quelquefois en Février et Mars, sur un terrain préparé comme nous l'avons indiqué ; on tire le plant des pépinières, où on l'a semé très-dru, au printemps précédent. On trace des raies, comme pour les semis, et on en garnit le fond de racines bien étalées, que l'on recouvre de la raie suivante.

La culture de la garance en Alsace, ne diffère de celle que nous venons de décrire, qu'en ce qu'on y donne aux billons six mètres de largeur, y compris le fossé, au lieu de deux mètres, qu'on leur donne dans le midi. On plante au printemps, on ne couvre qu'une fois en plein, avec 8 centimètres de terre, vers le milieu de Novembre.

Dès que la garance est sortie de terre, tous les soins doivent être dirigés vers son sarclage, qui ne saurait être trop parfait et doit être répété après chaque pluie. Le sarclage est toujours suivi de l'opération de couvrir la garance d'une légère couche de terre, prise dans l'intervalle.

En couvrant les billons de 6 à 8 centimètres de terre, à l'approche de l'hiver, il ne s'agit pas de défendre la fane des gelées, auxquelles elle résiste très-bien, mais d'obliger la plante à former de nouvelles racines dans la terre dont elle est couverte. La première végétation du printemps est si vigoureuse, qu'elle perce cette couche avec rapidité. Pendant la seconde année, on continue à donner des soins au sarclage, et quand la tige est en fleur, on la coupe pour avoir du fourrage, ou bien on la laisse germer.

Pour récolter la graine, on attend qu'elle soit d'un violet foncé; on fauche alors la tige rez-sol et on la sèche, pour, ensuite, en séparer la semence. — La troisième année n'exige d'autre travail que le fauchage de la tige, et ensuite, au mois d'Août ou de Septembre, aussitôt après que les pluies ont assez pénétré le sol, pour le rendre facile à creuser, on se livre à l'arrachement. Pour exécuter ce travail, les hommes sont disposés sur chaque billon, avec leurs bêches: ils renversent la terre devant eux, et creusent aussi profondément qu'ils peuvent apercevoir dans le sol des filaments de racine. — Il est important que cette opération soit bien surveillée, pour qu'il ne reste pas de racines en terre. Devant chaque ouvrier se trouve placé un drap sur lequel il jette la garance, à mesure qu'il la recueille; à chaque repas, ces draps sont portés sur l'aire, où l'on étale la récolte pour la faire sécher à l'air. Dans les contrées plus au nord, comme en Alsace, on est dans la nécessité de faire sécher les racines à l'étuve.

La culture de la garance dans le département de Vaucluse, peut produire un bénéfice net de fr. 435 par hectare, les 100 kilos de racines sèches comptés à 60 fr.

La racine de garance est composée, comme toutes les autres, d'écorce, d'aubier et de bois. L'écorce est dépourvue de propriétés colorantes, et altère même la couleur des poudres; l'aubier fournit la véritable fécule colorante. Le bois en contient une dose beaucoup moindre et beaucoup moins énergique. D'où il suit d'abord qu'une racine contient d'autant plus de matière colorante, que, proportionnément à son poids, elle renferme plus d'aubier et moins d'écorce et de bois. Dans les terres compactes ou trop sèches, la garance acquiert beaucoup d'écorce; dans les terrains secs, la garance a une couleur jaune; dans les terres fraîches, elle est plus ou moins rouge; c'est cette dernière qui se paye le mieux.

Il faut nécessairement une terre calcaire à la garance, pour que sa racine soit riche en matière colorante. Les terres palus de Vaucluse, qui fournissent la meilleure garance, contiennent 90 à 93 pour cent de carbonate de chaux; tandis que d'autres terres, qui n'en contiennent que de 7 à 38, ne donnent que des qualités inférieures, comme les garances d'Alsace, où le sol manque de parties calcaires suffisantes.

D'après les relevés statistiques les plus récents, l'importance du commerce de la garance dans le seul département de Vaucluse, serait de vingt millions de kilos, fabriqués par 50 usines et 500 moulins, et d'une valeur totale de quatorze millions de francs. On évalue la quantité exportée, sous le nom de garance d'Avignon, à environ sept millions de kilos, qui vont principalement en Angleterre, en Suisse, en Prusse et aux États-Unis.

On voit que la culture de la garance a enrichi ledit département, et qu'elle y prend tous les jours de nouveaux développements ; tandis que cette industrie diminue en Alsace, vu la préférence marquée accordée à la garance d'Avignon, en vertu de sa richesse en matière colorante.

De la gaude.

La gaude est du genre réséda (*Reseda luteola*), en anglais *Wels*, en allemand *Waud* ; elle est imparfaitement bisannuelle, à petites racines fusiformes, et à tiges garnies de feuilles. Elle est indigène en France et en Angleterre, très-rustique dans son état sauvage. Elle fleurit naturellement en Juin et Juillet, et répand ses semences en Août et Septembre.

On cultive deux variétés de gaude, l'une d'automne, l'autre de printemps ; elles sont bien distinctes, en sorte qu'on ne saurait remplacer l'une par l'autre, pour les semailles de ces deux saisons.

La gaude est cultivée en Normandie et dans le midi de la France, pour l'usage de la teinture, à laquelle ses fleurs et ses tiges fournissent une belle couleur jaune, plus solide que celle des bois de teinture et des graines. Elle est une de ces plantes robustes qui peuvent végéter dans tous les terrains ; mais elle réussit le mieux dans les terres de consistance moyenne, légèrement humides, parfaitement ameublées ; il est essentiel, surtout, de ne placer la gaude que dans un terrain bien propre, attendu que cette plante, ayant une longue enfance, exige des sarclages très-soignés et dispendieux. Cette plante est assez épuisante, mais elle ne demande jamais de fumier.

Dans notre climat, il faut semer la gaude en Juillet et Août, pour récolter, l'année suivante, en Juin et en Juillet. Le sol n'ayant pas besoin d'être fraîchement labouré, on peut la semer, avec beaucoup d'avantage, dans une récolte encore sur pied, au moment où on lui donne le dernier binage, pourvu qu'on n'ait pas besoin de fouiller le sol pour enlever cette récolte : par exemple, dans des haricots, du maïs, des fèves. — En Angleterre, on répand habituellement les semences de gaude dans les récoltes de céréales, à la manière du trèfle ; ce qui donne de bons résultats, pourvu que la terre soit en bon état, et qu'on ait soin de biner et sarcler aussitôt après la moisson.

On sème ordinairement la gaude à la volée, à raison de 6 à 7 kilos de graine par hectare. On peut employer la graine nouvelle ou celle de deux ou trois ans ; il est bon de la faire tremper pendant quelques jours dans de l'eau, avant de la répandre. On ne l'enterre presque pas. Assez souvent, quand la gaude succède à une récolte, elle n'est ni éclaircie, ni binée, ni sarclée, et on l'abandonne à elle-même jusqu'à ce que les plantes soient en pleine floraison, qui est l'époque de la récolte.

La récolte s'exécute en arrachant toute la plante, les teinturiers exigeant qu'elle ne soit pas privée de la racine. — L'exposition à l'air, au soleil et à l'action des rosées, pendant la dessiccation, achève de faire devenir la plante d'un beau jaune, couleur exigée par les teinturiers, qui rebutent ordinairement la gaude restée verte.

En arrachant la gaude, on la dépose en javelles peu épaisses, qu'on retourne pour les laisser jaunir et sécher pareillement en-dessous. La dessiccation complète est ordinairement l'affaire d'une semaine. On ne doit l'arracher que par un beau temps fixe, car une seule pluie suffirait pour la faire brunir et lui enlever presque toute sa valeur. On peut la sécher aussi en la posant debout contre des murs.

Lorsque la dessiccation de la gaude est parfaite, on la lie en bottes de 5 kilos. Cette opération doit s'exécuter sur des draps, afin de ne pas perdre la graine, qui fournit une bonne huile à brûler.

DU PASTEL (*Isatis tinctoria*), en anglais *Woad*, en allemand *Waid*.

Le pastel est une plante de la famille des crucifères, dont la culture, comme substance tinctoriale, avait autrefois beaucoup plus d'importance qu'elle n'en a aujourd'hui. Depuis que l'Inde et l'Amérique nous envoient l'indigo, on n'emploie plus le pastel que pour le mélanger avec l'indigo et pour servir de pied à d'autres couleurs. On s'en sert aussi pour la peinture au pastel, soit en pâte, soit en crayon.

Le pastel a une racine charnue et pivotante, qui exige, pour s'étendre librement, un sol profond et bien ameubli. L'humidité est nuisible à l'intensité de la matière colorante; elle doit venir plutôt de l'atmosphère que de la terre.

Comme pour la garance, les sols calcaires sont éminemment propres à la production du pastel. La lumière du soleil a aussi une action remarquable sur ses feuilles, et on doit éviter de le cultiver dans les endroits ombragés.

Le pastel n'a pas de patrie privilégiée : on le rencontre croissant spontanément sur les bords de la mer Baltique, de l'Océan, et dans les montagnes du Tyrol. On le cultive en France, en Allemagne et en Angleterre.

Le produit en feuilles est presque toujours proportionné à la quantité du fumier qu'il trouve dans le sol : cette plante préfère celui du gros bétail à tous les autres.

On sème à l'automne ou au commencement du printemps. Le sol doit être meuble, et le fumier enterré par le premier labour, afin qu'il ait le temps de bien s'incorporer avec la couche arable et que les plantes puissent en profiter immédiatement. On sème à la volée, mais plus souvent en lignes, espacées de 30 centimètres. Quoique la graine conserve sa faculté germinative deux ans, celle qui n'a qu'un an est préférable. On en met environ 12 kilos par hectare.

Aussitôt que le pastel est levé, et qu'il a quatre feuilles, on le bine et on le sarcle, en ayant soin d'espacer convenablement les places très-épaisses ; cette première façon se donne ordinairement à la main. Si on a semé en lignes, les suivantes s'exécutent avec la houe à cheval. Quand les plantes commencent à monter, on pince la tige médiane, pour provoquer l'émission d'un plus grand nombre de feuilles.

On reconnaît que les feuilles sont assez avancées pour être cueillies, lorsqu'elles perdent cette teinte vert bleuâtre qu'elles possèdent, et tirent au jaune. C'est vers le mois de Juin ou de Juillet que se fait cette première récolte. On parcourt le champ avec une faucille, et on coupe toutes les feuilles qu'on juge être parvenues au degré convenable.

On les étend sur un gazon bien propre et ombragé, s'il est possible, afin qu'elles perdent un peu de leur eau de végétation, sans se crisper ni se dessécher par trop. On les porte alors sous une meule, semblable à celles dont on se sert pour écraser les graines oléagineuses ou pour pulvériser le plâtre. On réduit les feuilles en une pâte bien onctueuse, sans grumeaux, et le plus homogène possible. Cette pâte est mise en morceaux dans un endroit sec et à l'abri du soleil. On la pétrit sous les pieds, et avec le dos d'une pelle on polit l'extérieur du tas. On a soin de préparer des paillassons, afin d'en couvrir le monceau si la pluie survenait. La masse ne tarde pas à entrer en fermentation ; à mesure qu'elle se manifeste, on ferme les crevasses qui se forment à l'extérieur, afin de ne pas laisser pénétrer l'air, qui provoquerait l'éclosion de vers blanchâtres qui dégradent la pâte de pastel. Ici la difficulté est d'arrêter la fermentation au point convenable : le pastel est perdu toutes les fois que la fermentation a été putride ou acide ; elle arrive au degré voulu au bout de 8 à 12 jours, selon la température.

Lorsqu'on juge que la fermentation est assez avancée,

on moule la pâte en pelotes de la grosseur du poing, en allongeant un peu les deux extrémités en forme d'œuf. On dépose ces pelotes sur des claies, et on les fait sécher ; elles forment ce qu'en langage commercial on nomme pastel en coques.

On fait ainsi deux, trois, ou même un plus grand nombre de récoltes de feuilles par an, sur les mêmes pieds, et on les traite de même. Mais les feuilles récoltées à l'arrière-saison donnent des coques de moindre valeur.

Il faut se garder d'effeuiller les pieds qu'on destine à porter semence, car la tige, épuisée par la récolte des feuilles, ne donnerait que des graines mal développées. — Le produit du pastel est assez variable ; mais, dans un bon sol et avec des soins convenables, on obtient en moyenne 275 à 300 kilos de pastel en coques, par hectare. — Comme le prix ordinaire est de 24 à 70 fr. les cent kilos, on peut réaliser sur un hectare une somme de 660 à 900 fr., ou de 205 fr. de bénéfice net.

Les feuilles grasses et charnues du pastel donnent une grande masse de fourrage, qui est recommandable pour la nourriture des troupeaux.

DE L'INDIGOTIER.

On a cherché à introduire en France la culture de l'indigotier ; mais, quoique la plante ait assez bien réussi, on a été forcé de renoncer à la cultiver, parce que les produits ne compensaient pas les dépenses.

On cultive les indigotiers pour extraire de leur feuillage ce beau principe colorant, connu dans le commerce sous trois sortes principales, l'*indigo flor*, le *violet*, le *cuivré*, désignées également par les noms de *Guatimala*, *Bengale*, *Madras* et *Coromandel*. — Le plus cultivé est l'indigotier franc, arbuste sous-ligneux, de deux tiers à un mètre d'élévation, originaire des Grandes-Indes.

Quoique l'indigotier soit vivace et même un arbuste, on est assez dans l'usage de le semer tous les ans ; parce

que, dans les climats qui lui conviennent, la récolte se
fait souvent deux mois, ou deux mois et demi, après les
semailles, et si la saison est favorable, on peut encore
faire une seconde coupe deux mois après.

Le sumac ou redoul (*Rhus coriaria*), *Roux*, *Vinaigrier*,
arbuste de deux à trois mètres de haut, de la famille des
térébinthacées, est le végétal le plus cultivé, dans le but
d'extraire les principes tannifères qu'il renferme, qui
servent en teinture et aux corroyeurs. — Sa culture a été
spécialement observée en Sicile, en Italie et en Espagne;
elle pourrait être tentée avec succès dans plusieurs parties de la France. Le sumac croît naturellement dans les
climats chauds de l'Europe, et il peut aussi prospérer
dans les régions où le froid a une certaine intensité durant l'hiver.

Le sumac croît promptement et dans les sols les plus
arides ; il repousse sans cesse de nouveaux rejetons du
pied ; sa culture ne demande autre chose que le défoncement à la bêche du terrain auquel on veut confier les rejetons. On les met en terre, au mois d'Octobre, par rangées, à la distance de deux brasses les uns des autres, à
la profondeur d'un mètre ; on laboure pendant l'hiver et
au commencement du printemps.

A la seconde ou troisième année, au mois d'Août, on
coupe à fleur de terre les plantes qui ont alors acquis
toute leur croissance et dont les feuilles sont bien mûres.
Les racines forment de nouveaux rejetons et le sumac vit
ainsi et prospère dans le même terrain pendant un grand
nombre d'années.

La préparation du sumac consiste à faire sécher les
tiges au soleil, à en séparer ensuite les feuilles, par le
battage, qui se fait avec des bâtons ou des fourches. On
réduit ces feuilles en poudre en les faisant passer sous
une meule verticale, pareille à celles qu'on emploie dans
la fabrication de l'huile : cette substance est alors propre

à être livrée au commerce : on l'emballe dans des sacs de toile pour la transporter.

Le *sumac de Virginie*, très-commun maintenant dans les jardins, est un arbrisseau un peu plus grand que le précédent, et qui paraît jouir des mêmes propriétés économiques.

Le *sumac fustet*, ou simplement *fustet*, nommé vulgairement bois jaune, est un charmant arbrisseau qui se répand aussi dans les jardins d'agrément. Ses feuilles, qu'on regarde comme un poison pour l'homme et les animaux, servent pour le tannage du cuir, et son bois sert pour teindre en jaune.

CHAPITRE XVIII.

De la Viticulture.

La vigne, originaire de l'Asie, ainsi que la plupart de nos meilleurs arbres fruitiers, a vu ses produits, comme les leurs, se modifier d'une manière avantageuse, par un climat différent et une culture appropriée au sol et à l'atmosphère de sa nouvelle patrie. De là, cette vérité constante, que, si les climats chauds produisent quelques vins exquis, des vins de liqueur, les climats tempérés sont les plus favorables à la production des bons vins de table.

Tout sol qui a 30 à 40 centimètres de terre végétale, légère, naturellement perméable, ou rendue telle par un mélange calcaire, ou par un mélange naturel avec une grande quantité de cailloux ou de pierrailles, est propre à recevoir la vigne, surtout si la surface est légèrement convexe et si elle a une inclinaison sensible à l'horizon ;

il faut cependant en excepter les deux extrêmes, l'argile pure et le sable, ainsi que les terres riches, profondes, les plus avantageuses à la culture du blé.

Toutes les bases géologiques peuvent servir de sol à la vigne, mais les plus convenables sont le granit, les marnes irisées et le calcaire jurassique ; ces sols produisent les meilleurs vins. Les expositions les plus favorables sont celles du levant et du midi ; l'exposition au nord et à l'ouest sont également défavorables.

Le climat le plus favorable est celui où la moyenne température de l'été est de 20° centigrades ; la moyenne printannière 12°, et la moyenne hivernale 0,5°, la moyenne de l'année 10°.

Il est certain que l'inclinaison des côtes vignobles a de l'influence sur la maturation du raisin, parce que les pieds reçoivent plus de chaleur et de lumière du soleil. Ainsi, dans le département du Haut-Rhin, nous voyons les meilleurs vignobles au Rangen, à Thann ; au Kitterlé, à Guebwiller ; au Brand, à Turckheim ; et au Geisberg, à Ribeauvillé, montagnes, toutes à côtes très-raides. Tandis que nos sols de la plaine ne donnent que des petits vins médiocres : ces terrains conviendraient infiniment mieux au laboureur qu'au vigneron.

NB. La surface cultivée en vignes, en France, se monte à 2,256,760 hectares ; cette culture occupe 2,468.500 familles, à ce qu'on avance.

Ce sont des terrains granitiques, formés de détritus de granit, qui produisent les vins fameux de Condrieux, de l'Hermitage, de St.-Pérai, de la Romanée. — Des terrains schisteux, sur lesquels se récoltent les vins de Côterôtie, etc., etc. ; et des terrains volcaniques, sur lesquels sont assis une partie des vignobles du Rhin, de Rochemaure en Vivarais, du Vésuve et de l'Etna.

Dans les vignobles de la côte de Reims, au-dessous d'une faible couche de terre, se trouve un lit épais d'argile ferrugineuse, contenant des pierres meulières. — Les plaines de Médoc se composent, dans leur partie supérieure, d'une terre légère, entremêlée d'une grande quantité de petits cailloux roulés, sous laquelle se trouve aussi une argile rouge, sèche et compacte. — Nos collines vignobles de l'Alsace, ont pour base géologique, soit le granit, soit le calcaire jurassique, ou des marnes irisées, ou le grès vosgien ou bigarré, etc. La plupart des bons vignobles de France, parmi les plus renommés, sont assis sur une terre argilo-calcaire cailloutense ; ce qui prouve, qu'une des conditions principales d'un sol avantageux pour la culture de la vigne, c'est qu'il soit mélangé avec des graviers, des cailloux, ou des pierrailles. On aura donc soin de n'extraire d'une vigne, que les pierres qui pourraient, nuire par leur grosseur, aux façons qu'exige le sol. Il est enfin bon d'observer que la présence de l'argile rouge, à 3 ou 5 décimètres de la surface, est partout reconnu comme une condition très-favorable à la production des bons vins, soit que l'argile ne maintienne que la fraîcheur, soit que ce soit une qualité propre à cette nature d'argile d'influencer favorablement sur la qualité du vin.

Deux modes distincts, de cultiver la vigne, sont suivis en Alsace. Le mode à échalas isolés, ou en hautain, et le mode à basses treilles, hautes d'un mètre, à peu près. Les vignobles à échalas se trouvent en plaine et sur les pentes peu rapides ; ceux à treilles occupent les hauteurs et les pentes rapides. Les premiers donnent plus de produits, les ceps se chargent davantage de raisins ; les seconds produisent un meilleur vin, le raisin acquiert plus de maturité.

Dans le midi de la France, la culture de la vigne en hautain consiste à planter des arbres de trois mètres de haut, à quatre mètres de distance : les ormes et les érables sont préférés : lorsqu'ils ont pris racines, on plante à leurs pieds un ou deux ceps de vigne, qu'on fait monter d'année en année, autour de l'arbre, jusqu'à l'endroit où il a été étêté, d'où l'on dirige les sarments en guirlande d'un arbre à l'autre, au moyen des branches, qu'on réduit à 4 ou 5 ; on raccourcit, ou on supprime tout à fait les sarments qui s'écartent trop de la direction des guirlandes ; le terrain intermédiaire se cultive en céréales. Il est beaucoup de cantons, dans le midi, où l'on substitue aux arbres, de longs pieux de trois mètres de long, et qui offrent quelques fourchures, d'où l'on conduit les sarments de l'un à l'autre, au moyen de perches qui les unissent : ces vignes en hautain, ne produisent qu'un vin de très-médiocre qualité.

Les vignes moyennes, classe dans laquelle se trouvent celles cultivées à la charrue, conviennent particulièrement aux terres en plaine, tant pour la facilité de cette culture que parce qu'étant plus exposées aux gelées du printemps, elles en sont moins frappées à une certaine distance de la terre. Ces vignes sont généralement tenues sur souches, dont on abandonne les jets de l'année sans soutien, ou qu'on attache à des échalas. — Quoiqu'on trouve quelques vignobles de renom dans ces vignes moyennes, il n'en restera pas moins avéré que, partout, à circonstance égale, les vignes basses sont celles qui produisent les meilleurs vins.

La propagation de la vigne a lieu de trois manières différentes :

1° Par *chevelés* ou *chevelus*, c'est-à-dire par des jeunes plants de vignes provenant de boutures qu'on a plantées en pépinières et qu'on enlève la troisième année, pour les mettre en place ;

2° Directement par *bouture*, en se servant de sarments, tels qu'ils ont été coupés lors de la taille de la vigne, et auxquels on donne le nom de *crochets* ou *crossettes*. Ces crochets sont formés d'une petite portion de bois de deux ans, de la longueur de 4 à 5 centimètres, attachée a un sarment de l'année;

3° Par *provins* ou *marcottes*, mode de plantation qui fait gagner un an, et même deux, si la marcotte a trois ans, et rend le provignage presqu'entièrement inutile, parce que tous les chevelus mis en terre sont assurés de leur reprise. Les vignes plantées avec ce dernier plant, passent généralement pour durer plus longtemps que les autres.

Pour établir une vigne, on fait des tranchées longitudinales, dirigées du levant au midi, de 50 à 60 centimètres de profondeur; une couche d'argile rouge, au fond de la fosse, est très-recommandable, si le sol est léger et caillouteux, ou une couche de gravois calcaire de démolition, s'il est compact et argileux. Sur cette couche calcaire ou argileuse, on met un lit d'engrais, qui sera couvert d'une couche de terre de 10 à 12 centimèt. La distance d'une tranchée à l'autre dépend de celle qu'on veut donner aux pieds de vigne; cette distance est d'habitude d'un mètre. Au lieu de faire des tranchées de 50 centimètres de largeur, pour une seule rangée de ceps, on peut faire des fossés d'un mètre et demi de largeur, laisser 50 centimètres d'intervalle entre chaque fossé et planter deux rangées de ceps, à un mètre d'écartement, dans chaque tranchée.

Au reste, la distance à mettre entre les rangées, varie beaucoup du midi au nord. Il paraît qu'on se trouve bien dans le midi de mettre les plantes, pour les vignes basses, à un mètre et demi, ou deux mètres: ce qui donne beaucoup de force à la végétation; tandis que, dans les contrées du centre et du nord, la distance entre les ceps n'est quelquefois que de 40 centimètres dans le sens des lignes ou rangées, et de 50 entre les mêmes lignes : ce qui nous paraît trop peu. La distance la plus avantageuse pour les vignes à basses treilles, doit être de 65 centimèt., entre les ceps d'une même rangée, et d'un mètre d'espace entre les lignes. Pour les vignes à échalas isolés, la distance d'un pied à l'autre doit être d'un mètre en tout sens.

M. Persoz, doyen de la faculté de Strasbourg, indique un nouveau procédé pour la culture de la vigne. Il consiste essentiellement à accumuler tous les jeunes pieds de vigne, pour une certaine superficie, dans une seule fosse, où, par une première action chimique, on provoque d'abord le développement du bois, et ensuite, par une seconde, le développement du raisin.

Il dit être parvenu à ce résultat, en constatant par des expériences directes, que dans les engrais propres à la culture de la vigne, il est des matières qui servent, les unes exclusivement à l'accroissement du bois, les autres au développement du germe, fruit ou raisin, et que l'action de ces substances, au lieu d'être simultanée, doit être successive. Par l'application de ces principes, on peut arrêter à volonté l'accroissement du bois, que, dans les procédés habituels, on ne maîtrise que par des moyens artificiels ou empiriques.

Quand il s'agit de favoriser le développement des sarments, la manière de les traiter est celle-ci : on les recouvre, après qu'ils ont été couchés dans la fosse, de 5 à 7 centimètres d'une terre dans laquelle on a mélangé, pour chaque mètre carré de surface de la fosse, 5 kilos d'os pulvérisés, 1 1/2 kilo de rognures de peaux, débris de tannerie, cornes, etc., et 1/2 kilo plâtre.

Lorsqu'au bout d'un an ou deux, les bois sont suffisamment développés, on fournit aux racines des sels potassiques, qui doivent déterminer la pousse du raisin. A cet effet, on répand autour des souches, à une distance de 7 à 8 centimètres, 2 kilos par mètre carré de surface, d'un mélange, formé de 5 kilos de silicate potassique et d'un kilo de phosphate double de potasse et de chaux : ou comble alors les fosses, et les racines ont pour longtemps la quantité de potasse qui leur est nécessaire. — Pour prévenir l'épuisement de celle-ci, il est bon de déposer chaque année, au pied des ceps, une certaine quantité de marc de raisin ; le marc fournissant de 2 à 5 pour cent de carbonate de potasse.

Pour planter une jeune vigne, les tranchées étant faites, on ouvre des trous avec un bois dur, aux distances voulues, marquées d'avance par des piquets. Les crochets ou les chevelés y sont déposés de manière qu'il ne sorte de terre que l'œil supérieur, puis rapidement chaussés avec la pointe du pieu, et avec le pied du planteur : chaque pied de vigne reçoit ordinairement deux jeunes plantes et même trois.

Une question qui n'est pas encore décidée d'une manière absolue, c'est celle de la multiplicité des variétés, ou d'un très-petit nombre, ou même d'un seule. Beaucoup de vignerons regardent comme avantageux à la qualité du vin, qu'il soit le produit d'un grand nombre d'espèces, parce que, dit-on, certains raisins abondant en principe sucré, ils ont besoin d'être alliés à d'autres, doués d'une grande proportion de ferment, et que le mélange d'un grand nombre, participe des bonnes qualités de chacune. Une bonne précaution, cependant, en plantant une vigne, c'est de ne choisir que des espèces qui mûrissent simultanément. — Sur les coteaux de la Marne, de la Drôme et dans l'Ardèche, on peut bien dire, partout, les meilleurs vins ne proviennent que du mélange d'un très-petit nombre de variétés bien assorties. — Sur les coteaux de la Loire et dans quelques localités du midi, on s'en tient à une seule espèce. — Nous ne pensons pas que le mélange à faire doive se composer de plus de 4 à 5 espèces, et la combinaison dans le choix des plantes doit se faire de manière à produire de bons vins.

Après les premières pluies du printemps, on sarcle la jeune plantation faite en Mars, et on renouvelle cette opération, toutes les fois que les herbes en indiquent l'utilité. — Au printemps suivant on commence à tailler la jeune vigne ; cette première taille doit être très-courte : elle sera faite au-dessus de l'œil le plus rapproché de terre. Cette pratique a pour but de faire passer toute la sève dans le seul bourgeon réservé, afin qu'il devienne vigoureux et puisse former une belle souche.

Le moyen le plus efficace d'assurer le succès d'une telle plantation, consiste à tenir toujours la terre meuble et nette d'herbes. On donne ordinairement deux sarclages avec la houe à deux branches, rarement trois ; la première façon se donne de suite après la taille, qui se fait au printemps, aussitôt que la température le permet ; la seconde, lorsque l'herbe a repoussé, et la troisième se donne, si on le juge à propos, aussitôt la chute des feuilles, pour les enterrer.

A la troisième année, on taillera le jeune cep qui aura poussé à deux yeux. — Ce plant commencera à donner quelques raisins à la quatrième année, et plus sûrement à la cinquième. C'est à cette quatrième année qu'on s'occupera de remplacer, par le provignage ou marcottage, tous les plants qui auront manqué, et on continuera les années suivantes.

Cette opération consiste à ouvrir des fossettes de 20 à 25 centimètres de profondeur, et de la longueur nécessaire pour conserver l'alignement des rangées, d'y coucher entièrement le cep, dont on aura seulement conservé les sarments, qui devront former de nouveaux ceps, et qui, après avoir été allongés et coudés dans la fossette, seront taillés à deux yeux au-dessus de la terre. Il y a des vignerons qui les séparent de leur mère, à la deuxième ou troisième année ; mais ils ont le plus grand tort : car ils affaiblissent beaucoup le provin, qui reste bien des années avant de prendre la force nécessaire à la production de beau fruit.

On taille généralement la vigne en Alsace, en Février et Mars. — A la jeune vigne de cinq ans, on laisse aux ceps qui peuvent le supporter, un ployon ou verge ; c'est un sarment, taillé à 8, 10 ou 12 yeux, selon sa force, qu'on laisse à la partie la plus voisine de terre. Le sarment de la tête ne sera taillé qu'à deux yeux, pour ne pas élever trop vite le cep ; car la hauteur la plus convenable de la souche se trouvera toujours entre 50 et 60 centimètres. On aura grand soin de ployer la verge, en l'attachant en arc à l'échalas ; car, de ce ployement bien fait résultera, pour l'année suivante, la nouvelle verge, ou du moins un côt ou accôt d'attente ; c'est la naissance d'un sarment retranché et dont on laisse seulement 2 à 3 centimètres de bois, d'où il pousse ordinairement une bonne verge pour l'année suivante. C'est bien sur le plus fort sarment qu'il faut asseoir la taille, pour former la souche et lui donner du corps ; mais il n'en est pas de même de la verge ; elle ne doit être choisie que de médiocre grosseur, parce que, très-forte, elle est moins sujette à avoir des boutons fructifères. Il y a cependant des espèces si fécondes, telles que le Gamet, le Liverdun, le Pinaut blanc, qu'il ne faut pas leur laisser de verge, mais les tailler à deux ou trois yeux seulement. La partie du sarment qui reste à la souche, et qui est de 10 à 12 centimètres, s'appelle courçon. Souvent, quand la vigne est jeune et par trop épaisse, on en laisse deux.

On supprime ordinairement tous les bourgeons adventifs sortis sur le vieux bois ; quelquefois, cependant, si l'on juge que le cep est trop monté, on le démonte et on le rabat sur ce bourgeon, qu'on taille à deux yeux et qui renouvelle la souche ; car si la déviation successive de la souche, à chaque taille, contribue à élaborer la sève et à rendre le vin plus délicat ; quand elle est portée trop

loin, la végétation est languissante, les pousses sont faibles et ne donnent que des grapillons. C'est surtout après
les fortes gelées d'hiver que cette ressource est précieuse.

Il y a quelques cépages vigoureux dont la maturité du
raisin est difficile ; alors il vaut mieux, au lieu de leur
laisser une verge, leur laisser deux ou trois membres
que l'on traite chacun comme un cep à part, en taillant
également le sarment qu'on leur laisse à deux yeux. Les
raisins mûrissent mieux de cette manière que s'ils étaient
produits par une verge.

Quand la nature du plant exige qu'on laisse des verges
ou ployons, il ne faut pas trop tarder de les couper, car
la sève se porte activement aux boutons supérieurs et
abandonne les inférieurs, qui avortent ; tous les vignerons le savent bien, et on a raison de les presser, pour
hâter cette importante opération.

Dans la culture des échalas isolés on laisse ordinairement un courçon et deux verges ou ployons. C'est au
mois d'Avril, après avoir redressé et remplacé les échalas, à l'époque du larmoyement, qu'on plie, qu'on courbe
et qu'on attache les sarments.

L'ébourgeonnement est une opération qui n'est pas
indispensable. Dans quelques communes on raccourcit
seulement les pampres qui traînent par terre ou qui donnent trop d'ombre, et on les lie à l'échalas, avec des
liens de paille.

L'effeuillage exige beaucoup de circonspection ; quand
on l'exagère, il devient ordinairement très-nuisible à la
maturation du raisin.

La rognure des sarments supérieurs est regardée plutôt
comme une opération de propreté que de nécessité ; cependant elle sert aussi à donner un plus libre accès aux
rayons directs du soleil.

La taille de la vigne tenue à basses treilles, est la même
que pour celles à échalas isolés, excepté qu'on tient la

souche trèss-base et qu'on laisse, au moment de la taille, deux branches à chaque cep, lesquelles sont attachées le long des perches horizontales fixées aux piquets, qui sont plantés près de chaque cep, et forment les lignes des treilles. On commence à mettre deux rangées de perches horizontales superposées ; dans ce cas, on laisse quatre branches à chaque cep.

Dans le Médoc, les vignes sont plantées à un mètre de distance, les souches n'ont que 55 centimètres de hauteur, les piquets ont la même hauteur, et les perches horizontales ont 4 mètres de longueur.

Il faut faire attention de tenir les branches de la vigne bien attachées aux perches, pour que les raisins ne trainent pas sur la terre, tout étant assez rapprochés du sol, pour recevoir l'action réfléchie du soleil, et son action directe, quand on a soin d'ébourgeonner convenablement.

Le moment le plus opportun de fumer la vigne, est celui qui suit la taille et l'enlèvement des javelles qui en proviennent. Quand on emploie des engrais proprement dits, ils devront toujours être stratifiés par couches, avec de la terre, pendant trois ou quatre mois au moins, et bien mêlés au moment de les employer, pour qu'ils perdent leur mauvaise odeur, qui pourrait avoir une influence fâcheuse sur la qualité du vin. — Un engrais qui convient particulièrement aux jeunes vignes, est l'enfouissement des végétaux ligneux, parmi lesquels ceux qui gardent leurs feuilles doivent être préférés. Ce moyen est d'accord avec l'expérience de tous les temps et de tous les pays ; car les anciens comme les modernes reconnaissaient l'efficacité des végétaux enfouis, pour revivifier une terre usée, et avaient remarqué la facilité avec laquelle les raisins s'imprègnent des diverses odeurs mises à leur portée et combien ces végétaux ligneux enfouis, favorisent la fructification.

La marne calcaire stratifiée pendant quelques mois
avec des couches alternatives de fumier, qu'on a soin de
bien mêler au moment de les répandre sur le sol, forme
en même temps un amendement et un engrais excellent
pour la vigne.

En résumé, c'est à la nature du plant, à celle du sol,
au soin du provignage annuel, d'environ la vingtième partie des ceps (ce qui procure une longévité presque sécu-
laire, à des vignes qui, sans lui, seraient de très-courte
durée) ; à celui, aussi, de s'abstenir de l'usage du fumier
sans mélange ; à une taille entendue ; à l'attention, enfin,
de ne pas laisser languir la fermentation du moût, que
l'on doit surtout attribuer la supériorité de la qualité et
de la quantité de vin d'une pièce de vigne.

Les circonstances nuisibles à la production de la vigne
sont, un hiver trop rigoureux et les gelées du printemps ;
les dernières sont plus fréquentes, mais moins générales
et plus nuisibles. On préserve assez sûrement la vigne du
froid de l'hiver, en la couvrant de terre ; ce moyen est
employé sur les côtes du Rhin, dans le Jura, en Piémont,
dans la plaine de Novi, et en Hongrie au vignoble de
Tokai.

Un autre fléau non moins redoutable est la grêle ; pour
celui-ci, rien ne peut en préserver, il n'y a de remède à
la perte que d'assurer la récolte, dans une société d'assurance contre la grêle.

Une humidité d'atmosphère continuelle est presque
aussi désastreuse, et l'est même davantage par son uni-
versalité ; c'est ce qui occasionna la mauvaise récolte, en
tout point, de 1816. — Des pluies trop fréquentes sont
surtout dangereuses dans le temps de la floraison de la
vigne, car alors elles sont une cause certaine de coulure,
qui attaque davantage certaines variétés que d'autres.

Si une humidité trop prolongée est pernicieuse à la
vigne, une trop grande sécheresse l'est presque autant ;

le raisin ne se goufle pas, sa peau durcit et s'épaissit, et le raisin ne peut atteindre ni une grosseur, ni une maturité parfaite.

La vigne est aussi sujette à quelques affections morbifiques, auxquelles la nature du terrain dispose plus ou moins quelques cépages, et aussi certaines circonstances de température ; les plus communes sont : la brûlure des feuilles et le grillé des raisins, dus à des coups de soleil trop ardents ; la rouille, due à l'invasion d'un champignon parasite ; la jaunisse, occasionnée souvent par la présence de l'isaire, autre champignon qui s'attache aux racines. Enfin, plusieurs sortes d'insectes, tels que les durbecs ou becmares, le charançon gris, le hanneton et sa larve, etc.

Quant aux produits de la vigne, il est évident, et c'est une vérité bien démontrée, qu'il y a plus d'avantage à produire une grande quantité de vin médiocre qu'une moins grande de bon, et, par conséquent, de préférer un plant commun, mais productif, aux espèces fines, qui, connues sous la dénomination de raisins gentils, rendent peu.

Nous allons indiquer les principales variétés de cépages gentils et les cépages ordinaires.

Les diverses espèces de la famille des gentils, cultivées en Alsace, sont :

1° Le *Riessling*, connu sous les noms suivants : *Sauvignon*, *Sémillon* (Gironde), l'*Arbois* (Côte-d'Or), *Plant doré du Palatinat* (Moselle), *Vionnier* (Rhône), *Bouquet* (Lorraine), l'*Épicier* (Limousin), *Hochheimer*, etc.

Il y en a trois variétés ; celle à grains jaune-blanc, dorés du côté exposé au soleil, est la seule cultivée en Alsace ; l'autre à fruits rouges, et la troisième à fruits noir-pourpre, y sont très-rares.

Le Riessling aime la mi-côte des collines calcaires, l'exposition au midi ; il fleurit fin Juin, coule rarement, et mûrit tardivement.

Les ceps de cette espèce portent passablement de raisins, mais les grains sont petits et ne fournissent pas
beaucoup de vin. Le vin du Riessling est très-estimé et se
paye jusqu'à 100 fr. l'hectolitre.

2° Le *Klewner* (Alsace), *Traminer*, *Fromenteau* ou
Duret, *Arnaison* (Limousin), grains ronds ou légèrement
ovoïdes ou ellipsoïdes, à pellicule dure, croquante, à
pulpe très-douce et aromatique.

. Les variétés sont : le *Traminer rouge* (Rothedel), *Duret*
ou *Fromenteau rouge* ; le *Traminer blanc* (Weiss, ou
Grünedel), *Duret* ou *Fromenteau blanc*.

Les traminers, ou durets, aiment le sol granitique, les
marnes irisées et le calcaire jurassique, ainsi qu'une
bonne exposition ; ils sont assez fertiles. Le rouge (Fromenteau) est fréquemment sujet à la coulure ; il se recommande pour les terrains secs ; sa maturité est un peu
inégale, son vin est fin, corsé et très-capiteux.

3° L'*Auvernat*, ou *Pineau*. Caractérisé par des raisins
blancs assez petits, à pédoncule court et épais ; grains
assez petits, ovoïdes, à pellicule très-mince, à pulpe
très-sucrée, très-molle et juteuse. Les variétés sont :

Le *Pineau gris*, *Gentil gris* (Grau Klewner). Il varie à
grains plus ou moins gros, de couleur rouge-grisâtre à
plus ou moins claire ou foncée. Cultivé dans presque tous
les vignobles, d'une maturité précoce, et fournissant un
très-bon vin. Une sous-variété du pineau gris, c'est le
raisin *Tokay* : il a les grains plus petits, une couleur cen-
drée tirant vers le pourpre-noir, une pulpe encore plus
aromatique et plus douce. Le vin de ce raisin est un des
meilleurs de notre contrée ; il est doux, sec, capiteux,
aromatique et très-durable.

L'*Auvernat noir*, *Morillon*, *Noirien*, ou *Rouge de Bourgogne*. Grains d'un rouge-noirâtre, couvert d'une poussière ou farine bleuâtre. C'est ce cépage qui fournit les
vins rouges d'Alsace, peu colorés.

Le *Morillon hâtif*, ou raisin de Madeleine (Jacobitrauben), est une variation du noirien ordinaire, peu productif et de peu de saveur. Les terrains calcaires semblent peu convenir aux raisins rouges, qui supportent l'exposition du Nord.

L'*Auvernat blanc* de Franche-Comté, est très-rare en Alsace ; ses grains sont d'un blanc jaunâtre, pointillés, du même goût que le gris.

4° Les *Muscats*, raisins de table, grands, grains gros, sphériques, luisants, d'un aspect gras, croquant, d'une saveur musquée très-prononcée.

Les variétés sont : le *Muscat d'Alexandrie*, le *blanc* ou *Frontignan*, le *Muscat gris*, le *noir*, le *rouge*, le *violet-noir* et le *romain*, le plus beau et le meilleur des raisins de table.

Les espèces de raisins communs, plus généralement cultivées en Alsace, sont :

1° L'*Allemand*, ou *Facun* (Bürger, Weiss ou Rhein-elben).

Raisin très-grand, grains sphériques très-gros, pellicule mince, chair molle, sucrée, mais aqueuse, goût d'abricot. Grains sujets à la coulure.

Les diverses variétés du Facun, sont le *Facun blanc*, le *Facun rouge* et le *Facun noir-pourpré*. Ces deux dernières sortes sont très-rarement cultivées, tandis que le Facun blanc est un des cépages les plus communs en Alsace. Il est extrêmement durable et très productif : sa maturité est tardive. Il rend, année moyenne, 50 à 60 litres de vin par are. Celui qu'il fournit est estimé comme bon ordinaire ; il se conserve bien, quand il est mélangé avec un quart de gentil. Ce mélange constitue ce qu'on appelle le *Zwicker*.

2° Le *petit miellé*, *gouais jaune de Bourgogne*, *Ortliebscher* (Kleiner Ræuschling). Ce cépage est extrêmement productif, même dans les années médiocres. Les

raisins en sont petits, drus ; les grains globuleux, com
pactes, d'un jaune doré ; pellicule mince, tachetée de
points noirâtres. La pulpe en est douce et miellée ; ce
raisins sont très-sujets à la pourriture, dans les année
humides. On n'en connaît pas de variété rouge, ni noire

Ce raisin, recommandable pour les terres froides, ou
tre sa bonne venue et sa grande productivité, fournit, dè
la première année, un vin doux, pétillant, agréable
mais tournant facilement au gras ; mélangé à des durets
il donne un bon vin, qui se conserve longtemps frais.

3° Le *Mourlon*, ou *Closier*, *Sylvain*, ou l'*Autrichien*
(Grünling). Son raisin, d'un blanc verdâtre, est compacte
et dru, de grandeur moyenne ; ses grains, de moyenne
grosseur, sont globuleux et un peu allongés, à pellicule
dure, à pulpe croquante et à jus épais, d'une saveur
semblable à celle du pain grillé ; feuilles orbiculaires, in
cisées, mais non lobées. Il fournit un vin doux, agréable
émoustillant, mais devenant facilement filant et gras. Le
Sylvain est assez productif et fournit jusqu'à 50 à 60 litres
de vin par are. Il s'accommode de tous les terrains.

4° Les *Chasselas*, ou *Doucets* (Most), raisins longs, à
grains lâches, à baies grosses, sphériques, à chair très-
douce et agréable. Ses variétés sont : le *Chasselas blanc*,
qui est à grains croquants, ou à grains mous ; le *Chasselas de Fontainebleau*, le *blanc musqué*, le *blanc précoce*,
le *rouge*, le *rouge royal*, le *noir pourpré* et le *Cioudat*, à
feuilles de persil.

Les diverses variétés de chasselas ne sont proprement
cultivées que pour la table. Leur vin est doux, mais il est
sans force et sans corps et ne se conserve pas.

5° Le *Valtelin*, ou *Valentin* (Welteliner), espèce très-
distincte par ses grandes grappes rameuses, longues souvent de 3 décimètres, par ses grains obovoïdes ou un peu
ellipsoïdes ; d'un rouge verdâtre ; d'une maturation très-
inégale ; chair sucrée, aqueuse ; pellicule un peu dure

feuilles très-grandes, ordinairement à 5 lobes ; articulations très-éloignées. Les viticulteurs n'en font pas un grand cas, à cause de sa maturation tardive et inégale, et du vin froid qu'il fournit.

6° Le *Rœttel* (Hünsch). Le raisin en est allongé, simulant pour la forme le chasselas blanc ordinaire ; mais la saveur de la pulpe est acidule, aqueuse et peu sucrée.

7° Le *gros fendant* (Ollwer), raisin moyen, compacte ; grains succulents, dorés, un peu charnus, sucrés ; peau mince, se fendant facilement à sa maturité : son vin ne se conserve pas.

8° Le *Malvoisier*, *Lombard* (Lamber), raisin très-grand, à gros grains, oblongs, rouge pourpre : son mélange, en petite portion, empêche nos vins blancs ordinaires de tourner au gras.

9° Le *Teinturier du Roussillon* (Bayonner Færbetraube), très-distinct par son feuillage et sa chair rouge de sang ; il sert à colorer les vins blancs : peu cultivé.

10° L'*Orléans* (Orleaner Harthünsch), raisin gros, dur ; grains jaunâtres, gros, comprimés de côté, allongés ; peau très-dure ; pulpe charnue : peu connu.

L'*Aleatico*, très-recommandable pour le vin de paille rouge.

L'*Aspirant* blanc, sans pepins ;

Kientzheimer, blanc précoce ;

Franckenthaler, gros noir ;

Rœuschling, ou grand Mornain blanc ;

sont des espèces recommandables.

Le produit, bon an mal an, de la vigne en Alsace, est généralement de 40 à 50 litres de vin par are, ou de 40 à 50 hectolitres par hectare, en moyenne. Comme on peut admettre à peu près cent pieds par are, ou dix mille par hectare, on voit que le produit moyen d'un pied de vigne est à peu près d'un demi-litre.

Parmi les variétés de grosse race, il en est une qui mérite toute l'attention du vigneron, c'est le *Liverdon des Vosges*. Ce plant débourre assez tard ; il est très-productif ; ses raisins deviennent fort gros et atteignent facilement un bon degré de maturité; le vin qu'ils fournissent est d'un bon usage ordinaire.

Les cépages qui sont le plus généralement cultivés dans les départements pyrénéens et méditerranéens, et qui donnent des vins remarquables par leurs bonnes qualités, sont rangés dans les groupes suivants :

Le *ribaïren noir*, le *ribaïren gris*, le *teoulier* et le *brun-fourca*. Ils débourrent de bonne heure, ils sont exposés aux gelées du printemps. Les feuilles sont dentées, dépourvues de poils et de coton. Leurs grappes sont belles et garnies de grains légèrement oblongs. La peau des grains est épaisse : ces raisins ne pourrissent pas.

Le ribaïren noir donne par hectare 30 hectolitres de vin, contenant 480 litres d'alcool. Le ribaïren gris donne 28 hectolitres de vin par hectare. Le teoulier, 15, et le brun-fourca 35 hectolitres.

Mourvèdes. Les principaux cépages de ce groupe sont le *mourvède* et le *catalan*. Ils débourrent tard, les sarments ont une couleur rouge, leurs feuilles sont entières, cotonneuses en dessous, à nervures violettes. Les fruits mûrissent tard dans le midi et rarement dans notre climat ; leur grain est arrondi. Ces cépages donnent jusqu'à 80 hectolitres de vin par hectare, contenant 1420 litres d'alcool.

Piepouilles, qui comprennent la picpouille noire, la picpouille noire petite, la picpouille grise et la picpouille blanche. Bois noué, court, d'une couleur blanchâtre ou gris-rosé, les feuilles vertes en dessus, cotonneuses en dessous; les raisins mûrissent tardivement ; ils sont à grains oblongs, les grappes sont ailées et belles. La picpouille noire fournit 48 hectolitres de vin par hectare, la petite noire, 50 hectolitres ; la grise, comme la blanche, chacune 60 hectolitres, et de 960 à 1120 litres d'alcool.

Conduite de la Vigne dans les Jardins.

Si les terres sont de nature forte, compacte, humide et froide, les vignes que l'on cultivera le long des murs, dans le nord ou le centre de la France, devront avoir des chaperons très-saillants, exposés au soleil levant, et graduellement plus courts jusqu'au sud-ouest ; les plates-bandes destinées à cette culture devront offrir une pente assez rapide pour que les eaux pluviales ne puissent y séjourner. La plantation de ces vignes devra être faite très-près des murs, afin que les racines puissent courir le long, et très-souvent s'implanter dans les fondations : ce qui fait qu'elles y seront plus sainement.

Si mieux on n'aime mettre une couche de gravois entremêlé de fumier, au fond de la fosse.

Si, au contraire, les terres sont légères, friables et chaudes, la vigne sera moins exigeante sur son exposition ; mais la plantation demande plus de soins : elle sera faite à 1 mètre 30 centimèt. du mur, et plus, si les localités le permettent ; afin que les racines puissent aller chercher les sucs nourriciers à de très-grandes distances, et supporter ainsi beaucoup mieux la sécheresse qui peut régner le long de ces murs, pendant l'été.

La distance qui doit exister entre chaque pied de vigne, est déterminée par la nature du mur.

La plantation se fera dans des fossettes longitudinales, d'une profondeur de 32 centimètres, terme moyen ; c'est-à-dire 27 dans les terres humides, et 36 dans les terres légères.

La plantation des sarments est la même que pour la vigne : on fera bien de creuser un petit auget de 5 à 6 centimètres, au plus, de profondeur, devant le plant, que l'on remplira de long fumier, afin d'empêcher les terres de se calciner et d'être desséchées par l'ardeur du soleil.

Après avoir planté et retranché le plant à deux yeux au-dessus du niveau du sol, on surveillera les bourgeons sortant de ces deux yeux : pendant les 2 ou 3 premières années, ces jeunes vignes devront être taillées à deux yeux sur un seul sarment, le plus vigoureux et le plus rapproché du sol, afin qu'au bout de ce temps elles puissent donner des pousses assez longues pour atteindre la muraille. Jusque-là, on se gardera de réformer ni feuilles, ni faux bourgeons, afin que ces productions puissent exciter le développement des racines.

Lorsque les bourgeons auront pris assez d'accroissement pour arriver facilement au mur, on débarrassera les faux bourgeons, et, au printemps suivant, on pratiquera des fossettes de la largeur d'un fer de bêche et de la profondeur que nous avons déjà indiquée pour la plantation ; on y couchera les sarments, dont l'extrémité sera redressée le long du mur, et taillée sur deux ou trois yeux hors du sol. Après cette opération, on recouvrira la fossette avec une bonne terre en humus, ou en fumant avec du bon fumier bien consommé.

La taille la plus avantageuse pour les vignes cultivées dans les jardins, est, sans contredit, celle avec laquelle on forme des cordons, soit qu'on en établisse sur toute la hauteur de la muraille, soit que l'on se contente d'en former un seul. Dans ce dernier cas, le cordon doit être établi de 48 à 54 centimètres au-dessous du chaperon ; si, au contraire, la muraille est uniquement consacrée à ce genre de culture, le premier cordon règnera à 16 centim. au-dessus du sol : les autres, qu'on établira au-dessus, devront être espacés de 54 à 65 centimètres, dans les terres légères, et 75 à 80 dans les terres fortes et humides.

Les cordons devront être inclinés horizontalement et

sans faire de coude, afin d'éviter la rupture ; on procédera à la première taille, qui consistera à retrancher pour le moins les trois-quarts de la longueur de ces sarments, afin que tous les yeux placés sur la partie réservée puissent se développer avec force.

Le bourgeon de l'extrémité de chaque cordon, ou, à son défaut, celui qui lui succède, sera palissé de manière à le continuer, sans coude ; les autres seront palissés verticalement, et tranchés à quelques centimètres au-dessous du cordon placé au-dessus. Ce procédé influe avantageusement sur la grosseur des grappes et l'avancement de la fleur. On devra, en outre, faire la réforme des faux bourgeons et des vrilles : ces dernières, sans retard ; autrement elles exciteraient les grappes à s'étioler.

La 2ᵉ taille devra toujours être proportionnée à la vigueur des individus, tant pour les sarments destinés au prolongement du cordon, que pour ceux qui croissent verticalement. Les sarments les plus vigoureux, qui se trouvent placés verticalement sur le cordon, devront être taillés exclusivement sur les deux premiers yeux, de sorte que leur longueur ne dépasse 3 centimètres. Les sarments faibles, qui auront un peu plus que la grosseur d'un tuyau de plume, seront taillés sur le premier œil ; tous ceux qui auront poussé en-dessous, ainsi que ceux qui se trouveraient sur la tige, seront réformés.

On est convenu de donner le nom de *broches* à tous les sarments qui ont subi la taille et qui se trouvent placés en-dessus du cordon. Chacune de ces broches donne le plus ordinairement naissance à deux bourgeons, que l'on traite comme il est indiqué à la première taille.

La troisième taille est la répétition de la seconde. Ce qui reste à dire est destiné aux broches, qui n'ont encore subi qu'une opération, dont sont nés, sur chacune, deux sarments : le plus éloigné du cordon sera réformé, avec une partie de l'ancienne broche, de manière que la

partie coupée ressemble à une crosse, ce qui lui a valu
le nom de *crossette*. L'autre sarment sera réservé et taillé
à deux yeux, pour former une nouvelle broche, que l'on
traitera de la même manière, et à laquelle on ne doit
conserver que deux grappes, les mieux constituées, pour
ne pas porter préjudice aux récoltes futures, en trop
chargeant les ceps.

Les différents ébourgeonnages se font lorsque les grappes sont apparentes.

Il arrive une époque où les cordons s'épuisent, alors
on profite des jets qui partent du pied du cep, pour les
renouveler ; ainsi, qu'on profite des bourgeons qui se développent sur les coursons, pour pouvoir, à l'époque de
la taille, réformer le vieux courson, qui serait alors remplacé par une nouvelle broche. Si l'on craint le mauvais
état des racines, on couche en terre les nouveaux sarments, en leur faisant décrire un demi-cercle, ou un
cercle entier, afin de les éloigner du mur, autant que
possible, en cherchant seulement à ramener leur extrémité vers la muraille. A l'aide de ce moyen et de quelques engrais, on peut complétement rétablir un cordon,
en peu de temps. Dans quelque position que l'on cultive
la vigne sous cette forme, soit le long d'un treillage, ou
adaptée à des tonnelles ou berceaux, les principes sont
les mêmes.

En donnant à la vigne une forme en espalier, en maintenant sa tige verticale et en la laissant se garnir dans
toute sa longueur, à droite et à gauche, de coursons et
de broches (forme qui convient aux vignes plantées près
d'un mur de peu de hauteur, à une exposition chaude),
les principes, pour cette taille, sont les mêmes que ceux
que nous venons de décrire.

Pour les vignes à mettre en espalier, nous recommandons les espèces suivantes : le *chasselas hâtif*, *Morillon*
ou *Madeleine*, le *chasselas de Fontainebleau*, les *musqués*

blancs et rouges, le *coussi* ou *querci noir*, le *malaga à grains longs*, le *raisin de Calabre*.

<hr>

CHAPITRE XIX.

Arboriculture.

Les diverses parties d'un arbre se nomment :

La *racine*, qui est cette partie ordinairement dérobée à l'action de la lumière, par le sol, et qui tend toujours à se diriger vers le centre de la terre.

On reconnait dans cet organe le *collet*, le *corps* et les *radicelles*.

Le collet est le point intermédiaire entre la racine et la tige.

Le corps, c'est la partie principale de la racine ; c'est ce que l'on nomme aussi le *pivot*. Il nait du collet et s'enfonce dans le sol. Il produit les radicelles, comme le tronc développe les branches.

Les radicelles sont les dernières divisions de la racine ; c'est ce que l'on nomme encore le *chevelu*. On peut les considérer comme autant de petits tubes qui servent à établir une communication directe entre le corps de la racine et le sol. On remarque à l'extrémité de chacune de ces radicelles un petit renflement spongieux, criblé d'ouvertures ou pores, et doué d'une grande force de succion.

La *tige* nait du même point que la racine, mais elle s'allonge en sens inverse, en s'élevant vers le ciel.

Il y a dans la tige des arbres, des organes extérieurs et des organes intérieurs. Les organes extérieurs sont :

Les *bourgeons*, qui sont le premier état de développement des ramifications de l'arbre. Ils naissent au printemps, de boutons placés à l'aisselle des feuilles, ou au sommet des rameaux. Ils continuent de s'allonger, pendant tout le temps de la végétation, et conservent le nom de bourgeons, jusqu'au moment où ils cessent de s'accroître en longueur.

Rameaux. Vers la fin de l'automne, les bourgeons ont terminé leur évolution. Leur sommet et l'aisselle de chaque feuille présentent un bouton bien formé. Ce prolongement prend alors le nom de rameau : c'est le second état de développement des ramifications.

Branches. Au printemps suivant, les boutons placés sur les rameaux donnent lieu à de nouveaux bourgeons, qui continuent de s'allonger jusqu'à la fin de l'automne. A cette époque, ils présentent aussi des boutons bien formés, et leur développement en longueur s'arrête. Ils reçoivent aussi, à leur tour, le nom de *rameaux*, et le rameau primitif qui les supporte prend celui de *branche*. C'est le troisième et dernier état de développement des ramifications de l'arbre.

Le *tronc* est, dans la tige des arbres, la partie qui, naissant du collet de la racine, s'élève à une certaine hauteur, sans se ramifier. Au centre du tronc et des tiges, on voit un canal cylindrique : c'est le *canal médullaire*. Ce canal médullaire est rempli par un tissu lâche, diaphane : c'est la *moëlle*.

En dehors du canal médullaire, et jusqu'à l'écorce, est situé le *corps ligneux*.

La partie que l'on rencontre après le corps ligneux, en allant du centre vers la circonférence, est l'*écorce*. On y distingue les quatre parties suivantes :

Le *liber*, c'est la couche la plus intérieure de l'écorce ;

Les *couches corticales*. En dehors des couches du liber, mais seulement dans les arbres un peu âgés, on aperçoit.

en forme de losanges plus ou moins régulières, les *couches corticales*. Enfin, et toujours dans les jeunes tiges, tout à fait à la surface de l'écorce, on observe une couche mince, souvent transparente : c'est l'*épiderme*.

Les *boutons* se montrent ordinairement à l'extrémité des rameaux et à l'aisselle des feuilles. Ils sont ronds, ovales ou coniques. Lorsqu'au printemps les boutons commencent à naître, on leur donne le nom d'*œil*.

On donne le nom de *mérithalle*, ou *entre-nœud*, à l'espace compris entre chaque bouton, sur le rameau.

Au temps du bourgeonnement, ce qui a lieu vers le mois d'Avril, la base des boutons se gonfle, fait entr'ouvrir l'enveloppe écailleuse ; et, dès lors, les jeunes feuilles et les fleurs se développent.

La *feuille* présente deux parties ordinairement distinctes, le *pétiole* et le *disque*. Le pétiole, ou queue de la feuille, est le petit support qui unit le disque au bourgeon. Le disque est la lame mince et élargie que supporte le pétiole.

Fleurs. On remarque dans la fleur les *enveloppes florales* et les *organes sexuels*. Les enveloppes florales se composent ordinairement du *calice* et de la *corolle*. Les organes sexuels sont les *étamines* et le *pistil*. Les étamines sont les organes mâles des plantes ; le pistil est l'organe femelle.

Les arbres dont les fleurs renferment les deux sexes, s'appellent *arbres hermaphrodites*, comme le prunier, le pommier, etc.

D'autres espèces présentent des fleurs mâles et des fleurs femelles, réunies sur le même individu. Ces arbres sont dits *monoïques* ; de ce nombre sont : le noisetier, le chêne, etc.

Quelques fois encore, les fleurs mâles et les fleurs femelles se trouvent, dans certaines espèces, isolées sur des individus différents ; de sorte qu'il y a un individu

mâle et un individu femelle. Ces arbres sont dits *dioïques*,
comme la plupart des *saules*, des *peupliers*, etc.

NB. Voyez le *Cours élémentaire, théorique et pratique*
d'Arboriculture, par M. A. DUBREUL.

DE LA PÉPINIÈRE.

Une pépinière est un lieu destiné aux semis, et, par
extension, aux diverses modes de multiplication, sur une
certaine échelle, des végétaux ligneux en général.

Le sol qui convient le mieux à un tel établissement,
est une terre franche, désignée sous le nom de terre sa-
blo-argileuse. Trop compacte, la terre serait peu favorable à la végétation de la plupart des arbres. Trop légère, elle aurait l'inconvénient d'exiger des arrosements
trop multipliés, pendant les sécheresses. En tout cas, ne
doit-elle être que d'une fertilité moyenne : les jeunes arbres sortis d'un terrain trop fécond, transplantés dans un
sol médiocre, ne trouvant plus la nourriture abondante
qui leur a été fournie pendant les premières années,
deviennent ordinairement languissants et restent sans
vigueur.

Le terrain d'une pépinière doit avoir au moins 5 à 7
décimètres de profondeur, et il doit être abrité contre
les vents froids et violents. Il est nécessaire de le bien
défoncer, de le débarrasser des pierres et de le diviser de
manière à favoriser chaque sorte de culture. Ainsi, une
pépinière destinée aux arbres fruitiers, doit être divisée
en six carrés principaux, destinés :

Le 1er, aux semis ;

Le 2e, aux repiquages ;

Le 3e, aux transplantations ;

Le 4e, aux sauvageons et autres porte-greffes ;

Le 5e, aux marcottes ;

Le 6e, aux boutures.

Les semis ont sur les marcottes et les boutures l'avantage, à peu près incontesté, de produire des individus d'une plus belle croissance et d'une plus grande longévité ; ils servent à propager les espèces et donnent naissance à de nouvelles variétés.

Le choix des semences est très-important : il faut que la graine, ou le pepin, soit bien conformée et qu'elle ait été fécondée ; ainsi, chaque graine doit offrir deux parties principales, une *tunique* et un *embryon*.

On sème habituellement, en automne, ou au printemps, en petits rayons, creusés parallèlement entre eux, à plus ou moins de profondeur, selon la grosseur ou la finesse de la semence et selon le terrain plus ou moins compacte : il faut moins de profondeur dans les terres fortes, que dans les sols légers ; la profondeur moyenne, pour les pepins des poiriers et des pommiers, doit être $0^m,015$. Le plombage, qui se fait avec le dos d'une pelle, est nécessaire après les semis, afin que les graines se trouvent de toutes parts en contact avec l'humidité du sol.

On devrait confier à la terre les semis des plantes ligneuses, aussitôt que les semences et les fruits se détachent d'eux-mêmes des arbres. Pour les ensemencements du printemps, on devrait se servir de graines stratifiées. La stratification consiste à les conserver dans un vase qu'on enterre, en le surmontant d'une petite butte de terre, de manière à en écarter les eaux.

Depuis le moment de la germination jusqu'à celui des repiquages, le principal soin à prendre est d'empêcher l'envahissement du terrain par les mauvaises herbes, et d'arroser, après le coucher du soleil, pendant les sécheresses : les jeunes plantes des espèces délicates doivent être couvertes de paille, aux approches de l'hiver.

Du carré des semis, on transporte, l'année suivante, les jeunes plantes dans celui destiné aux repiquages. Le repiquage comprend trois opérations principales, d'un si grand intérêt pour l'avenir des arbres : *l'arrachage*, *l'habillement du plant*, la *plantation*.

L'arrachage doit se faire à jauge ouverte, c'est-à-dire en creusant sur l'un des côtés du semis une tranchée dont la profondeur dépasse quelque peu l'extrémité inférieure des racines, et en minant ensuite le terrain de proche en proche, de manière à soulever les jeunes plantes sans efforts, et, par conséquent, sans détruire ou désorganiser les chevelus.

L'habillage du plant consiste à raccourcir le pivot de la racine, excepté pour le noyer, à rogner les principales racines qui l'accompagnent ou le remplacent, et à supprimer les branches qui croissent latéralement sur la tige principale, que le plus fréquemment on arrête elle-même à une certaine hauteur.

Quant à la plantation, elle se fait en rigole, ou au plantoir, en ayant soin d'espacer le jeune plant également, à une distance calculée d'après le temps qu'on veut lui laisser passer en ce lieu et l'accroissement qu'il doit y prendre : on aura soin, que les lignes des jeunes arbres plantés, soient dirigées de l'est à l'ouest, afin qu'elles ne soient pas effilées par les vents dominants de l'ouest.

On tire les jeunes arbres du carré des repiquages, au moment où, par suite de l'accroissement qu'ils y ont pris, ils s'y trouvent trop gênés. On les arrache, comme la première fois, à jauge ouverte. On prépare leurs racines et on taille leurs tiges d'après les mêmes principes que lors du repiquage. Enfin, on plante en quinconce, à des distances proportionnées à chaque espèce, ni trop près, ni trop loin, afin que l'air et la lumière puissent bien pénétrer dans la plantation. On plante en faisant des tranchées longitudinales, qu'on a soin de rendre assez larges pour recevoir les racines sans contrainte. On y place ensuite l'arbre de manière qu'il ne soit pas enterré plus profondément qu'il ne l'était précédemment : ce travail se fait ordinairement dans l'arrière-saison.

La grande loi des assolements s'étend aux arbres comme aux autres végétaux. Dans les pépinières comme dans les champs, elle est la base d'une bonne culture. Elle devient même urgente ici, vu qu'il est des arbres qui possèdent particulièrement la fâcheuse propriété de rendre le sol impropre, pendant quelque temps, à la végétation, non seulement de leurs congénères, mais de tous autres végétaux ligneux.

DIFFÉRENTES OPÉRATIONS DE LA PÉPINIÈRE.

Les différentes sortes de multiplications artificielles sont au nombre de trois, ce sont : la *greffe*, le *marcotage* et la *bouture*.

La *greffe* est une portion vivante d'un végétal qui, unie à un autre végétal, s'identifie avec lui et y croît comme sur son pied même, lorsque, toutefois, l'analogie entre les individus est suffisante. Il résulte de cette définition que l'art de greffer a pour but de remplacer le tronc ou seulement les branches d'un arbre, par le tronc ou les branches d'un autre végétal.

Dans cette opération on donne le nom de *sujet* à l'individu dont on supprime une partie pour la remplacer par une autre, et le nom de *greffe* à la portion de rameau que l'on implante sur le sujet.

L'art de greffer remonte à la plus haute antiquité. Les auteurs qui en ont traité avec quelques détails, sont : *Théophraste*, *Aristote* et *Xénophon*, chez les Grecs ; *Magon*, chez les Carthaginois ; *Varron*, *Pline*, *Virgile*, *Agricola*, en Italie, et *Sicher*, en Allemagne ; *Miller*, *Bradely et Forsyth*, en Angleterre ; *Olivier de Serres*, *la Quintinie*, *Duhamel*, *Rosier*, *Cabanis*, *Tschudy* et, plus récemment, *A. Thouin*, *Dubreul* et *D'Albert*, en France.

Tous les connaisseurs en horticulture savent, qu'au moyen de la greffe, on peut multiplier une foule de végétaux dont on tient à conserver l'origine, à cause de la qualité de leurs fruits, ou d'autres qualités. Or, la greffe, qui nous les perpétue et avance sensiblement l'époque de la fructification des espèces ou des variétés des arbres fruitiers, que l'on obtient par la voie des semis, peut-être considérée comme un don précieux ; cependant, pour greffer avec succès des végétaux ligneux ou herbacés, il faut que les greffes que l'on veut leur adapter soient de la même famille que le sujet, et qu'elles appartiennent le plus souvent à l'un de ces genres ou à des variétés de même espèce, et qu'il y ait de l'analogie entre les sèves des deux individus, tant à cause de leurs affinités, que par rapport à leur suc propre.

Les caractères que doivent avoir les rameaux et les bourgeons, desquels on obtient des greffes, ne sont pas toujours faciles à être saisis par les personnes peu exercées dans l'art de la greffe ; c'est surtout pour celles en écusson que l'on fait quelquefois d'énormes bévues, en coupant ces productions trop tôt et quelquefois aussi trop tard. En thèse générale, ces bourgeons doivent être de moyenne grosseur, et avoir fait la plus grande évolution de leurs pousses, afin qu'il y ait déjà à leur base un bon nombre d'yeux bien constitués, lesquels doivent être seuls réservés et destinés à être greffés, vu que, dans cet état, l'écorce qui les avoisine doit être aussi dans un état solide ; car ces parties, trop tendres et trop herbacées, se trouvant placées dans l'incision faite au sujet, y seraient bientôt décomposées par l'abondance de la sève de celui-ci, qui doit toujours dominer celle de la greffe. Les bourgeons ainsi désignés seront séparés des arbres ; on en retranchera aussitôt les extrémités herbacées et les feuilles attachées aux yeux réservés, prenant toutefois la précaution de leur conserver un quart de leur pétiole : ces parties réservées seront aussitôt privées du grand contact de l'air, et conservées dans un endroit froid et humide, jusqu'au moment d'en lever les yeux.

On les place dans la mousse ou dans un concombre grossièrement vidé ; ils peuvent, dans cette situation, se conserver en bon état, pendant dix jours : pour un temps plus considérable, il faut les placer dans un bocal, et remplir la partie vide de miel, puis aussitôt boucher hermétiquement. Quant aux rameaux destinés à la greffe en fente, on préfère l'extrémité des forts rameaux ou toute autre partie, dont la grosseur se rapproche de celle de nos plumes à écrire et d'une longueur de 40 à 50 centimètres, dont les yeux sont saillants sans en excepter le terminal, lequel doit toujours être préféré, toutes les fois qu'il est recouvert de son enveloppe, au moment d'appliquer la greffe à laquelle il se trouve joint.

On doit séparer ces rameaux de leur mère, avant qu'ils aient commencé à végéter. Le mois de Février, sous le climat de Paris est le plus favorable pour faire cette opération ; ensuite ils devront être placés à une exposition nord, et, pour le mieux, couchés horizontalement sur le sol, et recouverts avec 6 ou 7 centimètres de terre prise dans le voisinage : ils doivent rester dans cette position jusqu'à ce que leurs yeux soient fortement gonflés ; dès lors les sujets destinés à les recevoir immédiatement seront aussi convenablement avancés.

Dubreul classe les principales sortes de greffes, ainsi qu'il suit :

<table>
<tr><td>Iᵉ SECTION,
Greffes par approche.</td><td>1° Sylvain ;
2° Agricola ;
3° Anglaise, ou Aiton ;
4° Herbacée.</td></tr>
</table>

II SECTION. — *Greffes par scions ou par rameaux.*

1re GROUPE, *Greffes en fente.*
1° Simple, ou Atticus ;
2° Palladius, ou double ;
3° Bertemboise ;
4° Double V ;
5° Lée ;
6° Anglaise ;
7° Herbacée.

2e GROUPE, *Greffes en couronne.*
1° Théophraste ;
2° Varin.

3e GROUPE, *Greffes de côté.*
1° Richard ;
2° En navette ;

4e GROUPE, *Greffes sur racines.*
1° Saussure ;
2° Cels.

III SECTION. — *Greffes par gemma, œil ou bouton.*

1re GROUPE, *Greffes en écusson.*
1° Vitry, ou à œil dormant ;
2° Jouette, ou à œil poussant ;
3° Descemet, ou double ;
4° Poederlé, ou sans bois ;
5° Lenormand, ou boisé ;
6° Girardin ;
7° Sickler, ou sur racine.

2e GROUPE, *Greffes en flûte.*
1° Jefferson ;
2° En sifflet ;
3° De Faune.

Sans nous arrêter aux sections dans lesquelles nos grands maîtres ont classé les diverses sortes de greffes. Nous ne nous sommes attaché qu'aux plus utiles et aux plus faciles à exécuter.

Ce sont : Les greffes en fente ;
Les greffes en couronne ;
Les greffes en écusson ;
Les greffes par approche.

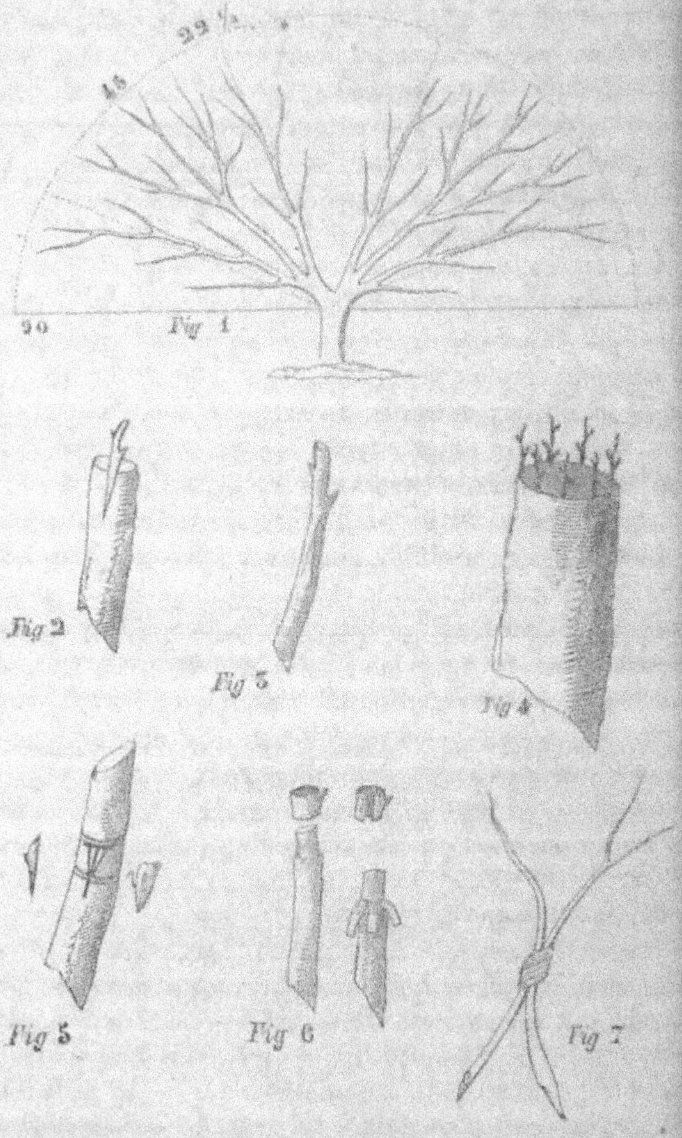

Fig 1
Fig 2
Fig 3
Fig 4
Fig 5
Fig 6
Fig 7

GÉNÉRALITÉS DES GREFFES EN FENTE (*Planche* III, *Fig.* 2).

On entend par ce mode de greffer, couper le tronc, les branches, les rameaux, les bourgeons, les racines même des végétaux, pour pratiquer sur cette coupe une fente qui la partage le plus souvent en deux parties égales, pour introduire les greffes qui leur sont congénères, afin qu'ils y prennent leur nutrition et changent leur espèce ou la variété du sujet.

Les greffes en fente sont faciles à exécuter : ce sont aussi celles qui se recouvrent le plus aisément, quand elles sont faites avec intelligence ; enfin, ce sont elles qui se mettent le plus promptement à fruit. C'est un jeune arbre qu'on implante sur un autre, tandis que l'écusson n'est qu'un œil ; on ne devrait se servir de cette dernière méthode qu'après s'être assuré que la première ne réussit pas sur l'espèce, et il y en a peu qui soient dans ce cas.

L'écusson ne produit qu'un gros bourrelet, tout d'un côté, qui n'a point de tige principale, qui pousse une infinité de bourgeons, çà et là, dont la plupart meurent successivement, jusqu'à ce que la greffe meure aussi à son tour. — Greffer en fente, c'est élever un bel arbre, formant une tête égale et vigoureuse, au lieu de l'espèce de callosité dont nous venons de parler.

La greffe en fente s'exécute depuis le commencement de Mars, pour les espèces hâtives, jusqu'en Avril, pour les tardives ; il faut choisir un jour calme, sans pluie ni vent, et s'il se peut, couvert.

On porte dans un panier couvert les greffes qu'on veut propager et qui ont dû être préparées, comme nous l'avons dit, sans yeux à fruits, mais prises sur des arbres qui en aient déjà donné. Il faut être muni d'un couteau à lame large, d'un petit coin de bois dur, d'un petit maillet et d'un canif pour pailler les greffes. — Pour faire des

greffes dont la reprise soit assurée, il faut être à deux.
L'un coupe le sujet et le fend, l'autre prépare la greffe,
l'insère, et la recouvre d'onguent.

On scie horizontalement le sujet, juste au-dessus d'un
œil, en arrêtant la coupe un peu avant d'arriver à l'écorce;
on achève d'enlever la tige avec une serpette bien affilée.
La plaie étant nette, on la préserve du contact de l'air;
on coupe la greffe sur deux ou trois yeux, et dans sa
grosseur moyenne; on la taille en coin, sur une longueur
de 15 à 30 millimètres, suivant l'espèce, en commençant
à la naissance du dernier œil d'en bas, qu'on laisse sur
le devant; on rentre aussi un peu la coupe à son origine,
pour qu'elle s'arrête sur le sujet : tout cela doit être exécuté spontanément. On appuie sur la coupe du sujet la
lame de couteau, non pas tout à fait au centre, mais un
peu à côté de la moelle; on frappe avec le maillet, et,
pour maintenir ouverte la fente faite, on introduit le coin
du côté opposé à celui où l'on doit mettre la greffe; on la
place de manière que son liber coïncide exactement avec
celui du sujet. On retire le coin sans produire d'ébranle-
ment, on garnit toute la coupe avec l'onguent, ayant soin
de ne pas obstruer l'œil d'en bas. C'est la greffe simple,
dite *Atticus*. La greffe dite *Bertemboise* diffère de l'autre,
en ce qu'une partie du sujet est coupée en biseau.

Si le sujet est faible, on n'a besoin ni de scie ni
de maillet; et s'il n'est pas assez fort pour serrer la greffe
convenablement, on fait, avant d'appliquer l'onguent,
deux ou trois tours avec de la laine, qu'on ne serre que
faiblement et qu'on ne noue pas. Il est en général avantageux de placer les greffes du côté du midi. La greffe en
fente à deux rameaux, dite *Palladius*, se pratique sur des
sujets plus gros : les deux greffes sont placées à droite et
à gauche de la fente.

La greffe par *enfourchement* (*Planche* III, *Fig.* 3), est
tout bonnement la greffe en fente sur un sujet de même

volume que la partie destinée à y être insérée. La greffe sera taillée en coin par sa base ; le sujet sera fendu par son milieu ; les deux parties seront amincies comme elles sont représentées, afin que le coin de la greffe insére dans cette fente, puisse en remplir tout l'espace et coïncider sur tous les points.

Une greffe en fente, faite de côté sur les jeunes tiges, branches, rameaux, bourgeons et ramilles, de même grosseur que les greffes, d'invention nouvelle et d'une exécution très-facile, peut suppléer à toutes celles composant ce groupe, et dépasser de beaucoup les avantages qu'on en peut obtenir ; car elle peut être appliquée à des végétaux dont les rameaux ou autres produits plus jeunes peuvent être de la plus petite dimension.

L'opération consiste à tailler la base de la greffe en coin aussi prolongé que les circonstances le permettront ; la place qu'elle doit occuper sur le sujet qui lui est analogue, doit toujours être désignée à l'avance ; cette désignation sera toujours proposée dans l'enfourchement d'une petite ramification de jeune tige, d'une de ses feuilles ou d'un œil ; cette jeune tige sera supprimée à quelques centimètres de cette place, en prenant toutefois le soin que ce petit moignon soit accompagné d'un ou de deux yeux, ou de quelques petites ramifications demi-feuillées, etc.

On fait à la place désignée une fente un peu en biais, laquelle, en se prolongeant, arrivera à l'étui médullaire et le séparera à peu près en deux parties égales : cette fente se fait d'un seul trait, et aussi lestement que possible, afin que la lame du greffoir n'ait pas le temps d'y déposer d'oxyde de fer, toujours nuisible aux végétaux ; ainsi bien préparée, on y insérera la greffe, pour y être maintenue et soignée, comme il a été dit précédemment. Après parfaite reprise de cette greffe, le moignon produit devra disparaître, à force de mutilation graduée, de plus en plus.

GÉNÉRALITÉS DES GREFFES EN COURONNE.

Le nom que porte cette greffe indique assez la forme que l'on est dans l'usage de lui faire prendre. Elle est destinée à regreffer de gros et vieux arbres fruitiers à pepins. Ces sujets devront subir, en Février, l'opération que nous avons indiquée pour les forts arbres destinés à recevoir la greffe en fente. Les greffes sont taillées en bec de flûte très-prolongé, surmonté d'une petite retraite à la partie supérieure, le tout opposé au premier œil : ces greffes, ainsi préparées, seront insérées entre l'aubier et l'écorce du sujet ; ayant eu soin de leur frayer le chemin avec un petit morceau de bois dur, auquel on donne la forme de cette greffe. Le nombre des greffes ne peut être déterminé que par la grosseur du sujet ; le tout posé, on les consolidera au moyen d'un osier fendu, avec lequel on fera deux ou trois tours, et puis on couvrira la plaie avec l'onguent (*Planche* III, *Fig.* 4).

GÉNÉRALITÉS DES GREFFES EN ÉCUSSON.

Avant de faire les opérations de cette série, il faut avoir visité leurs sujets et s'être assuré que leur écorce se détache facilement de dessus leur aubier : autrement il faudrait différer jusqu'à ce qu'ils eussent cette disposition ; il faut aussi choisir un temps calme, sans pluie, mais couvert.

Ce mode de greffer s'effectue exclusivement sur les végétaux ligneux, soit sur leurs tiges ou branches, dont le volume peut varier depuis la grosseur d'une plume à écrire jusqu'à celle de 8 centimètres de circonférence. Nous divisons ces greffes en deux groupes ; le premier à œil poussant, et le second à œil dormant.

Dans les pays tempérés et froids, la greffe à *œil pous-*

sant doit être pratiquée pendant la première ascension de la sève.

Pour faire pousser cette greffe immédiatement après qu'elle est posée, il faut réformer le sujet à quelques centimètres au-dessus de cette opération, en prenant le soin que cette longueur soit pourvue d'un à deux bourgeons, ou feuilles. Ce petit fragment de tige a pour objet d'attirer et de concentrer la sève au bénéfice de la greffe. Aujourd'hui, pour remplir mieux ce but et sans aucun inconvénient, on diffère de réformer ces bourgeons, on les tourne en forme de cors de chasse, puis on les conserve en cet état jusqu'à ce que la greffe commence à bien pousser. Ce mode de greffer fait beaucoup souffrir les sujets de la sécheresse ; aussi n'est-il en usage que pour un petit nombre d'arbres et d'arbustes, les mûriers, les noyers, les châtaigniers, les rosiers dits remontants et bengales, etc. ; mais pour obtenir de bons résultats, il faut se servir des yeux pris sur les rameaux de l'année précédente, qui devront être détachés de leurs mères dans le courant de Mars, et seront conservés ainsi que nous l'avons dit. Au moment de l'emploi, ces rameaux seront sortis de leur réduit pour être lavés, sans trop les froisser, puis enveloppés dans un linge mouillé et placés dans une atmosphère humide, de 15 à 25 degrés de chaleur, pendant trente à quarante heures, afin de dilater leur sève latente, laquelle donnera la possibilité de détacher l'écorce de l'aubier sans y faire de lacérations.

Cet état de sève, presque indispensable pour bien lever ces écussons, est aussi nécessaire pour les greffes de ce genre faites plus tardivement ; mais quelle que soit la saison, ces greffes seront levées ainsi qu'il suit :

Avec la lame du greffoir, on fait d'abord un trait oblique sur le rameau ; puis on place la lame à environ 2 centimètres au-dessus de l'œil pour le soulever, accom-

pagné d'un large appendice d'écorce. Pour faciliter cette
opération, on fait descendre la lame en biais vers cet
œil, en coupant toute l'épaisseur de ladite écorce, et un
peu moins d'aubier, qui se trouvera sous son passage.
L'œil, muni de ses deux appendices, sera vivement
examiné, et si, par manque d'habitude à lever cet œil, la
plaquette d'aubier se trouvait trop épaisse, on amincira
le tout ; ensuite, devant le sujet et la place destinée à le
recevoir, on lui en fera l'application comme il suit : avec
la lame du greffoir on fera à cette place une incision horizontale, laquelle embrassera à peu près le tiers du sujet
et coupera son écorce jusqu'à l'aubier ; une autre incision, faite dans le même but, sera pratiquée perpendiculairement à la première, afin que, par leur ensemble,
elles représentent un ⊤ ; puis, sans désemparer, on
soulèvera légèrement l'écorce en la poussant vers la partie circulaire et en prenant la précaution que le taillant
du greffoir ne froisse pas le *cambium* (partie gommeuse demi-
cristallisée que l'on trouve sous l'écorce). Ainsi préparée,
la greffe sera introduite sous les deux lèvres de la plaie
seulement demi-ouverte, car c'est assez généralement la
greffe qui, étant poussée et pressée légèrement avec la
spatule du greffoir, achève, conjointement avec celle-ci,
cette ouverture. Lorsque la greffe est parfaitement adaptée
par le bas, la portion de l'appendice qui dépasse la ligne
transversale, devra être réformée à ce point, au moyen
d'une forte pression faite avec le taillant du greffoir. Puis
aussitôt, les deux lèvres de la plaie seront rapprochées et
fixées sur la greffe, à l'aide d'une ligature faite plus généralement avec de la laine ou du coton grossièrement filé.
Il est prudent de visiter ces ligatures peu de temps après
leur application, et quelquefois de les desserrer, afin d'éviter les étranglements qu'elles pourraient occasionner à ces
greffes. Lorsque celles-ci seront en pleine végétation, cette
ligature devra être réformée ; puis on supprimera soigneu-

sement tous les bourgeons sortant au-dessous de la greffe.

GREFFE EN ÉCUSSON A ŒIL DORMANT.

Bien avant de penser à l'exécution de cette greffe, on fera disparaître tous les bourgeons, sur chaque sujet, à la place qu'elle doit occuper ; sans cela on serait exposé à donner suite à une interruption de séve, qui rendrait les écorces adhérentes à l'aubier.

On a reconnu depuis longtemps que ce mode de greffer les arbres et les arbustes avait des avantages immenses sur tous les autres, attendu que, si, par ce procédé, les greffes ne réussissent pas, les sujets en sont peu détériorés, en ce qu'ils doivent être conservés dans toute leur intégrité ; ce qui donne la facilité de recommencer l'opération (*Planche* III, *Fig.* 5).

Il importe beaucoup de surveiller attentivement la vigueur de chaque espèce, afin de saisir le moment le plus opportun pour les greffer avec chance de succès. Nos greffeurs habituels jugent qu'il est temps de faire cette opération lorsque les trois-quarts au moins des bourgeons, appartenant à chaque sujet, ont cessé de pousser ; dans cet état, l'écorce de chaque arbre est mûre et se détache facilement.

Tout ce qui regarde l'opération de cette greffe se rattache à ce qui a été dit pour la précédente. Les têtes des sujets ainsi greffés doivent être réformées au printemps suivant, lorsque la végétation est bien prononcée.

La *greffe en écusson dénuée de bois* est un peu plus compliquée que la précédente ; elle est mise en pratique pour multiplier les arbres, arbrisseaux délicats, à bois grêle, à écorce mince et fragile. On coupe l'écusson de la manière que nous venons de le décrire, et, pour le détacher de l'aubier, sans effort, on se sert d'un fil mince et solide qu'on fait passer entre l'écorce et l'aubier, en tirant à ses deux extrémités.

Pour les variétés d'orangers et d'oliviers, et tous autres arbres délicats, dont la sève est gommeuse, on greffe en forme de T renversé ⊥.

La greffe en écusson, de *forme carrée*, dite *emporte-pièce*, peu en usage, doit avoir son application pour les arbres dont l'écorce est très-épaisse et les yeux volumineux ; les noyers, les mûriers sont de ce nombre.

GREFFE EN TUYAU, DITE EN FLÛTE (*Planche* III, *Fig.* 6)

Pour l'exécution des greffes de cette série, on doit choisir le moment où la sève est la plus abondante, afin que les écorces des deux parties puissent se détacher avec le moins d'effort possible. Ces dispositions se présentent durant le printemps, au moment de la sève montante, ou en Août, à la sève descendante. L'usage de ces greffes est très-anciennement connu et n'est admis aujourd'hui que pour les mûriers, les châtaigniers et les noyers, etc.

On greffe en flûte, ou en sifflet, à œil poussant ou à œil dormant. Cette dernière greffe se pratique exclusivement, pendant le cours du mois d'Août, avec du bois produit par la sève du printemps. L'opération consiste à remplacer un anneau d'écorce enlevé sur le sujet, par un autre anneau d'égale dimension, fendu longitudinalement, pris sur l'arbre qu'on veut propager, et muni au moins d'un œil. C'est la greffe *Jefferson*.

La *greffe de Faune*, au moyen de lanières d'écorces qu'on a laissées sur le sujet et qu'on relève après l'opération, de manière, toutefois, à ne pas couvrir les yeux de la greffe, offre des chances de succès de plus. Cette méthode est surtout pratiquée avec avantage pour greffer le mûrier blanc. Voici comme on s'y prend pour faire cette délicate opération : on coupe, à la sève montante, les rameaux destinés à fournir les greffes dont on aura besoin

quand l'époque de les placer sera venue ; on les conserve
à l'abri, couverts de sable, ou de terre. Lorsque le moment de greffer est arrivé, l'ouvrier prend, de ces greffes,
ce qu'il croit pouvoir employer dans la journée ; il les
serre, l'une après l'autre, dans la main gauche, en commençant par le bas et en finissant par le haut. En même
temps que chaque partie d'un rameau est maintenue et
serrée par la main gauche, il imprime avec la droite un
mouvement de torsion au rameau, et, par ce moyen, il
détache peu à peu l'écorce du bois, de sorte que, quand
celle-ci n'y adhère plus, il pourrait la tirer toute d'une
pièce, comme un long fourreau ; mais il la laisse, pour le
moment, à sa place, jusqu'à ce qu'il ait ainsi fait subir
cette opération préliminaire à tous les rameaux qu'il doit
employer dans la journée. C'est là la partie la plus difficile, parce qu'il faut faire grande attention, en serrant
d'une part les rameaux et en cherchant de l'autre à en
détacher l'écorce par un mouvement de torsion, de ne
pas endommager les yeux, qui sont la partie essentielle de
la greffe. Après avoir détaché l'écorce du bois, on y fait
une incision circulaire, au-dessus et au-dessous de chaque
œil, de manière que celui-ci fasse partie et se trouve à
peu près au milieu d'un anneau d'écorce de 2 à 3 centimètres de hauteur, au plus. A mesure que chaque anneau
est détaché, l'ouvrier le met dans un pot de terre, et l'enveloppe d'un linge mouillé. Ces anneaux doivent être, autant que possible, de la même dimension que les tiges auxquelles il faut les adapter. Cette précaution ayant été
prise, il retranche la partie supérieure de la tige à greffer,
et il détache l'écorce du sujet, en 5 à 6 lanières, de manière à mettre à nu la même hauteur de bois qu'ont ses
anneaux ; ensuite, il choisit l'anneau qui s'adapte le mieux
à la partie de bois mise à nu, et le fait descendre sur le
sujet, jusqu'à ce que le bois dénudé soit recouvert. Si la
greffe se trouve un peu lâche, il prolongera ses lanières

jusqu'à ce qu'elle soit assez serrée contre le bois. Lorsque la greffe est bien ajustée, l'ouvrier relève les lanières autour de l'anneau, et la greffe est terminée, sans avoir besoin de ligature. — On empêche l'infiltration de l'eau entre le bois et l'écorce en coiffant le sommet de chaque greffe avec une coquille d'escargot.

Greffes par approche (*Planche* III, *Fig.* 7).

Les greffes par approche se distinguent de toutes les autres en ce que les êtres qu'on y soumet vivent de leurs propres organes, au moment de leur réunion, et cooperent ensemble à la reprise des parties opérées.

C'est ainsi que l'on multiplie beaucoup d'arbres et d'arbustes précieux, pour qui les autres voies de multiplication ne sont pas praticables. C'est la manière la plus simple, mais aussi la moins durable; la greffe se décolle facilement et ne s'efface jamais entièrement.

Les greffes par approche sont très-nombreuses; Ch. Thouïn en a décrit trente-neuf. Le principe consiste à placer à côté de l'arbuste qu'on veut greffer, un sujet en pot, de grosseur égale à celle de la branche sur laquelle on va opérer; on fait à l'un et à l'autre, et sur les faces qui se regardent, une amputation allongée plus ou moins longue, qui commence et se termine en mourant. Toute l'adresse consiste à les faire de même taille : on les approche, on les joint exactement; on les assujettit avec de la grosse laine qu'on tourne autour; on couvre le tout avec de la mousse, pour empêcher la plaie de sécher et de se hâler; l'année suivante, quand la greffe est bien prise, on coupe la tête du sujet en biseau, ainsi que la branche de l'arbuste.

Onguent pour greffer et pour mettre sur les plaies des arbres :

500 grammes, poix noire ;
500   id.   poix de Bourgogne, ou poix blanche ;

250 grammes, cire jaune ;
250   id.   saindoux, ou suif fondu ;
125   id.   thérébenthine en poix.

On fait fondre le tout ensemble, en remuant pour opérer le mélange. Cet onguent s'emploie tiède : on l'étend avec une spatule ; on peut le rendre maniable par la chaleur des mains, et l'appliquer ainsi sur les plaies et sur les greffes, sans avoir besoin de le réchauffer.

DES MARCOTTES. Les bois qui se prêtent le mieux à cette opération, sont les bois souples et pleins, et surtout ceux dont les boutons sont opposés ; c'est la même chose pour les boutures. Les marcottes s'enracinent mieux aussi à l'endroit de l'insertion des deux dernières pousses. Il faut donc toujours tâcher de les plier sur ce point.

Il y a des espèces qui s'enracinent si aisément, qu'il suffit pour cela de jeter un peu de terre meuble sur les branches d'en bas ; d'autres ont besoin d'être courbées et maintenues avec des crochets, dans des pots fendus jusqu'au tiers, et cette manière est la plus assurée, en ce qu'elle fournit à la branche une terre neuve que les racines du sujet n'épuisent pas, et que, d'ailleurs, les arrosements sont plus fructueux en pot que sur une terre bombée. Lorsque la branche qu'on veut marcotter est d'un seul jet, sans sous-branches latérales, on perce d'un trou rond un pot, au milieu de sa hauteur ; on y fait passer la branche, on l'enveloppe de mousse à l'endroit qui touche les bords du trou, on la maintient couchée sur la moitié de la largeur du pot, en foulant la terre, puis on redresse le bout verticalement, on l'assujettit à un tuteur, on emplit le pot avec la terre propre au sujet, on recouvre avec de la mousse, et on arrose souvent. C'est au commencement du printemps, ou en automne, qu'on doit faire les marcottes ; quelques-unes s'enracinent la première année, d'autres que plus tard, même la quatrième.

Des incisions et ligatures aux branches avant l'opération ne servent à rien.

De l'arrachage des arbres et du soin de leur plantation.

On est dans l'usage de tirer des pépinières marchandes, les jeunes arbres tout greffés ; il serait beaucoup plus avantageux de les élever chez soi, parce qu'ils seraient accoutumés au sol dans lequel ils doivent vivre.

L'arrachage des jeunes arbres se fait depuis la fin d'Octobre jusqu'au 15 de Mars, pour le centre et le nord de la France. Ils doivent porter des yeux bien constitués près de la greffe, qui ne devra être que d'un an pour les pêchers ; ceux qui ont deux années de greffe sont peu estimés.

Il faut bien se garder de lever en motte les arbres qu'on veut transplanter, en ce que les sucs nutritifs de ces terres sont, en grande partie, épuisés et calcinés : toutes choses impropres à la reprise ; mieux vaut y suppléer par de la terre fraîche, riche en humus ; on aura le soin de ne la fouler que très-légèrement, afin que ce tassement ne se fasse que très-lentement : les arrosements devront être différés jusqu'aux premières sécheresses du printemps.

Lorsqu'on veut planter un arbre à demeure, on doit lui faire une fosse de 130 centimètres de large, et un mètre de profondeur, et si on en plante une rangée, il est plus utile de faire une tranchée longitudinale, afin que les racines puissent mieux s'étendre et se communiquer sans se nuire.

A la plantation des jeunes arbres d'espalier, nous recommandons de placer en avant, et non contre le mur, la plus grande quantité de racines. Il n'est pas moins essentiel que la plaie du sujet soit hors de l'action du soleil, et que l'on plante les arbres à 16 centimètres environ de la muraille. Il est essentiel de ne rien supprimer aux arbres que l'on plante pendant l'automne ; il ne faut les tailler qu'au printemps, mais avant que la sève ne soit montée dans les parties destinées à être réformées.

Il faut ménager avec un soin minutieux les moindres radicelles des arbres et les replacer dans leur nouvelle position : le collet des racines doit rester à fleur de terre.

Il convient d'ouvrir les fossés quelque temps avant la transplantation, et d'améliorer le terrain par des composts ; mais, lorsque le terrain est humide et le climat très-pluvieux, il est plus dangereux qu'utile de préparer les trous trop à l'avance. Quand les arbres sont arrachés depuis longtemps, on se trouve bien de les faire tremper par la base, vingt-quatre heures avant de les placer, dans une eau de 12 à 15 degrés de température.

On peut, dans des cas extraordinaires et d'urgence, planter ces arbres à toutes les époques de l'année ; mais il importe beaucoup que ceux que l'on se propose de planter, lors de leur pleine végétation, soient arrachés avec toutes les précautions voulues pour la conservation de leurs racines ; puis celles-ci, aussitôt sorties du sol, devront être plongées dans une bouillie claire, composée d'eau et de deux parties égales de bouse de vache et terre franche : c'est après cette opération, que l'on doit faire la plantation de ces arbres. Il est de rigueur de faire immédiatement au pied de chaque arbre un auget peu profond, dont la largeur devra toujours excéder celle des terres dans lesquelles se trouvent placées leurs racines : cet auget devra être recouvert de 5 à 6 centimètres de fumier à demi-consumé, sur lequel on fera un arrosement abondant ; ces eaux devront toujours être jetées comme si elles venaient du ciel, afin que les bourgeons et les feuilles en soient atteints les premiers. Ces arrosements devront être répétés très-légèrement, chaque jour, après le coucher du soleil, et devront être continués jusqu'à parfaite reprise. On peut conserver intègres toutes leurs feuilles, à des arbres ainsi transplantés.

⧫

CHAPITRE XX.

De la taille des arbres fruitiers.

CLASSIFICATION DES YEUX, BOUTONS, BOURGEONS, RAMEAUX ET BRANCHES.

L'œil, ou *gemmipare*, est un bourgeon non développé, recouvert d'une enveloppe, ou *tégument*, écailleuse, propre à le garantir contre l'intempérie des hivers.

Les yeux varient dans leur forme, selon leur nature et la position qu'ils occupent; il y en a de simples, de doubles, de triples, de quadruples et même quelquefois de quintules.

On distingue deux sortes d'yeux, les *latéraux*, qui sont ceux qui naissent dans toute la longueur des rameaux; et les yeux *terminaux*, qui sont de deux sortes : celui qui naît à l'extrémité du rameau, qui a reçu le nom de *terminal fixe*; et celui au-dessus duquel on taille, qui est appelé *terminal combiné*.

Les yeux, toujours simples, peu volumineux et placés sur le vieux bois, s'appèlent *yeux latents*. Il y a encore les *yeux inattendus et adventifs*, qui percent à travers les écorces du vieux bois, et les *yeux annulés*, qui se font reconnaître par leur inaction.

Les boutons sont les *téguments* ou enveloppes des fleurs; ils sont simples ou composés, selon le genre d'arbre sur lequel ils se trouvent placés. Sur le pêcher, l'abricotier et l'amandier, ils sont le plus ordinairement simples; sur les pruniers, ils sont presque généralement doubles; sur les cerisiers, presque toujours quadruples et quintuples, et sur les poiriers et les pommiers ils vont jusqu'à dix et douze.

Les boutons ont pour caractère extérieur d'être plus ronds, plus volumineux que les yeux; ils sont généralement plus hâtifs à entrer en végétation : ce qui doit toujours servir de base pour les faire distinguer des yeux.

La position des boutons diffère beaucoup, sur les arbres à *fruits à noyau*, de celle qu'ils ont sur les arbres à *fruits à pépins* ; sur les premiers, ils sont placés exclusivement le long des rameaux, et sur les seconds leur position est toujours à l'extrémité des rameaux.

Les boutons se forment longtemps avant la chute des feuilles. Les *bourgeons* sont le développement des yeux.

Il y a de *faux bourgeons* : ils sont les productions qui sortent de l'aisselle des feuilles portées sur des bourgeons ordinairement vigoureux. Le pêcher y est très-sujet. Ils conservent ce nom de faux bourgeons, jusqu'à ce qu'ils soient terminés par un œil; alors on les nomme *faux rameaux*.

Le *rameau* est, comme nous l'avons dit, le produit d'un bourgeon. Les rameaux sont munis d'yeux dans toute leur longueur. C'est aux rameaux que l'on doit la forme des arbres, puisque ce sont eux qui produisent les branches. Ils conservent le nom de rameaux jusqu'à l'époque de la seconde année de leur formation, où ils donnent naissance à des bourgeons; ils prennent alors le nom de *branches*, qui, selon leur forme, leur position ou leur usage, ont reçu différents noms.

Les branches qui séparent le tronc des arbres à fruits, taillés en éventail, en deux parties égales, s'appellent *branches-mères*; leur fonction est de porter la sève dans toutes les parties de l'arbre.

Les *branches-sous-mères* sont celles qui partent de la base des mères-branches.

Les *branches secondaires* sont celles qui offrent le plus de volume après les mères et les sous-mères.

Les *branches de ramifications* prennent naissance sur les branches secondaires; elles ne sont souvent que momentanées.

Les *branches intermédiaires* sont toujours placées entre les branches secondaires.

Les *branches coursonnes* prennent naissance sur toutes celles dont il vient d'être parlé. Elles sont ainsi nommées, parce qu'elles ont beaucoup d'affinité avec les branches de même nom, placées sur les vignes conduites en cordon.

Les *branches crochets* sont ainsi nommées, parce qu'elles ressemblent à des crochets. Elles sont toujours placées sur les coursonnes.

On nomme *branches de remplacement* celles qui sont destinées à remplacer des branches épuisées.

On entend par le mot de *branches bifurquées*, le point ou celles-ci se divisent en deux parties à peu près égales.

On nomme *gourmands* tous les rameaux et autres branches dont la vigueur extraordinaire paraît menacer l'existence de leurs voisins.

Les *rameaux à bois* sont ainsi nommés parce qu'ils sont privés de boutons.

Les *rameaux combinés* sont ceux qui, par une taille raisonnée, se sont développés dans différents sens et sur différents points; les uns sont latéraux, les autres terminaux.

Les *rameaux inattendus ou adventifs* sont ainsi nommés en ce qu'ils percent le plus souvent inattendus, à travers les écorces.

On nomme *rameaux mixtes*, à fruits et à bois, ceux qui sont susceptibles de donner du fruit en abondance, et dont les yeux peuvent se développer avec assez de force pour former des bourgeons vigoureux, propres à la formation des rameaux à fruits de 3ᵉ ordre, pour l'année qui succède.

Les *rameaux à fruits du 3ᵉ ordre* ressemblent beaucoup aux précédents ; néanmoins ils sont moins volumineux, moins propres à donner une grande quantité de fruits, et ne peuvent développer qu'un ou deux bourgeons capables de les remplacer.

Les *rameaux à fruit du 2ᵉ ordre* tiennent le milieu entre ceux du 1ᵉʳ et ceux du 3ᵉ. Ils sont grêles, de la longueur de 8 à 27 centimètres.

Les *rameaux à fruits du 1ᵉʳ ordre* acquièrent à peine la longueur de 3 à 8 centimètres ; ils sont toujours munis d'un œil terminal.

Les branches qui composent la charpente des arbres taillés en pyramide et en quenouille, sont désignées par les noms suivants :

La *tige*, qui est la branche-mère unique, ou l'axe central. Toutes les branches portées immédiatement sur cette tige, ont reçu le nom de *branches latérales* et de *branches latérales bifurquées*.

Les rameaux à l'extrémité desquels il se trouve un bouton à fruits, s'appellent *rameaux couronnés*.

Les *dards* sont de petits rameaux, dont l'œil terminal est plus ou moins pointu ; ils ne se trouvent que sur les arbres à fruits à pépins et sont une des premières ressources pour la production des fruits. Le *dard couronné* est celui dont l'œil terminal prend le caractère de bouton.

On nomme *bourses* les productions des boutons ; elles se présentent sous cette forme aussitôt que les fleurs paraissent.

Les *brindilles* sont ces petits rameaux grêles, de la longueur de 10 à 14 centimètres. Ils sont de première nécessité sur les arbres vigoureux, pour les déterminer à donner des fruits.

Opération d'hiver ou règles de la taille.

CHARGEMENT ET DÉCHARGEMENT. — L'opération du chargement, généralement appliqué aux jeunes arbres très-vigoureux, a pour but de multiplier en grand nombre les petits rameaux, comme étant les seuls propres à les mettre à fruit; pour cela, affaiblir le trop de vigueur de ces arbres.

Il y a deux manières de charger un arbre, qui diffèrent en apparence, mais qui ont le même but et les mêmes résultats. On charge en bois, en taillant très-long tous les rameaux bons à conserver, d'un arbre trop vigoureux, et qui ne donnent que peu ou pas de fruits; on obtient ainsi une quantité de bourgeons telle, qu'elle suffit pour recevoir toute la sève des racines, et que chacun d'eux prend moins de volume que s'il ne s'en était développé que moitié ou un quart.

Le chargement est beaucoup plus sûr et moins dangereux, pour faire produire des fruits à un arbre et en diminuer la vigueur, que l'ébourgeonnage. Ainsi, en taillant très-long tout un arbre, on multiplie les bourgeons en assez grande quantité pour que, en ayant moins de force, ceux de la série des fruits à noyau prennent le caractère de rameaux à fruits, et ceux de la série des arbres à fruits à pépins, celui de brindilles et de dards, qui bientôt porteront des fruits; ce qui diminue insensiblement la vigueur de l'arbre, sans lui faire perdre une trop grande quantité de sève par un ébourgeonnage mal entendu.

S'il s'agit d'une vigueur relative, par exemple, que, sur le même arbre, une branche soit tellement plus vigoureuse que ses voisines, qu'il soit nécessaire de l'affaiblir : il faut, dans ce cas, supprimer autant d'yeux que possible sur la partie que l'on veut affaiblir, et les tenir nombreux sur celle dont on veut augmenter la vigueur, puisque *les yeux bien constitués sont autant de pompes à attirer la sève.*

Le *déchargement* a pour but l'augmentation de la vigueur des arbres, c'est-à-dire la production du bois ; il consiste à retrancher d'un arbre, ou d'une branche, une plus ou moins grande quantité de branches ou de rameaux à fruits.

Rapprochement. — Rapprocher un arbre, c'est diminuer la longueur de ses branches. On le pratique sur les arbres fatigués.

Ravalement. — Le ravalement tient le milieu entre le rapprochement et le recepage. Il consiste à couper, dans les pyramides, toutes les branches et à ne laisser que la tige ; et, dans les espaliers, toutes les branches charpentières, ne conservant que les mères.

Recepage. — Receper, c'est couper toutes les branches d'un arbre, sans en excepter la tige, un peu au-dessus du collet de la greffe. Cette opération se fait avant l'ascension de la sève, excepté pour le pêcher, pour lequel il est utile de la différer jusqu'aux premiers jours de l'été : elle se fait sur les vieux arbres et sur ceux dont le bois est affecté de quelque maladie.

Coupe. — On entend par ce mot, le point où l'on retranche une partie quelconque d'un arbre ; cette coupe doit être nette, et, si elle a lieu pour retrancher une partie de rameau, elle devra toujours former avec lui un biseau peu allongé et opposé à un œil qui lui aura été désigné. Quand une coupe a lieu pour le retranchement de toute autre partie, elle devra toujours avoir plus ou moins de pente, afin de donner écoulement aux eaux pluviales.

Onglet ou Ergot. — L'onglet est la petite portion du rameau qui se trouve entre l'aire de la coupe et l'œil qui en est le plus rapproché ; sa longueur doit varier en raison du volume des rameaux, de 4 à 2 millimètres.

Cassement. — Cette opération a lieu seulement pour les arbres à fruits à pépins ; elle s'effectue sur les rameaux faibles , trop longs pour former des branches à fruits. La rupture se fait de manière à former une plaie transversale , mais irrégulière , condition nécessaire pour faire développer des rameaux plus faibles et propres à former des brindilles et des dards destinés à donner des fruits.

Incision des écorces. — Cette opération consiste à fendre les écorces longitudinalement , lorsqu'elles sont trop coriaces , et que leur tissu trop serré ne livre plus passage à la sève. On incise également les branches et les tiges. Il doit y avoir, entre chaque incision longitudinale, 7 à 9 millimètres environ.

Cette opération peut être faite en toute saison et par un beau temps ; mais sa véritable époque est à l'ascension de la sève. Les incisions longitudinales que l'on fait sur les arbres à fruits à pépins, en forme de pyramides , sont d'un puissant avantage pour attirer la sève dans les parties négligées.

Une opération non moins importante est celle des incisions horizontales ; ces incisions enveloppent le pourtour des tiges un peu au-dessus des parties dénuées de branches , afin d'en faire naître. Cette opération printanière doit se faire avec une serpette bien tranchante, qui entre dans toute l'épaisseur de l'écorce et une partie de l'aubier. Cette altération arrête pendant quelque temps une partie de la sève montante, laquelle détermine le développement des yeux latents, propres à la formation des branches qu'on veut faire naître. Pour obtenir de cette opération un plein succès , il faut faire deux incisions parallèles , espacées de 2 à 4 millimètres.

Entailles. Cette opération consiste à pratiquer , avec la serpette ou la scie, deux incisions parallèles ou opposées , qui partent de la circonférence et séparent l'aubier de manière à pouvoir l'enlever soit carrément , soit en coin. Ces entailles ont pour but de changer le cours naturel de la sève, de la faire passer dans les parties qu'elle aurait négligées : alors on les fait au-dessus de ces parties ; ou de l'empêcher d'arriver dans une autre : pour cela, on la fait au-dessous de la partie que l'on veut priver de sève.

Quand les entailles sont faites sur des arbres à fruits à pépins, et que les écorces de ceux-ci sont endurcies à tel point que la sève qui leur est destinée ne peut plus s'y introduire, elle fait sortir des yeux latents du point de leur insertion. Pour les arbres à fruits à noyau, les entailles doivent être recouvertes avec les emplâtres résineux.

Eborgnage. — On a beaucoup exagéré le mérite de cette opération, qui consiste à réformer les yeux avant leur développement, et qui est connue sous le nom d'ébourgeonnage à sec. On ne doit l'employer que sur les rameaux à fruits, taillés en toute perte, sur les pêchers ; tandis qu'il peut devenir avantageux sur les arbres à fruits à pepins.

Époque de la taille. — On peut diviser l'époque de la taille en deux sections : celle qui s'effectue pendant l'hiver, et celle connue assez généralement sous la dénomination de *taille de Mai* ou *en vert*.

On s'occupe de la taille des arbres fruitiers pendant les mois de Janvier, Février et Mars, en commençant par les plus vieux et terminant par les plus jeunes.

L'époque la plus avantageuse pour les arbres à fruits à noyau est celle où ils commencent à végéter, en prenant les précautions voulues pour que les plus vigoureux soient taillés lorsque leurs fleurs sont sur le point de s'épanouir, mais non plus avancées.

Pour obtenir une charpente régulière, il n'est pas de cultivateur un peu instruit dans la pratique, qui ne sache que, lorsqu'il coupe un rameau un peu vigoureux, l'œil sur lequel il taille pousse avec vigueur, sauf les accidents.

et que celui qui lui succède, dans quelque sens qu'il se trouve placé, pousse à peu près dans les mêmes proportions : par ce moyen on peut obtenir des branches sous-mères et secondaires inférieures partout où l'on veut.

En général, la taille des arbres fruitiers, selon qu'elle est bien ou mal faite, peut être ou fort utile, ou très-nuisible ; mais on peut adopter pour principe, que *la taille bien faite entretient les arbres en santé, en vigueur et en rapport constant, et prolonge même leur existence*. On peut citer, à l'appui, des pêchers de 80 ans, qui sont encore en plein état de rapport et de santé, et des poiriers bien taillés, que l'on a recepés à 90, et dont les rejets ont servi à reformer de nouvelles charpentes fort belles. De tout temps, la taille semble avoir eu le même but : faire produire beaucoup de fruits et donner aux arbres une forme agréable.

Taille en éventail du pêcher.

On est dans l'usage de greffer le pêcher sur amandier, et quelquefois sur les diverses variétés de prunier *Saint-Julien*, le *gros* et le *petit damas blanc*. Quant à l'amandier, l'expérience a démontré que les sujets orginaires du midi de la France sont très-inférieurs à ceux que l'on récolte dans l'ouest et le nord de ce même pays. Ces derniers produisent des arbres plus vigoureux et d'une plus longue vie que ne le font les premiers.

La greffe du pêcher est pratiquée au moyen d'un écusson. Le savant A. *Thouïn* conseille, avec raison, de placer deux écussons opposés l'un à l'autre, sur les sujets de tous genres, destinés à former des arbres en éventail. Ce procédé bifurque le tronc dès la première année, et procure les deux mères-branches. Elles se développeront à l'état de bourgeons, de la longueur de 16 à 22 centimèt. : on les rognera, afin de réduire cette longueur d'à peu près moitié.

Lorsqu'on n'a greffé qu'un seul écusson sur le jeune sujet, il faut, pour obtenir les deux mères-branches, couper la tige à 5 ou 11 centimètres environ au-dessus de la greffe, sur deux yeux correspondants, disposés de manière à former l'aile gauche et l'aile droite ; ces yeux, en se développant, formeront deux bons bourgeons, que l'on soignera suivant les règles du *palissage*.

La seconde année, les futures mères-branches, qui ne sont encore que des rameaux, doivent être taillées de 8 à 11 centimètres de leur origine, de manière que l'œil terminal puisse les continuer sans former un coude trop marqué ; c'est pourquoi on aime assez prendre pour œil terminal un des yeux qui se trouvent placés devant, à défaut on en choisit un qui regarde le mur. Dans cette seconde taille, il ne suffit pas de s'occuper de l'œil terminal, mais encore de celui qui le suit. Il doit être placé inférieurement, de manière à donner naissance à la sous-mère-branche, destinée à garnir la partie inférieure du mur.

Ces quatre rameaux forment la base de la charpente et, en continuant d'opérer, on cherchera à obtenir non seulement le prolongement des mères et sous-mères, mais encore la formation, sur chacune d'elles, d'une première branche secondaire inférieure.

A la troisième taille, les rameaux qui se sont formés sont taillés de manière à obtenir, s'il est possible, quelques fruits ; ce qui est rare sur des arbres de cet âge. Un point plus important, c'est que chacun de ces rameaux puisse donner naissance à un et plus souvent à deux bourgeons capables de le remplacer, après maturité des fruits. Pour obtenir ce résultat, il est de la plus grande importance de ne pas les tailler trop long. Lorsqu'on n'est pas sûr de la longueur à donner, il vaut mieux tailler un peu court que trop long.

Les rameaux qui sont très-vigoureux peuvent être considérés comme rameaux à fruits du 3ᵉ ordre, très-forts, qui, dans quelques circonstances, tiennent lieu de rameaux à bois, parce qu'ils peuvent, comme eux, être appropriés à la formation des branches de la charpente : il sera prudent de les tailler à deux yeux, afin qu'il n'en sorte qu'un ou deux bourgeons et qu'il n'y ait pas confusion. Au reste, si même un seul nuisait à ses voisins, on reformerait toute la branche à l'ébourgeonnage.

Les rameaux destinés à continuer les mères-branches peuvent être taillés à environ un mètre, cette distance étant celle qui convient pour obtenir le développement de la seconde branche secondaire inférieure, pour chaque aile, et pour laquelle on choisit des yeux dans cette situation, et près de ceux destinés au prolongement des branches-mères.

Les faux rameaux sont taillés sur les deux premiers yeux, et par le pincement on leur fait produire des fruits.

Quatrième taille. Nous ferons remarquer, comme base principale, que tous les yeux qui composent l'économie de l'arbre, devront prendre, pendant l'été, le caractère de rameaux, et que ceux qui existent en ce moment sous ce dernier titre, auront le caractère de branches. A cette taille, ainsi qu'à la suivante, on ne doit point s'occuper de la formation des branches secondaires supérieures ; on doit, au contraire, s'opposer, par tous les moyens de l'art, à ce qu'elles prennent trop d'accroissement ; car, si on leur accordait quelque protection avant que l'arbre eût acquis l'âge et la forme voulue, elles s'empareraient d'une très-grande quantité de sève ; elles altéreraient les mères-branches et ne tarderaient pas à les faire périr. A la cinquième taille les mères-branches doivent être taillées court, afin de faire passer la sève au profit des rameaux inférieurs, taillés long pour augmenter leur vigueur. Quant à la sixième taille, elle doit être établie à la distance de 42 centimètres, sur un arbre d'une bonne vigueur.

Septième taille. C'est la dernière taille pratiquée sur les rameaux destinés à continuer le prolongement de la mère-branche. Si l'œil terminal est placé en avant de la muraille, cet œil est très-propre à prolonger cette branche sans former de coude. Ce rameau est taillé un peu court, afin de maintenir la sève au profit de celui qui est destiné à la formation de la troisième branche secondaire inférieure. Celui-ci doit rester sans être taillé. Si l'œil terminal est avarié, un des latéraux de son voisinage doit le remplacer. Les dernières tailles sur les mères-branches doivent avoir moins de longueur que les premières.

Tout ce que nous avons dit, jusqu'à présent, est relatif au développement de l'arbre ; il faut maintenant s'occuper de l'état prospère de chacune de ses parties.

Pour le maintien de l'équilibre de la sève, les branches-mères ne doivent pas dépasser la ligne inclinée qui sépare le quart de cercle en deux parties égales, laquelle marque 45 degrés (voyez *Planche* III, *Fig.* 1re). Pour que la sève se répartisse avec justesse dans toutes les petites branches qui forment l'économie de l'arbre, nous n'adopterons pas pour thèse générale, qu'il faut tailler *court les branches à fruits, et long les branches à bois*, parce qu'une foule de circonstances obligent de sortir de cette règle.

Nous ne parlerons plus des branches-mères, sous-mères et secondaires inférieures, parce qu'elles ont été l'objet de nos démonstrations précédentes ; mais il nous reste à parler des autres branches qui concourent à la charpente d'un arbre : comme les branches intermédiaires, secondaires supérieures et de ramification.

Le moyen d'obtenir ces dernières est le même que celui que l'on emploie pour la création des branches secondaires : c'est toujours, autant qu'on le peut, l'œil qui suit le terminal, établi inférieurement, que l'on dispose à cet effet.

Quant aux branches secondaires supérieures, on devr[a]
veiller à ce qu'aucune d'elles ne soit en opposition avec le[s]
branches inférieures; il est même de rigueur de chercher[,]
autant que possible, à les établir au milieu de l'intervall[e]
qui se trouve entre les inférieures, de façon qu'elles soien[t]
alternées : on ne doit faire développer aucune de ces der[-]
nières avant d'en avoir trois inférieures sur chaque aile[.]
Il faut élever l'arbre lentement, en taillant les branche[s]
plus courtes sur des rameaux faibles, chargés autant qu[e]
possible de boutons qui, à l'aide du pincement et autre[s]
moyens connus, ne devront développer que peu ou poin[t]
de rameaux à bois et beaucoup à fruits, qui seront, à leu[r]
tour, préparés, par la taille, à donner d'abondantes récol[-]
tes dans les années suivantes, afin que toutes ces disposi[-]
tions empêchent leur trop prompt développement.

Ce que nous avons dit, a eu pour objet les opération[s]
particulières à la charpente des arbres; il nous reste [à]
parler des branches coursonnes, ou de celles qui doiven[t]
en tenir lieu à l'avenir.

Avant d'opérer sur un arbre de cette nature, il faut s[e]
rendre compte de la vigueur des branches qui en compo[-]
sent la charpente; et, si quelques-unes d'entre elles pa[-]
raissent faibles, on devra porter le plus grand soin à n[e]
leur faire produire qu'une petite quantité de fruits : c'es[t]
ce qu'on appelle *décharger de fruits.* En ce cas, il fau[t]
tailler très-long les rameaux à bois, et réformer un cer[-]
tain nombre de ceux à fruits, en taillant les autres asse[z]
court pour leur faire produire de nouveaux rameaux, pro[-]
pres à remplacer ceux qui auront donné une certain[e]
quantité de fruits.

Il n'en est pas de même des branches fortes sur les[-]
quelles les rameaux à fruits peuvent être conservés en plu[s]
grande quantité et taillés plus long, sans craindre de les
épuiser; au contraire, ils servent à tempérer le trop de
vigueur de ces branches : c'est ce qu'on appelle *charger*

de fruits. Ceci démontre que les rameaux, soit à fruits, soit à bois, exigent chacun une attention particulière.

En supposant que tous les yeux d'un petit rameau aient pris le caractère de boutons et que le nombre en paraisse trop considérable, on penserait qu'en pareil cas on pourrait retrancher une partie du rameau. Mais il n'en faut rien faire, autrement les boutons restants seraient hors d'état de produire, parce que ce rameau étant, par l'amputation, dépourvu d'œil pour y attirer la sève, ses fruits s'oblitéreraient bientôt et tomberaient avant leur maturité; si, au contraire, on les laisse entiers, l'œil terminal y maintiendra la vie, et les fruits arriveront à une parfaite maturité.

Au reste, le point principal du travail de la taille est toujours l'importance des branches-mères, placées inférieurement, et de donner un rapprochement de 32 centimètres aux branches secondaires.

Les espèces les plus généralement employées pour être mises en espaliers, sont : le *bon-chrétien*, le *Colmar*, la *marquise*, la *royale d'hiver*, etc.

Les poiriers et les autres arbres destinés à former des éventails, devront être plantés à 16 centimètres des murs. Dans les terrains secs, on devra placer le point de la greffe, pour tous les arbres à basses tiges, à 6 ou 8 centimètres au-dessous du niveau du sol, afin d'y former un auget de cette profondeur, dans lequel on placera, chaque année, l'épaisseur de 3 ou 4 centimètres de fumier de vache à demi-consommé. Dans un sol d'une consistance ordinaire, les greffes devront être placées au niveau du sol, et si la terre est froide, argileuse et humide à l'excès, elles devront l'excéder de plus de 8 centimètres; ce qui nécessitera quelquefois une espèce de butte pour couvrir les racines de quelques arbres qui en sont pourvus jusqu'à la greffe.

Si un de ces arbres est languissant, on lui rendra sa

vigueur en faisant des entailles perpendiculaires de forme ovale, au moyen d'une gouge, de la largeur de 8 à 10 millimètres, aux bourrelets de leurs greffes, pour faire naître des racines.

On enduira les plaies d'onguent et on donnera de la terre fraîche au pied de l'arbre. Les racines qui naîtront de ce travail, rétabliront la santé de l'arbre, qui, dans cet état, prendra le titre d'arbre *affranchi*.

Les murs d'espaliers doivent être orientés du sud au nord et crépis d'un enduit qui ne permette aucun refuge aux insectes : le plâtre, par sa ténacité et sa couleur, est reconnu comme étant une des matières les plus propres à remplir cette condition ; vu que la couleur blanche est aussi nuisible aux insectes qu'utile aux végétaux.

On recommande de donner 3 à 4 mètres d'élévation aux murs des espaliers, cette hauteur étant nécessaire au développement des pêchers ; pour préserver ces arbres de la gelée, du déchirement des écorces, il faut munir le mur d'un caperon de 14 à 19 centimètres de saillie, suivant la hauteur du mur et l'exposition de l'est à l'ouest.

DE LA TAILLE EN PYRAMIDE.

Cette forme est, sans contredit, la plus naturelle à une infinité d'arbres. On a souvent confondu la pyramide avec la quenouille, parce que les pépiniéristes nous envoient des arbres sous cette dernière forme, et, dans cet état, il faut une main habile pour leur faire prendre celle de pyramide.

Il est vrai que les quenouilles donnent plus de fruits, les 5, 6 ou 7 premières années ; mais, après ce temps, ils vont toujours en dépérissant ; tandis que les pyramides, moins productives d'abord, commencent à la 6e ou 8e année à donner des produits abondants, qui se succèdent pendant 30 ou 40 ans.

DE LA TAILLE EN PYRAMIDE SUR POIRIER.

Cet arbre se présente assez volontiers sous cette forme, dans la nature, et, pour peu que l'art vienne l'aider, on aura des résultats aussi flatteurs qu'utiles.

Un jeune arbre sortant de la pépinière, greffé en écusson, doit être taillé plus ou moins long, en raison de la vigueur de l'individu. Toutes les fois que les yeux placés à la base de ses rameaux sont bien constitués, on peut tailler ces rameaux vers la moitié de leur longueur ; ou les réduire au premier tiers, si les yeux que l'on rencontre à leur base sont petits. Toujours l'œil terminal combiné sera choisi de préférence parmi ceux qui sont les plus propres à continuer la tige : on peut se servir d'un dard à la place d'un de ces yeux, s'il n'a pas une longueur au-delà de 6 centimètres ; il en sera de même pour la continuation des branches latérales.

Considérant le besoin du développement des rameaux et des yeux placés à la base de la tige, pour créer la pyramide ; la théorie, qui doit diriger la main du jardinier, a pour but important de créer des branches latérales au fur et à mesure qu'elles se développent sur la tige, de les espacer à des distances convenables, afin qu'elles ne forment aucune confusion durable, et de faire en sorte que ces branches conservent entre elles et la tige un équilibre parfait. Pour le prolongement de ces différentes branches, les yeux placés en dessous devront être préférés. Dans la partie supérieure on doit chercher à multiplier les bourses, parce que, ordinairement, elle en est le moins pourvue. La taille des branches latérales se fera dans la longueur de 16 à 22 centimètres ; elle peut être fixée, même à la moitié des rameaux, toutes les fois qu'ils seront dans une position convenable à l'organisation de la pyramide. On est forcé quelquefois d'arquer des rameaux propres à la formation ou à la continuation des branches latérales.

Nous n'admettons cette méthode que dans des cas rares, pour les arbres très-vigoureux et rétifs, et il ne faut pas trop attendre pour réformer ces parties.

Lorsque ces jeunes pyramides seront suffisamment pourvues de branches à fruits, on devra les tailler plus court qu'il a été dit précédemment. Il arrive même une époque où l'on est contraint de diminuer considérablement la longueur des branches latérales; et lorsque l'arbre arrive à l'état de caducité, il est souvent prudent, pour les genres poirier, abricotier et prunier, de ravaler toutes les branches latérales sur leur couronne, afin d'organiser une nouvelle charpente.

Le grand secret de la taille, c'est de maintenir l'équilibre de la sève dans toutes les parties de l'arbre. Pour cela, il faut tailler la partie forte très-court et le rameau destiné à prolonger la tige, très-long. En faisant l'opposé, on dérange l'équilibre et les arbres se couronnent dès l'âge de 8 à 10 ans.

DE LA TAILLE EN PYRAMIDE SUR POMMIER.

Le pommier se prête assez volontiers à cette forme; mais elle est moins employée à son égard que pour le poirier, quoiqu'elle réussisse aussi bien.

Il faut observer que le pommier ne souffre que difficilement les grandes amputations, ce qui s'oppose à l'emploi du recepage des branches latérales; et comme, dans de certaines espèces, la sève a une tendance à se porter abondamment dans les branches latérales, aux dépens du prolongement de la tige, il faut donc, en créant ses branches, s'efforcer de rendre la tige dominante.

Les précautions que nous avons recommandées pour la formation des pommiers pyramides, devront être encore plus strictement observées pour les arbres à fruits à noyau, et surtout pour l'abricotier. Il n'y a, pour ainsi dire, que le pincement qui puisse donner le moyen d'obtenir des pyramides avec ce genre d'arbres.

De la taille en quenouille.

Vu le peu de durée de ces arbres, nous n'entrons dans aucuns détails sur les principes de cette taille. Bientôt mutilés par la serpette ou le sécateur (mauvais instrument), ils entrent vite en dépérissement et ne produisent que pendant les premières années.

Taille en tétard.

Cette taille peut être appliquée à toute espèce d'arbres fruitiers, mais c'est particulièrement pour les abricotiers, pruniers, cerisiers, pommiers et poiriers qu'elle est réservée. Ces arbres, greffés en fente, ou en écusson, à environ deux mètres du niveau du sol, sont connus sous la dénomination de *hautes tiges*.

L'opération de la taille consiste à faire en sorte que les branches charpentières ne puissent se nuire et former confusion. Sur les arbres à fruits à noyau, tous les rameaux latéraux, au-dessous de 10 à 12 centimètres de longueur, devront être conservés dans leur entier: les autres seront réduits au quart ou au tiers; ces parties donnent ordinairement beaucoup de fruits et rentrent, l'année d'après, dans la catégorie des branches coursonnes, et seront traitées d'après les principes que nous avons donnés. Quant aux rameaux destinés à continuer le prolongement des branches charpentières, les plus forts seront taillés de manière à être réduits aux deux tiers et plus; cette mesure désignera la hauteur où devront être taillés les plus faibles, afin que tous prennent une forme circulaire, mais peu régulière, et qu'à l'avenir les branches se trouvent éparses sans confusion, formant par leur ensemble une tête arrondie ; toutes ces opérations ne sont de rigueur que pour l'abricotier et le pêcher, que l'on cultive à l'air libre. Quant aux pruniers, cerisiers, pommiers, poiriers, on n'en fait l'application que pendant les premières années ; ils seront ensuite livrés à quelques opérations qui consistent à retrancher l'extrémité des branches éparses qui paraîtraient prendre trop d'extension aux dépens des plus faibles, et à retrancher les parties mortes ou mourantes ; puis on diminuera la longueur de celles qui seraient languissantes ou trop chargées de boutons ; on fera avec soin l'extraction des mousses, des vieilles écorces, et enfin de toutes les parties capables de retenir l'humidité, qui nuit autant à ces arbres que la gelée.

DE LA TAILLE EN VERT.

Cette taille, qui est le contrôle de celle de l'hiver, est connue sous le nom de taille de Mai ; elle est spécialement appliquée aux branches à fruits du pêcher.

Lorsque les branches à fruits, ou propres à le devenir, placées sur les branches coursonnes, n'ont pas réussi, il est convenable de les rapprocher sur un ou deux bourgeons les plus voisins de la coursonne ; on a recours à ce moyen toutes les fois que la branche est dépourvue de forts bourgeons à sa base.

DU PINCEMENT.

On entend, par ce mot, rogner un bourgeon en le pinçant avec l'ongle du pouce et celui de l'index, afin qu'il se rompe au moyen de cette pression.

Le pincement est une opération estivale, qui a pour but de modérer la vigueur des bourgeons opérés, d'en arrêter le développement et de faire passer l'excédent de leur sève dans ceux qui resteront entiers. Ainsi, à quelques exceptions près, tous les bourgeons nécessaires à l'organisation des arbres, et dont le trop grand développement pourrait être nuisible, doivent être rognés sans égard à leur position, leur longueur et leur nature ; mais, pour le succès complet d'une grande partie d'entre eux, il faut opérer lorsqu'ils ont de 8 à 16 centim. de longueur environ, et avant qu'aucune de leurs parties ne soit encore ligneuse. Dans cet état, on les rogne à 3 ou 4 centimètres de leur naissance et, en tout cas, on ne retranchera que la partie herbacée. C'est plus particulièrement sur les bourgeons des parties supérieures, que le pincement peut être employé avec avantage ; rarement sur les parties inférieures.

Les faux bourgeons doivent être pincés en grande partie lorsqu'ils ont à peine de 11 à 16 centimètres de long, un peu au-dessus de la troisième feuille.

Les règles du pincement sont les mêmes pour les abricotiers que pour les pêchers. Seulement, on rognera les bourgeons des abricotiers à environ 5 centimètres de leur naissance, là où cette opération est utile.

Le pincement sur les arbres en pyramide, ne diffère en rien de celui que nous avons indiqué pour les arbres en éventail ; c'est-à-dire que tous les bourgeons de 8 à 16 centimètres, dont on redoute le développement, doivent être rognés. C'est au pincement à répartir la séve d'une manière uniforme. On conserve intact le bourgeon terminal, pour continuer la flèche et on cherche à faire prendre de l'accroissement aux bourgeons placés à la base de l'arbre : ils péchent presque toujours par le défaut contraire ; par cette raison, il faut les conserver entiers autant que possible.

Lorsque quelques-unes des branches latérales prennent trop de développement, il faut non-seulement en pincer tous les bourgeons latéraux, mais même le terminal, et quelquefois le supprimer entièrement.

En résumé, si le pincement a été opéré avec connaissance de cause, on n'aura aucun gourmand ni aucun rameau inutile à réformer.

De l'ébourgeonnage.

Sur les arbres à fruits à noyau, l'ébourgeonnage est plus spécialement appliqué aux branches qui doivent former la charpente; car les branches coursonnes et à fruits, qui, comme nous l'avons dit, ont reçu le pincement et la taille en vert, n'ont souvent pas besoin d'être ébourgeonnées.

On nomme ébourgeonnage la suppresion de tous les bourgeons inutiles ou nuisibles; cette suppression a pour but de donner à ceux que l'on réserve, plus de vigueur et un espace suffisant pour les palisser sans confusion.

Pour bien ébourgeonner, il faut se rappeler les règles du pincement, c'est-à-dire que *les branches prendront un développement d'autant plus considérable qu'elles porteront un plus grand nombre de feuilles, puisque, les bourgeons étant les organes de la végétation, la sève n'afflue dans les branches qu'autant qu'elles en sont plus chargées.*

Quoique ce soit une règle générale de *retrancher tous les bourgeons placés devant et derrière*, il est cependant des cas où l'on est forcé de les utiliser pour remplacer ceux des côtés qui auraient été détruits par un accident. Une autre règle, presque générale, est de ne jamais laisser 2 ou 3 bourgeons partant du même point: si ces bourgeons *sont en dessus*, ce doit être le plus *faible*; et si, au contraire, *ils sont en dessous*, ce doit être le plus *fort*.

Le moment le plus favorable à l'ébourgeonnement est l'approche d'un beau temps, sans être trop sec. Le plus grand talent de l'opération consiste à saisir le moment favorable.

Sur les arbres à fruits à pepins, taillés en pyramide,

qui ont été pincés convenablement, l'ébourgeonnement est fort peu de chose et souvent inutile. Poussé trop loin, en Juillet, ou Août, cette opération peut devenir dangereuse et fait souvent périr l'arbre, avant sa fin naturelle.

Du palissage.

Le but du palissage est de maintenir les branches dans les positions telles, que ceux de leurs bourgeons qui doivent être conservés, puissent, après l'ébourgeonnage, être placés sans confusion.

Il s'agit d'éviter les courbes trop prononcées; d'espacer convenablement; attacher très-près les bourgeons que l'on veut mater; laisser toute aisance à ceux qui ont besoin de prendre de la vigueur, et ne pas mettre d'attaches fixes sur les parties encore trop herbacées.

Dans le palissage d'été, il faut bien se garder de gêner trop subitement l'extrémité des bourgeons, autrement la sève ne pourrait plus y circuler librement.

Effeuillage.

Cette opération se fait particulièrement sur le pêcher, sur des parties trop vigoureuses, et sur celles qui avoisinent les fruits, afin de leur donner de l'air et de la lumière au commencement de leur maturation. L'effeuillage peut se pratiquer sur tous les arbres fruitiers, sans en excepter la vigne, mais avec précaution et modération, à l'approche d'une pluie.

CHAPITRE XXI.

Des principales espèces d'arbres et d'arbustes fruitiers.

ABRICOTIER (*Armenica vulgaris*). Les espèces à cultiver, sont :

L'*Abricot much-muche* ; il mûrit du 1ᵉʳ au 10 Juillet ;

Id. *gros Saint-Jean* ; il mûrit du 5 au 20 Juillet ;

Id. *gros alberge de Tours* ; il mûrit du 15 au 30 Juillet ;

Id. *commun* ; il mûrit fin de Juillet ;

L'*Abricot-pêche*, ou *de Nancy* ; il mûrit fin de Juillet.

Le fruit de l'abricotier en plein vent, a plus de saveur que celui de l'espalier, arbre qui, d'ailleurs, vit moins longtemps et se dégarnit promptement.

Il faut placer les abricotiers dans un lieu abrité des grands vents, qui leur sont plus funestes que les gelées.

AMANDIER (*Amygdalus communis*). Il y a l'amandier à fruit doux et coque tendre, à la princesse ou des dames, et celui à coque dure.

L'amandier est, dans notre climat, plutôt un arbre d'ornement qu'un arbre fruitier, car il est rare que sa belle floraison précoce puisse résister à nos gelées du printemps. Il sert aussi pour y greffer les pêchers.

CERISIER (*Cerasus*). Les cerisiers aiment une bonne terre franche, maintenue humide et sans fumier. Ils se plaisent sur les bords des ruisseaux. On peut les greffer en fente dès le commencement de Mars, sur le merisier sauvage à fruits noirs. C'est en plein vent qu'on plante les cerisiers. Nous avons la guine hâtive, la hâtive d'Augleterre, la doucette, la Montmorency, les griottes, etc.

Châtaigner (*Castanea*). Il y a le châtaignier commun à petits fruits, qui se plaît sur la pente de nos montagnes, et le châtaignier à gros fruits, dit Poutalanne, ou marron de Lyon. On greffe le châtaigner en flûte ou en écusson, à la pousse de printemps. Les greffes fleurissent et nouent la 2ᵉ ou 3ᵉ année ; mais les enveloppes sont vides pendant 3 à 4 ans encore, en sorte que l'arbre ne commence à donner des fruits qu'au bout de 6 à 7 ans.

Le châtaignier commun fleurit en Juillet, et la récolte de ses fruits se fait en Octobre ; son bois est très-bon pour échalas de vigne.

Cognassier (*Cydonia*). On n'en cultive que deux variétés, le commun et celui de Portugal : ce dernier est le seul qu'on devrait cultiver, puisqu'il vient avec autant de facilité que l'autre, et que son fruit est bien préférable pour la grosseur et pour le goût ; il n'a pas autant d'âpreté et exige moins de sucre dans les différents usages auxquels on l'emploie.

L'un et l'autre se propagent de boutures, de drageons et de semis. C'est en Mars qu'on fait les boutures, dans un terrain au levant, léger, fumé et bêché nouvellement. On prend des branches vigoureuses de l'année, auxquelles on laisse un petit talon de 15 millimètres du bois de l'année précédente ; on les enfonce de 8 à 10 millimètres seulement, mais on les arrose tous les soirs, depuis Mai jusqu'à la fin d'Août.

On se procure des drageons en coupant, en Mars, un vieux pied à 8 centimètres au-dessus de terre, en rechaussant à l'automne les tiges qui en sont sorties dans l'année, avec du bon terreau. Elles s'enracinent au bout d'un ou de deux ans. Les semis se font en Novembre, après avoir tiré les graines des fruits ; on fait des rayons profonds de 8 centimètres, espacés de 30, dans une bonne terre fraîche.

On se sert du cognassier pour y greffer diverses espèces de poires, vu qu'il y en a qui ne portent que sur cognassier ; mais elles sont peu nombreuses, et pour avoir des arbres de longue durée on ne devrait employer le cognassier que pour cette dernière série.

Le cognassier franc doit se planter dans un lieu aéré, exposé au soleil, dans une terre douce, bien fumée, un peu humide. Il fleurit aux premiers jours de Mai ; son fruit se récolte à la fin d'Octobre et s'emploie 15 jours à un mois après, n'étant point de garde.

Figuier (*Ficus carica*). On cultive peu le figuier dans notre contrée ; en tout cas, c'est la violette, comme l'espèce la plus rustique, qu'il faut préférer. On place l'arbuste dans l'angle d'un mur, à l'exposition du midi. Là, on le laisse venir en cépée de 8 à 10 branches, en détachant les rejetons nombreux qui épuiseraient le pied ; et, en rognant une partie du bout des jeunes pousses en Juin, ce qui hâte la maturité des fruits. On couche les branches pendant l'hiver et on les couvre de litière ; ainsi garanti, le figuier supporte très-bien 9 à 10 degrés de froid.

Le figuier se multiplie par les rejetons enracinés qu'il produit. Son fruit mûrit au mois d'Août.

Framboisier (*Rubus idæus*). On cultive principalement celui des Alpes à fruits rouges, gros et parfumés, qui donne plusieurs récoltes, comme la fraise des mêmes montagnes. Il y a une variété à fruits couleur de chair, et plus gros ; il y en a aussi une à fruits blancs.

Depuis quelques années on cultive le framboisier du Chili, qui est préférable, parce qu'il est aussi rustique, aussi productif que les autres et que ses fruits sont plus gros, plus sucrés et plus parfumés (on le trouve à Bollwiller, chez M. Baumann, et ailleurs). Le framboisier veut un peu d'ombre, dans un terrain meuble, gras et humide. Sa taille est très-simple ; il suffit de retrancher de terre toutes les branches qui ont donné du fruit, de réformer également les petits rameaux contrefaits et mal venants ; les autres vigoureux, sans avoir égard au nombre, doivent être retranchés à peu près à la moitié de leur longueur ; le tout devra être fait avant qu'aucune végétation se soit fait remarquer : tous les bourgeons qui se développeront à l'écart des cépées, devront être arrachés avec soin. En pinçant les extrémités des fortes branches, on fera développer des ramifications, qui donneront des fruits tardifs et de bonne qualité ; et, si l'on peut planter ces arbrisseaux dans des fosses que l'on remplira graduellement chaque année, leurs produits en seront infiniment plus beaux et plus abondants.

GROSEILLER ORDINAIRE, ROUGE et BLANC (*Ribes rubrum et album*) ; il y a aussi le *groseiller noir*, ou *cassis*, et le *groseiller épineux*, ou *magros*, qui donnent de très-gros fruits, ovales, rouges ou verts.

Le groseiller vient partout, mais son fruit n'acquiert toute la grosseur dont il est susceptible, que dans un terrain léger, amendé, un peu humide ; sa place naturelle paraît être sur le bord des ruisseaux, à demi-ombré. Il se multiplie par les éclats des vieux bois, ou de boutures faites en Mars.

La première taille du groseiller se fera environ une année après la plantation, et toujours avant l'ascension de la sève : à cette époque, on coupera ras terre la première tige, ce qui donnera les rameaux qui doivent former la souche. A la seconde taille, ces rameaux devront être espacés entre eux de manière que les bourgeons et les fruits qui doivent y croître, puissent jouir de tous les fluides aériformes ; on retranchera complétement tous les autres susceptibles de former de la confusion. Les tailles suivantes ont pour but de maintenir cet état de choses et de donner à l'ensemble de l'arbuste une forme arrondie. A l'époque où toutes les branches charpentières deviennent mousseuses et fatiguées par l'âge, il ne faut pas hésiter à en faire la réforme aussi près de terre que possible, pour être remplacées par un certain nombre de forts rameaux.

Il est un autre procédé de tailler ces arbustes, qui consiste à les élever sur une seule tige en forme de boule.

Mûrier noir (*Morus nigra*). Ce mûrier est celui à gros fruits, qu'on place communément dans les basses-cours, tant pour l'ombre que ses larges feuilles procurent aux volailles, que pour ses fruits qu'elles aiment beaucoup. Il se greffe en flûte, ou en écusson à œil dormant, à fleur de terre, sur des sujets de mûrier blanc, gros comme le doigt. Il vient aussi de graine, qu'on sème en Mars.

Le mûrier noir est très-lent à croître ; comme il est très-touffu, il faut supprimer quelques branches de l'intérieur pour donner de l'air aux autres. Il aime un terrain chaud, mêlé de décombres, et élevé en forme de butte.

Néflier (*Mespilus germanica*). On ne cultive dans les jardins que l'espèce à très-gros fruits, qui se greffe en fente sur épine, et à peu de distance de terre ; ensuite on élève la greffe jusqu'à deux mètres au moins, parce que, autrement, les branches traîneraient par terre.

Pour conserver la grosseur des fruits, il faut tailler le néflier : sans cela, les fruits deviennent petits, si l'on abandonne l'arbre à lui-même ; la taille se borne à supprimer les gourmands, et à retrancher les branches qui s'entrecroisent, ou qui pendent par terre.

Noisetier ou Coudrier (*Corylus satira vulgaris*). On en cultive trois variétés, l'une à pellicule blanche, l'autre à pellicule rose, et une troisième à feuilles et à fruits d'un pourpre presque noir.

Les noisetiers ont besoin d'une bonne terre franche, profonde et toujours fraîche. Pour donner du fruit, il leur faut de l'air et du soleil, et pour les entretenir en rapport, on supprime tous les quatre ans les vieilles branches de chaque cépée et on les rechausse d'un peu de de nouvelle terre.

Les noisetiers se multiplient de rejets enracinés. Ils fleurissent en Février et en Mars. Le marcotage est le moyen de propagation le plus facile, le plus expéditif, et donne les plus beaux sujets.

Pêcher (*Amydalus Persica*). On distingue les diverses espèces par la largeur des pétales. Il y a trois divisions principales, savoir : à *larges pétales*, à *pétales moyennes*, et à *pétales étroites et courtes*.

Parmi les espèces à larges pétales et qui exigent l'espalier, nous citerons : la *petite mignonne hâtive*, ou *double de Troyes*. Arbre très-productif, fruit petit, rond, coloré du côté du soleil : il mûrit fin Juillet.

Grosse mignonne. Fruit gros, rond, creux sur le sommet et divisé par une espèce de sillon ; très-coloré du côté du soleil : il mûrit fin Août.

Madeleine rouge, ou *de Courson*. Fruit gros, rond, jaune en dehors et en dedans : il mûrit fin Septembre.

Les espèces à pétales étroites et courtes, qui exigent l'espalier, sont : la *Galande*, ou *Bellegarde*. Arbre vigoureux et très-productif : fruit moyen, entièrement coloré et d'un rouge foncé : il mûrit fin Août.

Téton de Vénus. Fruit très-gros, à peine coloré, dont le sommet se termine par un gros mamelon : il mûrit fin Septembre.

Gros brugnon musqué. Fruit gros, jaune du côté de l'ombre et rouge-noir du côté du soleil : il mûrit en Septembre.

Les espèces qui viennent également en espalier et en plein vent, et qui se reproduisent de noyaux, sont :

Pêche de Malte, ou *Belle de Paris*. Fruit assez gros, peu coloré : il mûrit au commencement de Septembre.

Admirable, ou *Belle de Vitry*. Arbre vigoureux et productif ; fruit gros, jaune en dedans, d'un rouge colore en dehors : il mûrit au commencement d'Octobre ; ses pétales sont moyennes.

Bourdine Narbonne, ou *Belle de Villemont*. Arbre productif ; fruit rond, gros, coloré du côté du soleil, surmonté d'un petit mamelon : il mûrit fin Septembre ; ses pétales sont très-petites.

Pêche d'Ispahan, ou *Pavie de Perse*. Fruit petit et de peu d'apparence, sa peau est verte, sa chair est d'un goût fin et sucré : il mûrit fin Septembre.

Dans le chapitre précédent nous nous sommes étendus longuement sur la manière de soigner le pêcher ; nous n'y reviendrons plus.

POIRIER (*Pirus*). Parmi le grand nombre d'espèces différentes de poiriers, que nous offrent les catalogues des pépiniéristes, nous distinguons les sortes suivantes :

Petit muscat, fruit jaune ;	il mûrit	fin Juin.
Eparge, ou *beau présent* ;	id.	en Juillet.
Princesse, ou *Cuisse-Madame* ;	id.	fin Juillet.
Bon chrétien d'été musqué (à greffer sur franc) ;	id.	en Août.
Rousselet de Reims ;	id.	fin Août et Sep.
Epine d'été, *fondante musquée* ;	id.	en Septembre.
Beurré d'Angleterre, *de Beaumont* ;	id.	fin Septembre.
Beurré gris, *moiré*, *bose*, etc.	id.	en Octobre.
Bégi de la Motte ;	id.	id.
Verte longue, ou *mouille-bouche* ;	id.	id.
Doyenné gris, et *Crassanne* ;	id.	fin Octobre.
Frangipane parfumée ;	id.	d'Oct. en Nov.
Saint-Germain ;	id.	de Nov. à Mai.
Martin sec ;	id.	en Décembre.
Colmar, *belle et bonne*, etc.	id.	en Déc. et Janv.
Chaumontel ;	id.	id.
Bon chrétien d'hiver (il exige l'espalier et veut être greffé sur cognassier)	id.	fin hiver et printemps.

Bergamote crassane d'hiver ; il mûrit ⎰ fin hiver et
⎱ printemps.

Bergamote de Pentecôte ; id. de Déc. à Janv.

Fortunée ; id. printem* et plus

Catillac, poire à cuire ; id. id.

Le poirier exige un terrain profond, fort et non humide : les fonds ferrugineux lui sont mortels. Il faut le fumer de temps en temps. La chaux en poudre, mêlée par vingtième au terreau, est l'engrais qui lui convient le mieux.

POMMIER (*Pirus malus*). Le pommier exige une terre forte, substantielle et fraîche. L'argile grasse lui convient. Pour avoir de beaux pommiers dans les terres légères, il faut réduire en petits morceaux une brouettée de glaise, et la mêler avec la terre du fond de chaque fosse, en plantant un pommier.

Les pommiers ont besoin d'être placés à une exposition très-aérée, ils dépérissent s'ils sont abrités, surtout du côté du nord.

Quand un pommier vieillit ou s'épuise, on creuse, à l'époque de la taille, une petite fosse circulaire à 160 centimètres du tronc, on coupe net les racines qu'on rencontre, et sans les déchirer ; on emplit cette fosse de fumier consommé, on la recouvre de la terre et ensuite on supprime à l'arbre, avec discernement, des branches à fruits pour le décharger.

Parmi les espèces à cultiver dans les jardins, nous citerons :

Les *calvilles*, blanche d'été, d'hiver, de Pâques, rouge d'automne et d'hiver ;

Les *reinettes*, jaune d'été, dorée, ou tardive, de France, d'Angleterre, la grise ;

Les *Apis*, le petit, le gros, ou pomme de rose, le panaché ;

Le *Borsdorffer*, reinette de Misnie, ou reinette bâtarde ;

Les *Pigeonnets*, blanc et rouge, museau de lièvre : petit fruit délicieux ;

Fenouillet jaune, ou drap d'or, Fenouillet gris : petit fruit excellent ;

Ménagère, la plus grosse de toutes.

Les pommes à cidre, sont la *pomme d'avent*, la *pomme citron*, la *chataigne du Léman*, la *Lucken*, la variété la plus recommandable pour planter le long des routes.

En Normandie on ne plante, sur un hectare de verger, de première classe, que 100 arbres, à 10 mètres de distance l'un de l'autre, en majeure partie des pommiers. On y récolte, en moyenne, 160 litres de fruits par arbre, ou 160 hectolitres par hectare. Le prix de l'hectolitre varie de 3 à 5 fr. ; la moyenne est de 4 fr. : le revenu brut est donc de 640 fr. par hectare. Au revenu de ces plantations d'arbres, il faut ajouter celui du sol en herbages, ou prairies.

PRUNIER (*Prunus*). Le prunier est peu délicat, il s'accommode de tout terrain, pourvu qu'il ne soit pas trop sec et qu'on le place dans un lieu aéré. On ne l'élève guère qu'en plein vent : le petit nombre d'espèces qu'on peut élever en espalier, se réduit aux suivantes : la *prune-péche*, la *mirabelle*, la *reineclaude ordinaire* et la *violette*.

Parmi la grande variété de pruniers, nous allons indiquer, suivant leur ordre de maturité, quelques espèces qui méritent la préférence :

Prune de St.-Jean, ou *Damas hâtif de Provence* :	il mûrit fin Juin ;
Prune de Monsieur, *hâtive* : peu productif,	id. en Juillet ;
Prune-péche,	id. id.
Grosse reineclaude verte et abricotée blanche,	id. en Août ;
Reineclaude monstrueuse de Bavey, *vert jaunâtre*,	id. fin Août ;

Grosse mirabelle double, ou *drap
d'or*,   il mûrit fin Août.
Damas violet de Septembre; pro-
ductif,   id.   fin Septem.
Sainte-Catherine tardive,   id.   id.
Prune de Saint-Martin, *violet*,   id.   en Novemb.
Kœtsche, prune d'Angleterre et
d'Italie,   id.   Sept. à Oct.
Ile verte, fruit vert, excellent
pour confire,   id.   id.

La grosse reineclaude, le Perdrigon blanc, le Saint-Julien et tous les damas se reproduisent de noyaux, mais ce moyen est long, et il vaut mieux greffer : l'espèce St.-Julien est préférable, elle drageonne beaucoup, et ses drageons sont d'excellents sujets, si on a soin, en plantant, de diriger en bas l'extrémité de leurs racines, pour que les sujets une fois greffés ne drageonnent plus autant.

Du NOYER. Les noyers sont de grands arbres très-communs; ils ont les feuilles ailées, les fleurs femelles sont ternales, solitaires ou réunies plusieurs ensemble : tandis que les mâles forment des chatons allongés; leur fruit est un drupe charnu, contenant une noix monosperme et à deux valves. Ils appartiennent à la grande famille des amantacés.

Le *noyer commun* (*Inglans regia*) est un arbre de première grandeur; il est originaire de l'Asie, mais il a été transporté depuis un si grand nombre de siècles, dans les parties méridionales de l'Europe, qu'il est maintenant parfaitement acclimaté et comme indigène. Il a produit beaucoup de variétés, parmi lesquelles nous citerons les suivantes :

Noyer à très-gros fruits, ou noix de jauge, dont les noix sont moitié plus grosses que les communes. Les arbres de cette variété croissent avec plus de rapidité, mais leur bois est moins bon.

Noyer à gros fruits longs, une des meilleures variété
à cultiver pour le produit.

Noyer à coque tendre, ou noix de mésange, dont la co
quille est si tendre qu'elle se brise facilement entre le
doigts.

Noyer à coque dure, ou noix anguleuse ; la coque es
si dure qu'il faut un marteau pour la casser. Le bois d
l'arbre est meilleur et plus agréablement veiné que dan
les autres variétés.

Noyer tardif, ou de la St.-Jean. Cette variété ne com
mence à pousser ses feuilles qu'en Juin, et ne fleurit qu
vers la fin de ce mois. Son fruit n'est bon à manger qu
frais, parce qu'il ne mûrit pas si bien.

L'arbre offre l'avantage de n'être pas sujet aux gelées.

Noyer à grappes. Cette variété n'est pas assez cultivée
ses noix, aussi grosses que dans l'espèce commune, son
rassemblées par 12 à 15, jusqu'à 20.

Noyer bifère. Variété très-rare, des environs d'Aix.

Noyer à petits fruits, gros comme des noisettes, mai
en grande quantité.

Noyer hétérophyle, dont toutes les folioles dans la
même feuille, sont dissemblables les unes des autres, va
riété curieuse et rare, dont les branches s'inclinent ver
la terre et dont les coques sont tendres et fragiles.

Quoique très-importante pour les arts et pour l'écono
mie domestique, la culture du noyer est loin d'être auss
répandue qu'elle mérite de l'être ; c'est qu'après 15 à 20
ans de plantation le noyer ne donne, pour ainsi dire
que des espérances, et ce n'est qu'à 56 à 60 ans que ce
arbre donne des produits capables d'augmenter le revenu
du propriétaire. Il faut un siècle, et plus, pour que le
bois soit bon à employer dans les arts.

On ne multiplie le noyer que par les semis de ses fruits,
qu'il ne faut prendre qu'au moment de leur parfaite
maturité. On peut semer les noix en automne, ou à la fin

e l'hiver : mais mieux vaut l'automne ; on les sème avec eur brou.

Le noyer n'est pas difficile sur la nature du terrain, il ient presque partout ; cependant, quand on veut le semer pour en former des pépinières, il est à propos de choisir une bonne terre qui ait du fond.

Comme, dès la première année du semis, cet arbre forme un long pivot qui tend ensuite à s'enfoncer profondément, sans donner des racines latérales, qui lui sont nécessaires pour faciliter sa reprise lors de la transplantation, on est dans l'usage, à la fin de l'automne de la première année du semis, de relever tout le plant pour le replacer en pépinière, après avoir posé un morceau de brique ou de tuile sous le pivot pour l'empêcher de s'enfoncer davantage. Ces jeunes arbres sont bons à mettre en place à l'âge de 3 à 5 ans ; mais ils ne supportent pas d'être étêtés, ainsi qu'on le fait pour d'autres espèces d'arbres.

On peut greffer le noyer en fente et en écusson, mais la greffe qui réussit le mieux sur cette espèce, est celle faite en flûte ; et l'observation a appris que les récoltes de noix sont bien plus abondantes sur les sujets greffés que sur ceux élevés francs de pied.

L'ombre du noyer passe pour être préjudiciable aux autres plantes qui sont dans son voisinage ; on pense que c'est moins son ombre qui est nuisible, que son égout d'eau de pluie.

L'arbre est sensible au froid, surtout dans sa jeunesse et gèle dans les hivers rigoureux. On le cultive surtout pour tirer une très-bonne huile de ses fruits.

L'Olivier. L'olivier ne vient que dans les contrées méridionales ; il lui faut un climat chaud, comme l'Espagne, l'Italie, le midi de la France, l'Afrique et l'Orient. Ordinairement, la tige principale ne s'élève pas au-delà de 2 à 3 mètres ; plus haut, elle se divise en plusieurs

branches et rameaux. Ses feuilles sont coriaces, lancéolées, vertes en dessus, blanchâtres et argentées en dessous; ses fleurs sont petites, blanches, disposées e[n]
grappes axillaires, dont une ou deux deviennent des fruit[s]
connus sous le nom d'olives, d'une forme ovoïde, contenant un noyau oval oblong, enveloppé dans une pulp[e]
d'abord verdâtre, ensuite d'un violet foncé; lors de l[a]
maturité, molle et oléagineuse.

L'olivier a de nombreuses variétés, comme l'*olivie[r]*
bouquetier, l'*olivier à petits fruits panachés*, l'*olivier d'En[-]*
trecasteaux, l'*olivier à fruits blancs*, l'*olivier à fruits od[o-]*
rants, l'*olivier picholine*, l'*olivier pleureur*, l'*olivier à be[c]*
l'*olivier à fruits odorants*, l'*olivier royal*, etc.

Cet arbre est célèbre; il fut apporté dans l'Attique pa[r]
Cécrops, fondateur d'Athènes. Depuis les Grecs, un[e]
couronne de branches d'olivier est le noble symbole de l[a]
guerre et des triomphes; cet arbre était aussi l'emblèm[e]
de la paix chez toutes les nations de l'antiquité.

Il existe peu d'arbres qui aient autant de multiplica[-]
tion que l'olivier; ses branches et ses rameaux, divisés e[n]
brins d'une certaine longueur et mis en terre, donnen[t]
des boutures qui reprennent facilement. L'olivier cro[ît]
lentement et ne rapporte des fruits qu'au bout de dix [à]
douze ans.

Les olives ne sont mangeables, qu'en les laissant un[e]
demi-journée trempées dans une lessive de chaux de cen[-]
dres, et huit jours dans de l'eau fraîche renouvelée toute[s]
les 24 heures. Au bout de ce temps, on les met dans l'ea[u]
de sel, dans laquelle on les conserve. Il est inutile d[e]
parler de l'excellente huile que donne ce fruit; tout l[e]
monde la connaît.

Du Murier blanc.

Le mûrier (*Morus*) forme un genre de famille des Urti[-]
cées, qui comprend des arbres de moyenne grandeur, don[t]
les fleurs sont monoïques ou dioïques, disposées en châ[-]

tons serrés, ovales ou allongés, et dont les femelles se transforment en des espèces de baies succulentes, agglomérées plusieurs ensemble et contenant chacune une seule graine. Plusieurs espèces de ce genre sont précieuses et d'un grand intérêt pour l'agriculture, à cause de la propriété que leurs feuilles ont de servir à la nourriture des vers-à-soie.

Le mûrier blanc est un arbre qui peut s'élever à 8 ou 12 mètres, et même jusqu'à 16 mètres dans le midi, sur un tronc de 1 à 27 mètres de circonféernce. Ses feuilles sont alternes, pétiolées, luisantes en dessus, glabres des deux côtés, ovales, un peu échancrées, en cœur à leur base, dentelées en leurs bords, entières dans la plupart des variétés cultivées, souvent diversement divisées en lobes dans les individus sauvages. Cet arbre, originaire de la Chine, de la Perse et de quelques autres contrées de l'Asie, est aujourd'hui naturalisé dans le midi de l'Europe, et même il supporte assez bien les rigueurs de l'hiver de notre climat tempéré. — Une longue culture et des semis multipliés ont fait produire au mûrier blanc plusieurs variétés, qu'on distingue en général par la longueur des feuilles, par leur consistance et leur surface plus ou moins luisante.

Voici la nomenclature des variétés que l'on trouve chez les pépiniéristes, et surtout dans les pépinières d'Audibert à Tonelle, près Tarascon :

Mûrier feuilles de rose, à feuilles luisantes, portées sur des pétioles roses ;

Mûrier romain, à feuilles ovales, luisantes et grandes ;

Mûrier grosse-reine, à très-grandes feuilles, un peu plissées, à pétiole court ;

Mûrier langue de bœuf, à feuilles presque deux fois aussi longues que larges ;

Mûrier nain, à feuilles et bourgeons très-rapprochés ;

Mûrier à feuilles non luisantes ;

Mûrier veineux, que M. Delille a fait connaître ;

Mûrier Mozetti, trouvé par le professeur de ce nom.

C'est la variété la plus remarquable qui se multiplie par le semis.

Dans les Cévennes, ce sont les variétés qu'on nomme

Colombasse verte ou *Colombassette*, qui sont regardées par les Cévennais comme étant les meilleures pour la santé des vers-à-soie.

Le *mûrier d'Italie* a le port et les feuilles du mûrier sauvage, et il n'en diffère que parce que son bois est teint sous l'écorce d'une couleur rose-clair. Les vers-à-soie mangent ses feuilles comme celles du mûrier ordinaire.

L'arbre du *mûrier de Constantinople* ne s'élève qu'à 4 ou 5 mètres ; son tronc est noueux, divisé en branches qui ne poussent que des rameaux gros et courts, sur lesquels les bourgeons et les feuilles sont très-pressés ; ces dernières sont cordiformes, entières, très-luisantes, et elles naissent si rapprochées les unes des autres, qu'elles paraissent comme si elles étaient disposées en touffes. Ces feuilles sont très-bonnes pour la nourriture des vers-à-soie, qui donnent des cocons plus gros et plus pesants que les vers nourris avec celles du mûrier ordinaire.

Le *mûrier multicaule* ou *des Philippines*. Cette espèce, au lieu de former un seul tronc, se divise le plus souvent dès sa base en plusieurs tiges peu cylindriques en général, mais plutôt un peu tétragones, à angles obtus ; ses feuilles offrent aussi de grandes différences ; elles sont en cœur à la base, le plus souvent boursouflées, bordées de grandes crénelures ovales et mucronées.

Ses fruits sont oblongs, pendants, noirs, succulents et bons à manger. Ce mûrier a été introduit en France, en 1821, par Ch. Perrotet, qui l'a apporté de Manille, où un Chinois l'avait importé depuis peu de Canton.

Le *mûrier intermédiaire* a été importé par le même

voyageur ; ses fruits sont rouges et non bons à manger ; ses feuilles sont dentées en scie.

Le *mûrier à papier* forme aujourd'hui le genre *Brous- sonetia* ; ses feuilles sont tout à fait impropres à la nour- riture des vers-à-soie.

Le mûrier peut se multiplier de graines, de boutures et de marcottes ; la greffe n'est point véritablement un moyen de multiplication, elle ne peut servir qu'à conser- ver les variétés obtenues par la culture. Comme on a re- connu depuis assez longtemps que les marcottes et les boutures ne donnaient pas de sujets aussi vigoureux que ceux provenant de semis, c'est seulement par cette der- nière voie qu'on se procure maintenant des mûriers.

La graine qu'on destine à faire des semis, doit être prise sur des individus sains, vigoureux, qui aient déjà atteint un certain degré de croissance, comme l'âge de 30 à 40 ans. On doit encore donner la préférence à ceux qui ont les feuilles les plus larges, en s'abstenant d'en dégarnir les arbres dont on se propose de récolter les fruits, et en ne cueillant ceux-ci que lorsqu'ils sont par- faitement mûrs, c'est-à-dire en les secouant de l'arbre.

On sépare la semence en écrasant doucement les fruits entre les doigts, dans un vase contenant de l'eau : les graines se précipitent au fond, et, en décantant le liquide avec la pulpe, on retire la graine, qu'on lave dans une seconde eau. On la sèche à l'ombre ; on la conserve dans un lieu sec, jusqu'au moment de l'employer.

Dans le midi on peut semer la graine du mûrier aussitôt qu'elle est récoltée ; c'est alors, vers la fin de Juin, qu'on doit faire le semis ; de cette manière le plant lève encore, acquiert assez de force pour résister à l'hiver, et, par ce moyen, on gagne une année. Dans nos contrées, il ne faut semer la graine du mûrier qu'au mois d'Avril et même au commencement de Mai, lorsqu'il n'y a plus de gelée à craindre. Comme cette graine est très-petite, on la mêle .

pour la semer, avec une certaine quantité de terre ou de sable, et on la répand à la volée, bien espacée. Il suffit de trois décagrammes pour garnir une plate-bande de 2 1/2 mètres de longueur sur 130 centimètres de largeur.

Le terrain propre à faire un semis de mûriers doit être plutôt léger que fort, ni sec, ni humide, défoncé au moins à 65 centimètres de profondeur, et la terre doit en être rendue aussi meuble que possible. Un bon moyen pour en accélérer la végétation, c'est d'en amender le sol avec une certaine quantité de vieux terreau de couche.

La graine du mûrier ne doit pas être très-enterrée; elle met 15 à 20 jours à lever, et peu après il faut débarrasser le sol des mauvaises herbes et éclaircir le plant. Un peu plus tard, environ 5 à 6 semaines après avoir sarclé, on donne un binage, qui doit être fait avec beaucoup de précautions.

On donne le nom de *pourrette* au jeune plant provenant de la graine de mûrier. A la fin de l'automne de la première année, on arrache toute cette pourrette, et on la plante en pépinière dans un terrain convenablement préparé et dans des rayons tracés à 65 centimètres les uns des autres, en plaçant chaque plant à la même distance et en quinconce. Il faut soulever les jeunes plants à la bêche pour conserver les racines intactes. — Toute la pourrette trop faible pour être transplantée, est laissée dans les plates-bandes où elle a été semée; à la fin de l'hiver, on la coupe rez-terre, afin de lui faire produire un plus beau jet dans le courant de la belle saison suivante. Il est préférable d'employer le sécateur pour faire ce recépage. On retranche les jeunes rameaux qui croissent latéralement à chaque linage.

Tous les jeunes plants que le semis a donnés sont regardés comme sauvageons et soumis à la greffe, qui leur fait porter des feuilles plus grandes et plus épaisses, fournissant aux vers-à-soie, à quantité égale, une plus grande proportion de substance alimentaire, et présentant une énorme économie de cueillette.

Car le même nombre de feuilles, prises sur des rameaux de même force et de même âge, fournit proportionnellement à l'espèce d'arbre sur lequel on les récolte.

Un nombre donné de feuilles cueillies sur sauvageon pesant.. K° 1 »

Même nombre de feuilles, prises sur le *mûrier romain greffé*.. » 2 50

Même nombre de feuilles, prises sur le *mûrier feuille de rose*.. » 2 75

Même nombre de feuilles, prises sur le *mûrier grosse-reine*.. » 3 25

Même nombre de feuilles, prises sur le *mûrier moretti*.. » 5 50

Même nombre de feuilles, prises sur le *mûrier multicaule* .... » 5 60

Cette comparaison fait comprendre facilement qu'il y a grand avantage à employer des mûriers greffés dans les éducations des vers-à-soie, et à n'entreprendre des plantations de mûriers que dans les bonnes terres où la feuille peut prendre tout son développement, puisqu'un kilo de petites feuilles exige autant de temps pour être cueilli que 5,60 kilo du mûrier multicaule.

Les sauvageons du mûrier peuvent être greffés en fente, en écusson et en flûte; mais, comme nous l'avons déjà dit, c'est à la flûte qu'on donne la préférence : opération délicate, que nous avons décrite.

Les mûriers greffés en pépinière sont coupés au mois de Mars suivant, à la hauteur de deux mètres. On enlève les branches qu'ils poussent le long de la tige, en laissant au sommet 3 à 4 bourgeons qui doivent former la tête de l'arbre.

Les mûriers qu'on enlève de la pépinière, pour les

planter à demeure, doivent être arrachés avec tous les soins possibles et plantés dans des fosses défoncées à un mètre de profondeur et remplies de bonne terre. Il faut les tailler avant de les placer à demeure et ne leur laisser que trois à cinq branches bien disposées, qu'on taille à deux ou trois yeux.

Pour que le mûrier en plein vent prenne tout son développement, il faut mettre 10 à 12 mètres d'intervalle d'un arbre à l'autre, et n'en cueillir les feuilles qu'à la 4ᵐᵉ et même la 5ᵐᵉ année après la plantation à demeure.

Tant qu'on ne cueille pas la feuille des mûriers, il faut les tailler au mois de Mars; mais lorsqu'une fois on dépouille les arbres de leurs feuilles, c'est aussitôt que la cueillette est terminée qu'on doit les tailler.

La taille du mûrier doit continuer sur l'arbre adulte, comme sur les jeunes sujets; elle a pour but : 1° de décharger les arbres des branches mortes et de celles qui auront pu être cassées ou endommagées par le cueilleur; 2° de retrancher les branches d'une végétation trop faible et celles qui, placées dans l'intérieur de l'arbre, l'empêcheraient d'être convenablement évasé; 3° d'arrêter les branches qui poussent trop vigoureusement et s'élèvent trop haut; 4° de raccourcir les branches horizontales, ou pendantes.

Après tous ces soins, il ne reste plus qu'à fumer les mûriers; c'est ce qu'on fait ordinairement tous les 3 à 4 ans : outre les engrais ordinaires, la litière des vers-à-soie, qu'on a laissée pourrir pendant quelque temps, est très-propre à servir de fumier.

La cueillette des feuilles exige des soins qu'on ne lui donne pas toujours; ainsi, il ne faut pas laisser la moindre feuille sur les arbres, car s'il en restait sur quelques branches, la sève s'y porterait au détriment de celles dépouillées.

Les jeunes mûriers doivent être dépouillés les premiers,

afin qu'ils aient plus de temps pour pousser leurs secondes feuilles.

Comme les vers-à-soie ne mangent pas les feuilles malpropres, ni celles qui sont flétries, il faut éviter tout ce qui pourrait les endommager.

On doit s'abstenir de ramasser la feuille qui est couverte d'un enduit visqueux, nommé vulgairement miellée, parce que cela est contraire à la santé des vers. Celle qui a des taches qu'on nomme rouille, n'est pas mauvaise pour cela, parce que ces insectes ne mangent que la partie saine.

Les ouvriers chargés de cueillir les feuilles, sont munis de grands tabliers dont ils relèvent les deux coins du bas en les fixant à leur ceinture, et lorsqu'ils ont rempli ces tabliers, ils descendent de l'arbre et mettent ce qu'ils ont de feuilles dans des sacs. La feuille cueillie peut se conserver 2, 3 et même 4 jours, en ayant soin de la tenir dans des lieux bas, secs et privés de lumière, et en évitant la fermentation.

Les mûriers nains sont espacés de trois mètres en tous sens et ravalés, après la cueillette, sur 3, 4 à 5 branches principales, à 65 centimètres de terre. Chacun de ces arbres nains, âgé de sept ans, fournira dans un bon terrain 20 à 25 kilog. de feuilles.

Les mûriers nains ont le grand avantage de fournir beaucoup de feuilles, et des feuilles très-faciles à cueillir. — On dit qu'en Chine on voit quantité de champs remplis de mûriers nains, qu'on empêche de s'élever, et qu'on plante et taille à peu près comme la vigne.

Le mûrier multicaule se plaît dans les terres meubles, légères et un peu substantielles, plutôt humides que sèches. Le grand avantage qu'il présente, c'est de pouvoir être multiplié de boutures avec la plus grande facilité. Ce mûrier n'est pas propre à former des arbres de plein vent ; mais il convient admirablement bien pour des

basses tiges. Ces derniers doivent être plantés en quinconce, à deux mètres de distance les uns des autres. Ainsi
disposés, ces arbres peuvent être ravalés tous les ans,
après la cueillette des feuilles, à 65 centimes de terre, et
donner ensuite, jusqu'à la fin de la belle saison, de
nouvelles pousses d'environ deux mètres de hauteur.

Les éducateurs des vers-à-soie, qui nourrissent leurs
vers avec les feuilles du mûrier multicaule, trouvent que
ces insectes s'arrangent bien de cet aliment; les cocons
produits sont égaux en poids à ceux des meilleures éducations, et la soie est d'aussi belle qualité. Mais cet arbre
craint les gelées plus que le mûrier blanc; il redoute
surtout les grands vents qui lacèrent et flétrissent ses
feuilles et brisent ses branches; il exige un meilleur
terrain, qui conserve toujours de la fraîcheur. C'est à
l'expérience de constater l'avantage ou le désavantage de
cette espèce de mûrier.

Si on estime à 6 fr. les 100 kilog. de feuilles de mûrier, qui est leur prix moyen, un hectare planté depuis
sept ans en mûriers greffés, espacés de quatre mètres,
pouvant rapporter cent quintaux métriques de feuilles,
doit, par conséquent, donner un produit brut de 600 fr.,
et les espaces intermédiaires peuvent être livrés à la
culture.

On a découvert depuis longtemps qu'on pouvait retirer
de l'écorce du mûrier une filasse propre à faire des cordes
et des toiles; et on peut regarder comme certain que
cette écorce peut servir à fabriquer du papier; ainsi que
les Chinois et les Japonais le font avec celle de l'espèce
nommée mûrier à papier.

De la fumure des arbres en général.

Le fumier ne nuit pas aux jeunes arbres et il est nécessaire aux vieux pour soutenir leur vigueur. Tout le monde
sait que les fumiers de vaches doivent être employés de
préférence pour les terres légères, et les autres pour

celles qui sont fortes et substantielles, C'est, en général, à l'automne et pendant le cours de l'hiver que ces fumiers, aux deux tiers consommés et tout fumants, devront être enterrés par un labour fait de manière à ne point endommager les racines.

Du paillage.

Cette opération se fait au moyen d'une couche de fumier, de 3 à 4 centimètres d'épaisseur, sur toute l'étendue des plates-bandes destinées à recevoir les racines des arbres que l'on y aura plantés; son principal but est de retenir l'humidité du sol et d'empêcher les rayons du soleil de les pénétrer subitement. Cette excellente pratique a aussi le précieux avantage de s'opposer à ce que les terres se tassent et se calcinent à leur superficie. Ce travail devra être plus ou moins retardé, selon la nature des terres; celles qui sont légères et brûlantes devront être recouvertes, au plus tard, à la fin de Mars, par une epaisseur de 3 centimètres au moins de fumier de vache, qui n'aura éprouvé que la fermentation nécessaire pour en détruire les insectes ou leurs larves, et les grains des plantes adventices qui pourront s'y rencontrer.

Quant aux terres compactes et froides, cette opération devra se faire avec des fumiers de cheval à demi-consommés, mais en différant leur application jusqu'à la fin de Mai, afin que la chaleur ait le temps de pénétrer ces sortes de terres.

Chacun connaît, également, le bon effet des arrosements faits à l'aide de la pompe à main pour faciliter la répartition des eaux qui doivent être jetées sur les feuilles des pêchers et d'autres arbres fruitiers. Il faut faire ces arrosements à la suite des journées de sécheresse et après le coucher du soleil.

CHAPITRE XXII.

Des Animaux domestiques.

Sous la dénomination d'animaux domestiques, on comprend généralement tous les animaux dont l'homme a su dompter l'instinct et adoucir les mœurs sauvages, qu'il a contraints de vivre avec lui et desquels il a appris à diriger les penchants et à modifier les passions, en satisfaisant à leurs besoins. En les accoutumant à la vie domestique, l'homme est parvenu également à modifier leurs formes et à développer des facultés qui les rendent plus utiles aux besoins de la société.

Dans la classification générale du règne animal, les animaux domestiques appartiennent à deux grandes classes, celle des mammifères et celle des oiseaux.

Les mammifères, réduits à l'état de domesticité, ont été rangés, dans cette classification, dans quatre ordres particuliers : ceux des *carnassiers*, des *rongeurs*, des *pachydermes* et des *ruminants*.

Les carnassiers domestiques sont le *chien* et le *chat*.

Les rongeurs, le *lapin*, et quelquefois le *lièvre*.

Les pachydermes, qui sont des animaux à sabots, se partagent en deux familles : les pachydermes à pieds fourchus, le *cochon*, et les solipèdes, qui ont un sabot à chaque pied, le *cheval*, l'*âne*, le *mulet*.

Les ruminants, ou animaux qui jouissent de la singulière propriété de faire remonter les aliments dans la bouche pour les mâcher une seconde fois, forment trois genres : les *chèvres*, les *moutons* et les *bœufs*, qui comprennent le *taureau* et la *vache*.

Les oiseaux qu'on élève en domesticité, sont divisés en

deux ordres par les naturalistes : les *gallinacés* et les *palmipèdes*.

Les gallinacés sont les *dindons*, le *coq*, les *poules* et les *pigeons*.

Les palmipèdes, dont les doigts sont réunis par des membranes, comprennent les *oies* et les *canards*.

Parmi les animaux domestiques, les chevaux, les bœufs et les moutons jouent le principal rôle dans l'économie rurale.

On désigne les solipèdes, ou le cheval, l'âne et le mulet, par le nom collectif de bêtes chevalines ; le taureau et la vache, par ceux de gros bétail, de bêtes à cornes, de bêtes bovines, et les troisièmes, par ceux de menu bétail, de bêtes à laine ou ovines. Quant aux volatiles, les poules, dindons, oies et canards forment les oiseaux de basse-cour, et les pigeons les oiseaux de colombier.

C'est l'industrie agricole qui est chargée de l'éducation des animaux domestiques, et il importe qu'elle soit dirigée avec les soins et l'intelligence que comporte un sujet aussi grave et aussi important, vu que c'est l'agriculture qui a le besoin le plus impérieux de leur concours ; ainsi, elle doit porter le plus haut intérêt à leur éducation, dont elle profite le plus immédiatement.

L'agriculture tire d'abord un parti avantageux de l'éducation des animaux domestiques, en faisant usage de la force de plusieurs d'entre eux, pour les appliquer aux travaux pénibles que réclame la culture, et en profitant de leurs déjections pour entretenir la fécondité des terres.

Elle profite en second lieu de leur éducation, par les denrées qu'elle parvient ainsi à livrer à la consommation. Ces denrées sont le lait, la laine, les œufs, le duvet que fournissent les animaux vivants, et la chair, le suif, la graisse, les peaux, etc., qu'on en tire après leur mort.

Économie du bétail.

L'économie du bétail est cette partie de la science agricole qui comprend la multiplication, l'élève, l'entretien et l'emploi des animaux domestiques utiles à l'agriculture

Les notions générales comprennent l'*hygiène*, la *multiplication* et l'*élève des animaux domestiques*..

Les notions spéciales indiquent l'application de ces règles générales à chaque genre de bétail, selon sa nature particulière.

HYGIÈNE.

Les animaux, comme les plantes, ont besoin, outre la nourriture, d'air, d'humidité, de chaleur et de lumière.

L'absorption, l'assimilation, l'excrétion, l'accroissement, la reproduction sont des fonctions communes à ces deux classes d'êtres.

Les animaux ont de plus que les plantes la sensibilité plus caractérisée, et le mouvement, le pouvoir de se déplacer à volonté. Ainsi, les fonctions animales exigent des systèmes organiques inutiles aux végétaux, celui des muscles pour le mouvement volontaire, celui des nerfs pour la sensibilité.

La *respiration* est la fonction la plus essentielle du corps de l'animal; elle l'animalise en quelque sorte; aussi un air pur est-il la première condition d'existence pour l'animal.

On conçoit facilement, d'après cela, quels résultats fâcheux doit avoir sur la santé des animaux l'air vicié des étables, écuries, bergeries où on les tient. Les cultivateurs ne sont pas assez persuadés du mal qu'ils font à leurs bestiaux en les tenant renfermés dans des espaces étroits, privés d'air et de lumière, et remplis de gaz malsaints que dégage le fumier qu'on y laisse s'amonceler. C'est là la cause d'une foule de maladies plus ou moins graves.

Il est un seul cas où l'air pur n'est pas nécessaire, où il est même un obstacle, c'est dans l'engraissement. Mais il ne faut pas perdre de vue que l'état de graisse est un véritable état de maladie, et que l'animal à l'engrais ne doit et ne pourrait vivre longtemps. L'établissement de cheminées de ventilation, propres à renouveler l'air, est donc une condition indispensable pour l'assainissement des étables et des écuries.

De la *nutrition*. Après la respiration, vient sous le rapport de l'importance, la nutrition.

Chaque espèce d'animaux doit recevoir la nourriture qui lui est la plus propre et qui convient le mieux à sa nature.

L'état particulier de chaque animal doit aussi amener une différence dans la nourriture : des bêtes malades demandent d'autres aliments que les bêtes en bonne santé; les bêtes qui sont pleines veulent des aliments légers, nutritifs et d'une facile digestion; celles qui nourrissent demandent des substances qui favorisent la sécrétion du lait, par conséquent des aliments assez aqueux, quoique nutritifs; celles qui travaillent veulent des substances qui, tout en nourrissant, donnent surtout de l'énergie et de l'activité; tandis que les substances nourrissantes, mais débilitantes en même temps, conviennent mieux aux bêtes à l'engrais.

Les animaux dont on tire partie doivent recevoir plus d'aliments que la simple ration ordinaire d'entretien; car tous les produits qu'ils donnent, soit en travail, soit en lait, en laine, en viande, ne peuvent être créés que par la quantité d'aliments qui est en sus de la ration d'entretien; de là aussi ce principe qu'un petit nombre d'animaux bien nourris rapporte davantage qu'un grand nombre mal nourris, la ration d'entretien n'étant d'aucun produit pour le cultivateur. Un simple calcul le prouvera suffisamment : en donnant à une vache de moyenne taille 6 kilog. de foin par jour, on la conserve dans le même état; elle ne maigrira ni n'engraissera, mais elle ne donnera aucun produit, sauf le fumier; par conséquent les

6 kilog. de foin seront à peu près perdus. Si, au contraire, on lui en donne 40 kilog., on en obtiendra 6 à 7 litres de lait qui payeront la nourriture en tout ou en partie. Le même calcul s'applique aux autres bestiaux, soit de rente, soit de travail.

La quantité de trois kilog. de foin pour cent kilog. du poids vivant de l'animal paraît être une moyenne assez généralement applicable à tous les animaux dont on tire partie, excepté pour ceux qu'on engraisse. En dépassant ces limites, l'excédant est employé à produire de la viande au lieu de travail, de lait ou de laine.

Il doit exister un certain rapport entre le volume et la faculté nutritive des aliments. Tous les animaux, surtout les ruminants, demandent à avoir l'estomac rempli jusqu'à un certain point; et une nourriture qui, avec une grande valeur nutritive, aurait un trop petit volume, leur convient tout aussi peu, seule, que celle qui pécherait par l'excès contraire. Ainsi, on réussirait tout aussi mal en ne donnant que du grain, qu'en ne donnant que de la paille.

Il doit également exister un rapport convenable dans la nourriture entre les substances solides et l'eau. La proportion convenable varie selon l'espèce de bétail; mais la quantité d'eau ne doit jamais être assez forte dans la nourriture, pour que les animaux soient, d'ordinaire, dispensés de boire. Ils doivent établir par là la proportion convenable; car, si une trop forte proportion de substance sèche peut les disposer à des obstructions et à des maladies inflammatoires, l'excès contraire leur est encore plus nuisible en relâchant et en affaiblissant leur organes digestifs. Les bêtes qui donnent du lait exigent en général des aliments plus aqueux que les autres.

Le bon effet et la valeur nutritive des aliments se trouvent augmentés par un emploi convenable, par des mélanges appropriés, par la variété et par une bonne préparation.

Tel fourrage qui a beaucoup de valeur pour l'engraissement, en a peu pour les vaches laitières ; tel autre qui, seul ou sans préparation, nourrit peu, devient fort bon, lorsqu'il est bien préparé ou mélangé avec un autre aliment d'une nature différente. C'est par des mélanges semblables que l'on peut faire consommer avec avantage des aliments trop ou trop peu substantiels, trop aqueux ou trop secs et ligneux.

Le passage d'une nourriture usitée depuis longtemps à une autre à laquelle le bétail n'est pas habitué, ne doit avoir lieu que progressivement et avec précaution.

Les heures des repas doivent être autant que possible réglées, et, lorsqu'on le peut, on tâche de donner pendant toute l'année une ration uniforme, eu égard aux besoins de l'animal et aux services qu'il rend.

Ainsi, pendant l'hiver, il n'est pas nécessaire de nourrir les chevaux aussi fortement que pendant l'époque des travaux. Mais dans aucun cas on ne doit réduire la nourriture au-dessous de la ration d'un bon entretien. En général, les variations trop grandes et surtout trop brusques, dans la qualité comme dans la quantité de la nourriture, sont toujours nuisibles.

Il faut éviter de faire manger et surtout de faire boire les animaux immédiatement après une course ou autres mouvements violents et continus, ou lorsqu'ils sont en sueur ; il faut surtout veiller à ce que le bétail consomme, avant de boire, les substances aqueuses, et, après, lui donner tout ou portion des meilleurs aliments composant le repas, pour le terminer par de la paille entière ou du foin : enfin, on ne doit présenter à l'animal qu'une petite quantité de nourriture à la fois.

Les aliments qui servent principalement à la nourriture du bétail en été, sont le trèfle, la luzerne, le sainfoin, les vesces et l'herbe verte. En hiver, on supplée à cette nourriture par les aliments suivants : *foin* et *regain*. Le

foin convient mieux aux bêtes de travail qu'aux autres.
Le regain est préférable pour les bêtes laitières ou à l'engrais. Cependant, il est rarement avantageux de ne nourrir les animaux que de foin, ou de regain.

La paille donnée seule est un mauvais aliment, mais hachée et mélangée avec d'autres substances, surtout avec des alimens aqueux, elle peut être employée avantageusement à la nourriture du bétail. Toute la paille que l'on destine pour litière peut être mise d'abord devant les bêtes, qui en tirent le meilleur.

Les feuilles de plusieurs espèces d'arbres et arbustes, coupées en Août et séchées, fournissent un bon fourrage, surtout pour les moutons et les chèvres. Les feuilles du peuplier du Canada sont regardées comme équivalentes au meilleur foin.

Les pommes de terre forment une excellente nourriture pour diverses espèces de bestiaux : les bêtes bovines et ovines seules s'en accommodent, lorsqu'elles sont crues; mais jamais elles ne doivent former plus de la moitié de la nourriture. On les regarde comme équivalentes, en moyenne, à un peu plus de la moitié de leur poids en foin. La cuisson augmente un peu leur valeur nutritive.

La pulpe de pommes de terre, résidu des féculeries, est un aliment utile, l'hiver, mélangé avec du foin et de la paille hachée; il est de même des résidus de distillerie.

Les betteraves conviennent moins que les pommes de terre aux bêtes laitières, mais elles conviennent mieux pour l'engraissement. Les résidus des fabriques de sucre de betteraves s'emploient de même que les racines entières.

Les résidus des brasseries sont excellents pour tout bétail, même pour les chevaux, lorsqu'ils ne sont pas aigres. Les résidus provenant d'un kilog. de malte peuvent être regardés comme l'équivalent d'un kilog. de foin.

L'avoine est le fourrage le plus convenable pour les bêtes de travail, parce qu'elle donne le plus d'énergie. Cuite, l'avoine semble perdre sa propriété stimulante et convient beaucoup aux vaches et aux brebis laitières.

L'orge est le seul grain donné aux chevaux dans le midi de l'Europe, en Afrique et en Asie; mais il semble leur convenir moins que l'avoine dans le nord. En revanche, il est plus propre que cette dernière à l'engraissement, mais paraît ne pas convenir pour les vaches laitières, au lait desquelles il communique un goût amer. Les pois et les vesces sont dans le même cas.

Les féveroles sont souvent données aux chevaux ainsi qu'à l'autre bétail. On les donne, trempées ou cuites, aux vaches, aux brebis et aux porcs. Elles rendent le lait plus gras, sans toutefois en augmenter sensiblement la quantité.

Lorsque les graines sont données en juste proportion avec les autres fourrages et qu'on leur a fait subir une préparation convenable, on peut considérer 120 décagr. d'avoine, 1 kilog. d'orge, un peu moins d'un kilog. de seigle, 80 décag. de blé, 75 décag. de pois, vesces et féveroles, comme égales à 2 kilog. de bon foin.

Les tourteaux d'huile se rapprochent beaucoup du grain, quant à leur valeur nutritive. On les donne à tout bétail, excepté aux chevaux.

Les soupes. Ce sont des fourrages quelconques, coupés ou hachés, que l'on fait tremper dans de l'eau bouillante, ou cuire; on emploie le plus souvent, dans ce but, des balles de grains, des siliques de colza, de la paille et du foin hachés; on y joint des tourteaux d'huile, du grain concassé, du son, etc. On met tremper le soir pour le matin, et le matin pour le soir; afin de ne donner les soupes qu'après qu'elles sont refroidies. Ces soupes ne conviennent qu'aux bêtes laitières et à l'engrais.

L'expérience a prouvé que la fermentation, poussée

jusqu'à un certain degré, c'est-à-dire, jusqu'au moment de l'acidité, augmentait la valeur nutritive de plusieurs substances alimentaires, notamment des grains réduits en farine, du son et des racines cuites, ou même crues, coupées par tranches et entassées dans une cuve, avec du son ou de la harcel mouillée. Cette nourriture ne convient non plus qu'aux bêtes laitières et à l'engrais.

Tous les animaux domestiques, mais surtout les ruminants, aiment le sel et le recherchent avec avidité. Cette circonstance seule doit déjà prouver qu'il leur est bon. Il favorise la digestion et provoque l'appétit ; il est surtout utile lorsqu'on donne des aliments lourds ou malsains, lorsque l'atmosphère est très-humide, et pour les bêtes à l'engrais. Du reste, on ne doit le donner qu'en petite quantité à la fois.

Les autres conditions essentielles pour la bonne tenue des animaux domestiques sont : la *propreté*, une *température moyenne*, et du *mouvement*, qui est surtout indispensable aux jeunes bêtes, car seul il peut développer la force musculaire.

DE LA MULTIPLICATION DES ANIMAUX DOMESTIQUES.

Chez les animaux domestiques, l'accouplement est à la disposition de l'éleveur. Par ce moyen il peut non seulement les multiplier, mais encore conserver, ou changer et améliorer les races, ou même en créer de nouvelles par des croisements. Dans les notions générales sur la reproduction des animaux domestiques, nous considérons : la *race*, l'*âge* des individus destinés à la propagation ; les *règles* à observer pour l'accouplement.

Les animaux de la même race peuvent différer entre eux d'une manière très-sensible pour la taille, les formes, les qualités, les dispositions, l'aptitude, certains genres de service, etc.

Il faut admettre pour toutes les espèces d'animaux un type primitif, une race première, possédant au plus haut degré les caractères particuliers et les qualités originelles de l'espèce. Les modifications qu'elle a subies à la longue sont dues au climat, au sol et à la nature des pays où des individus de la souche primitive se sont trouvés transportés, de même qu'à la qualité et à la quantité de la nourriture ; au choix des individus reproducteurs, à l'éducation et au régime.

Envisagées sous le point de vue de la nature, les races primitives sont les plus parfaites. Mais, considérées sous le point de vue de notre utilité, elles sont, le plus souvent, fort éloignées de la perfection.

La perfection d'une race pour nous, c'est sa plus grande aptitude à remplir nos vues, à nous être utile. C'est ce qu'ont fait *Backwell*, pour les bêtes d'engrais ; les éleveurs de chevaux en Angleterre, pour les chevaux de courses ; les propriétaires de *Naz* pour les moutons fins.

Il y a trois manières de se procurer une race plus parfaite et plus avantageuse que celle que l'on possède déjà : en important chez soi des individus mâles et femelles d'une race étrangère, possédant spécialement les qualités que l'on recherche, et en la conservant dans sa pureté. En croisant la race inférieure avec une race supérieure. En améliorant la race du pays par elle-même.

Lorsque la race indigène ne nous convient pas, l'introduction d'une race étrangère est la méthode la plus prompte et la plus efficace pour arriver à la possession d'une race qui remplisse parfaitement notre but. Toutefois, elle est ordinairement coûteuse, et, dans certains cas, impuissante à la longue ; parce que, sous l'influence d'un autre climat et d'une nourriture différente, on voit ordinairement, de génération en génération, certains caractères de la race s'affaiblir, disparaître même, et la race étrangère finir par s'assimiler plus ou moins à la race indigène.

En accouplant des individus du même genre, mais

d'espèces ou de races différentes, c'est-à-dire en croisant, on obtient un produit qui tient en même temps du père et de la mère, et se nomme *métis*. Si père et mère sont d'espèces différentes, comme le cheval et l'âne, le produit se nomme *mulet*, ou *bâtard*, et presque toujours il est inapte à la reproduction.

Cette méthode d'améliorer exige beaucoup de tact et de réflexion ; il faut au moins qu'un des individus accouplés jouisse de toutes les qualités d'une race distinguée au plus haut point de perfection, pour ramener ces qualités dans la race inférieure, et continuer ces croisements jusqu'à ce qu'on ait atteint son but.

Veut-on, par contre, réunir les bonnes qualités qui distinguent deux races différentes dans une nouvelle génération mixte ; alors il faut arrêter le croisement aux premiers produits obtenus et reprendre de suite avec eux l'accouplement consanguin, pour y fixer d'une manière constante les qualités ainsi réunies.

Cependant, il est difficile d'obtenir des résultats favorables de l'accouplement consanguin avec des animaux nés de croisements. En Angleterre, on n'emploie habituellement ce moyen que pour obtenir des individus isolés, jouissant des qualités de deux races distinctes, sans les destiner à la reproduction.

L'accouplement consanguin, ou l'accouplement entre individus de la même famille, fait avec les soins voulus, est plus propre à l'amélioration d'une race, ou à la conservation de ses bonnes qualités.

La première règle à observer dans l'amélioration des races, est de transmettre de génération en génération les belles formes et les bonnes qualités, non seulement de pères et mères, mais encore des aïeux : cette conservation est d'une très-grande influence ; celle des pères et mères est la plus immédiate, celle des aïeux l'est suivant le degré de parenté. Si les bonnes qualités de pères et mères qui servent à la reproduction, sont d'un mérite égal, leur influence est la même pour le mérite des produits. Pour le savoir, il faut que le registre d'origine soit tenu avec la plus grande exactitude, sans cela il devient difficile, sinon impossible, de découvrir la source de déviation, surtout au mâle qui saillit ordinairement un grand nombre de femelles. Le bon choix de celui-ci est donc de la plus grande importance : il doit posséder au plus haut degré les qualités qu'on recherche, et ses aïeux doivent aussi les avoir possédées.

L'éleveur ne doit donc rien négliger et ne craindre aucune dépense pour se procurer des mâles d'un mérite éprouvé. L'éducation d'un animal sans mérite est aussi coûteuse que celle d'un animal de bonne race ; ce dernier donne beaucoup de profit, tandis que le premier n'a presque aucune valeur.

L'accouplement des animaux domestiques ne doit jamais être abandonné au hasard, puisque c'est du choix des sujets que dépend l'amélioration et la conservation des races. Il est donc nécessaire de connaître à fond les qualités des sujets choisis pour l'accouplement, afin d'en obtenir les produits doués des formes, de la taille et du caractère recherchés ; on ne doit y consacrer que ceux qui possèdent ces qualités au plus haut point de perfection, parmi les individus de leur race même.

L'amélioration que l'on cherche ne peut pas s'obtenir si on ne la prend que d'un côté, il faut la chercher du côté du mâle et de la femelle ; sans cela elle sera sans résultat satisfaisant.

On doit surtout veiller à ce que les animaux domestiques ne s'accouplent pas trop jeunes, l'âge convenable est de 3 à 4 ans, pour les chevaux ; pour les races bovines et ovines, celui de deux ans.

La propagation d'une race pur sang, sans mélange de sang étranger, que ce soit une race déjà constante, ou une nouvelle race obtenue par le croisement, peut avoir lieu par des individus choisis dans la race en général et amenés sans conditions de proche parenté; — c'est l'accouplement consanguin dans le sens étendu.

Celui dans le sens restreint, comme éducation de famille, exige non seulement un individu de la même race, mais un proche parent.

L'accouplement consanguin est pratiqué lorsqu'une race est parvenue à un point de perfection qui la laisse sans défaut héréditaire, et que ses bonnes qualités sont bien constatées; quand même on ne possède encore qu'un certain nombre d'individus qui jouissent de ces qualités au plus haut point de perfection, pourvu qu'il soit bien reconnu qu'elles prédominent dans la race en général. Car, ce sont les sujets de choix que l'on destine exclusivement à la reproduction, en écartant tous ceux qui ne présentent pas ces bonnes qualités, bien caractéristiques de la race en général, qui propagent ces bonnes qualités à chaque nouvelle génération, chez un plus grand nombre d'individus.

Nul autre procédé dans l'éducation des animaux domestiques ne conserve aussi bien la ressemblance, la persistance des qualités; si on se décide à les propager en famille, ces marques distinctives deviennent encore plus prononcées et plus constantes. Les résultats extraordinaires que *Bakwell*, le maître dans l'éducation des animaux domestiques, a su obtenir par l'accouplement consanguin bien combiné, est admirable. Il est vrai que si les conditions que l'on vient de poser ne sont pas strictement observées, si l'exclusion des individus chétifs, vicieux, n'avait pas été observée rigoureusement, si on avait trop exigé d'eux, il y aurait nécessairement décroissance: comme il y a positivement amélioration, si le choix des individus destinés à l'accouplement est fait tel qu'on vient de le dire.

Plus les animaux destinés à la reproduction sont proches parents, plus leurs mauvaises qualités, s'ils en ont, sont héréditaires et prennent d'empire : il faut donc porter la plus grande attention au choix des animaux destinés à la reproduction, et arrêter ces accouplements consanguins aussitôt que l'on remarque la moindre dégénération. Dès lors il n'y a d'autre remède que de recourir au croisement, qui, au début, doit toujours être considéré comme essai.

La nourriture influe beaucoup sur le moment où l'animal entre en chaleur. Cette dernière se manifeste ordinairement à l'époque où la nourriture devient meilleure, c'est-à-dire au printemps, avec la nourriture au pâturage. L'éleveur, en améliorant le régime alimentaire à certaines époques, peut déjà influer sur cet objet, et notamment hâter l'époque de la chaleur ; il peut également la retarder, en ne satisfaisant pas les premières manifestations. Toutefois, ce n'est pas sans précautions qu'il faut employer ce moyen, parce que la femelle ne conçoit pas aussi sûrement, et souvent ne conçoit plus du tout, lorsque plusieurs chaleurs sont restées non satisfaites.

On observe, du reste, que les bêtes trop grasses, de même que les bêtes maigres et débiles, soit mâles, soit femelles, procréaient moins sûrement que celles qui sont en bon état de chair et de vigueur. Les femelles, notamment, ne retiennent presque jamais dans cet état.

De l'élève du bétail.

On peut diviser l'élève en trois périodes différentes : la première comprend la période pendant laquelle l'animal se trouve dans le sein de sa mère. La seconde, pendant laquelle il tète et dépend encore de sa mère. La troisième comprend l'intervalle depuis le sevrage jusqu'à l'accouplement.

1re *Période.* — Avant que l'animal soit au monde, nous pouvons influer sur son état futur, sa venue, sa taille, etc., par le traitement auquel nous soumettons la mère. Celle-ci doit être mieux nourrie, principalement pendant la seconde moitié de sa gestation, que dans l'état ordinaire ; on doit aussi éviter avec soin, dès cette époque, de lui faire faire des travaux pénibles et de la mettre dans le cas de recevoir de mauvais traitements, surtout des coups sur le ventre, si l'on ne veut pas risquer de la faire avorter.

Avant et après le part, il est important de ne donner à l'animal, immédiatement, qu'une nourriture légère, en quantité modérée et composée d'aliments de facile digestion.

2ᵉ *Période*. — Chez tout espèce de bétail, on doit, autant que possible, abandonner le part (la mise bas) à la nature, et ce n'est que lorsque le petit se présente mal, qu'il faut aider la mère, en tâchant de le replacer avec précaution dans la position normale.

Dès que le petit est né, on l'abandonne aux soins de sa mère, qui sait déjà le traiter de la manière la plus convenable.

Pendant l'allaitement, la mère doit recevoir une nourriture bonne et abondante, et surtout des aliments qui, tels que les carottes, les pommes de terre en petite quantité, les eaux blanches, les fourrages artificiels verts, favorisent la secrétion du lait ; on doit aussi lui éviter les fatigues, et la laisser toujours autant que possible avec son petit.

Si l'on veut sevrer le petit avant qu'il soit en état de digérer des aliments solides, on lui donne du lait tiède ou un mélange de lait et de décoctions mucilagineuses, faites avec de la farine, etc. Le sevrage, en général, doit se faire avec précaution et progressivement, afin que le petit passe, sans mauvaises suites, aux nouveaux aliments, que la mère n'éprouve pas des affections du pis et que la séparation subite ne les rende pas malades l'un et l'autre.

3e *Période.* — Après le sevrage, la jeune bête doit être soumise à un régime qui convienne à sa nature et favorise le développement de ses forces et de ses bonnes dispositions.

Il faut aux jeunes bêtes le pâturage, pendant l'été, non-seulement pour s'y nourrir, mais encore pour y prendre de l'exercice, et pour y jouir de l'air et de la lumière. En hiver, on les tient renfermées dans des étables vastes, où on les laisse sans être attachées.

Les jeunes bêtes exigent une bonne et suffisante nourriture, à une époque où leur accroissement en demande beaucoup; car c'est dans l'enfance que l'on pose les bases de la force et de la taille, de même que les germes de la faiblesse et des défectuosités qui en résultent. Ce serait donc agir contre ses intérêts, que de mal nourrir et de négliger le développement physique de ces animaux.

CHAPITRE XXIII.

De la race chevaline.

On évalue à un million six cent cinquante six mille le nombre de chevaux et de mulets que possède la France, et à un million et demi ceux de l'Angleterre.

En France, le race Boulonnaise est le type des chevaux communs, destinés aux travaux lents, et spécialement aux travaux aratoires; on n'en connaît pas de meilleure et il n'en est guère de plus répandue, vu qu'elle n'est pas particulière au Boulonnais, mais qu'elle s'étend dans tout le nord de la France.

Sans être les plus volumineux de leur espèce, car en

Belgique, en Angleterre, dans quelques parties de l'Allemagne, on voit des races encore plus grandes et plus étoffées, les chevaux boulonnais ont toute la taille et la corpulence qui peuvent rendre les animaux en état de suffire aux travaux lents les plus pénibles : dans les chevaux, d'ailleurs, la grande taille n'exclut ni une bonne conformation, ni un bon tempérament. Il n'est pas rare d'y voir des chevaux hauts de 166 centimètres et au-dessus, larges, courts et trapus, dont toutes les masses musculaires sont bien développées, et qui, par ce motif et par leur énergie naturelle, sont plus agiles qu'on ne le croirait au premier aperçu.

La bonté de leur tempérament provient de l'harmonie de toutes leurs parties, de leur genre d'alimentation et de la méthode suivie dans leur élève.

Dans le Boulonnais, où le travail de la terre se fait avec des juments, les cultivateurs s'adonnent à la multiplication des poulains ; ceux de ces produits que le propriétaire ne veut pas garder, sont tous vendus soit dans leur première, soit dans leur seconde année. — Achetés par des habitans de Vimeux et du pays de Caux, ces poulains continuent de se trouver dans les meilleures conditions ; on les nourrit presque toujours de grain, régime qui contribue beaucoup à la bonté de leur tempérament.

La *race poitevine* mulassière est moins répandue, mais ne laisse pas que d'être encore fort considérable et de mériter l'attention des cultivateurs, quoique ne valant pas les boulonnais sous les rapports des formes et du tempérament. Leur charpente osseuse très-développée les rapproche de la race flamande ; leur croupe est plate, le flanc un peu long, les pieds plats et faibles ; les yeux sont petits, et la vue se perd souvent par suite des attaques de la fluxion périodique. Le cheval poitevin sert à la production des mulets et devient, sous ce rapport, fort utile au pays ; les cultivateurs ont reconnu que, accouplée avec le baudet, la jument retenait plus sûrement que toute autre race. L'expérience leur a prouvé aussi que la mauvaise corne et la mauvaise vue ne se transmettaient pas aux mulets; mais que ceux-ci héritaient d'une taille et d'un développement qu'on ne peut obtenir de juments plus sveltes et plus énergiques.

La *race franc-comtoise*. Parmi les gros chevaux communs, il faut classer avec la race poitevine celle qui s'élève dans la Franche-Comté. Seulement, les formes de ces chevaux sont moins massives; la tête est plus pyramidale; ils ont les oreilles droites, l'encolure un peu grêle et le poitrail un peu serré pour un cheval de trait, les hanches saillantes et la croupe courte. De la réunion de ces caractères il résulte qu'il y un air de famille entre eux et les chevaux de la Suisse.

Race percheronne et bretonne. Beaucoup de ressemblances existent entre ces deux races; toutes deux conviennent parfaitement au service de nos diligences, et beaucoup de poulains bretons s'élèvent dans le Perche. Cependant, le cheval tout à fait percheron a plus de taille; il a la tête moins chargée de ganache et mieux attachée, l'encolure et les jambes moins garnies de crins; le garrot est mieux sorti, l'épaule plus plate; la croupe est moins courte; les jarrets sont clos, et, au total, il est moins commun que le cheval breton. L'administration départementale s'est occupée avec succès de l'introduction en Alsace de cette race précieuse pour le cultivateur.

Les chevaux percherons ont la plupart une robe grise. Les meilleurs se vendent, à l'âge de 4 à 5 ans, aux foires de Chartres. Les plus purs percherons naissent et s'élèvent dans le département d'Eure-et-Loire. La possibilité de les employer, dès leur jeunesse, aux travaux aratoires et, en général, leurs bonnes qualités en augmentent la consommation tous les jours pour le service des voitures publiques et du roulage, et les étalons percherons sont très-recherchés pour l'amélioration des races communes par le croisement.

Le cheval de trait breton lui cède peu en bonne qualité et se vend, à l'âge de quatre ans, aux foires de Dinan, de Tréguier, de Paimpol, de Lannion, de Quimper, depuis six cents jusqu'à huit cents francs et même au-delà.

Races navarine, limousine et auvergnate. Ces races plus fines, plus petites se rapprochent du type andalous, et s'éloignent du type anglais. Sous le rapport des formes, les fesses sont un peu maigres, les jarrets coudés et clos; le paturon est un peu long, le pied naturellement un peu encastellé; les reins sont plus longs, et le corps est plus cylindrique que dans la race anglaise.

Sous le rapport des allures, la réputation de ces chevaux est établie depuis longtemps: on les a toujours cités, particulièrement ceux du Limousin, qui sont les plus connus, comme très-agréables et très-sûrs à monter, et réunissant toutes les qualités du cheval de manège et de guerre.

Race normande, de tilbury, de carrosse et de grosse cavalerie. La Normandie ne comprend pas seulement beaucoup de pays d'élève, elle est aussi la contrée sur laquelle sont dirigées grand nombre de bêtes chevalines d'autres provinces; elle commerce beaucoup en chevaux, et on rencontre dans les foires des animaux de toutes figures. Déjà cependant se reconnaissent, dans les marchés, des productions tout à fait normandes; mais les meilleures, ayant le plus de valeur, se rencontrent dans les écuries des éleveurs.

On distingue, dans les races normandes de luxe, les chevaux qui sont élevés dans la partie du département de l'Orne, connue sous le nom de Merlerault, de ceux qui appartiennent au département de l'Eure, du Calvados et de la Manche. Depuis que les éleveurs emploient les étalons anglais du haras du Pin, leurs chevaux ont tous les caractères des chevaux anglais, et sont souvent vendus comme tels. Les acheteurs leur reprochent un caractère sauvage et difficile, qu'ils attribuent à leur genre d'éducation. On voit peu de juments dans les herbages de Merlerault; l'élève des chevaux de luxe se fait sur une plus grande échelle, dans le Calvados et la Manche, que dans l'Orne. L'avantage que présentent ces chevaux, consiste dans une taille plus élevée et dans leur développement rapide; ce qui les fait rechercher par les éleveurs normands.

La coutume est d'engraisser les jeunes chevaux, peu de temps avant l'époque des foires, dans des écuries chaudes, sombres et humides, avec les aliments les plus substantiels, le sainfoin, l'avoine, les farineux et quelquefois le blé bouilli. Sous l'influence d'un pareil régime, les chevaux normands peuvent bien acquérir de l'ampleur dans les formes, à cause des excellents pâturages dans lesquels on les élève; ils peuvent bien aussi avoir des formes agréables, parce que les appareillements pour la génération sont bien dirigés; ils peuvent bien encore avoir au moment de la vente une apparence de vigueur et de force; mais il est fort rare que, mis au service, ils ne présentent pas beaucoup de mollesse, jusqu'à ce que, par l'emploi de l'avoine, on parvienne à modifier leur tempérament.

Aux causes qui leur donnent une mauvaise constitution, il faut ajouter l'usage d'employer à la monte des poulains beaucoup trop jeunes, usage vicieux, qui commence à être abandonné depuis l'introduction des étalons anglais; ce qui a déjà changé d'une manière avantageuse les produits de la Normandie.

Races anglaises. A côté des trois races bien distinctes: celle *pur-sang*, originaire d'Orient; celle *demi-sang*, provenant du croisement du pur-sang avec le cheval du pays, et celle du lourd et puissant *cheval de charge*, d'origine flamande et hollandaise, on rencontre des espèces de types intermédiaires, qui indiquent le passage de l'une à l'autre des races principales.

Elever des chevaux pur-sang, forme une branche d'industrie distincte, dont le fermier ne peut s'occuper, vu les soins minutieux et les gros déboursés qu'elle exige. L'éducation de cette race se divise elle-même en deux catégories. L'éleveur de la première ne cherche à former que des chevaux de course, et croit son but atteint, si son élève emporte le premier prix ; il tient à conserver sa race parfaitement pure ; il ne prend pour l'accouplement que des individus qui se sont distingués à la course, sans considération de taille, de forme et de robe. Cette éducation est entre les mains de grands et riches propriétaires, qui ne craignent pas les dépenses pour faire de bons élèves. On pourrait, avec raison, appeler cette éducation celle du sang de course, attendu qu'elle n'a pour but qu'une seule qualité distinctive, la grande vélocité. On conçoit que des défauts de formes et de construction se glissent parmi les chevaux de cette espèce ; ce qui rend l'accouplement consanguin, dans le sens restreint, très-dangereux.

La seconde catégorie comprend les chevaux pur-sang, qui réunissent la vitesse à la force : à eux le prix des courses au char. Les jeunes chevaux qui ont soutenu cette épreuve, sont infiniment plus estimés que les simples chevaux de selle : cette classe de chevaux appartient, par la grandeur de sa taille, la beauté et la finesse de ses formes, à ce qu'il y a de plus parfait dans la race chevaline.

Ils sont précieux pour l'amélioration des races : mais, comme les éleveurs anglais recherchent principalement une haute et en même temps une fine taille, cette race pur-sang ne donne de bons produits que par l'accouplement avec des juments à larges épaules, et ce mélange de pur-sang leur donne beaucoup de valeur.

C'est le procédé employé par les fermiers anglais pour obtenir ces chevaux si estimés, appelés demi-sang, trois-quarts de sang et quart de sang, selon qu'il y a plus ou moins de sang noble mêlé au sang ordinaire.

Parmi les chevaux demi-sang, ceux du Yorkshire sont les plus renommés ; les éleveurs de cette contrée ont réussi, en croisant leurs grands et lourds chevaux de travail avec des étalons pur-sang, à produire une classe de chevaux qui, par leurs formes distinguées, leur haute taille, leurs belles robes, leurs excellentes qualités, réunissent tout ce qu'on peut désirer pour cheval de luxe, propre à tout usage : c'est le triomphe de leurs persévérants efforts.

Ceux de la plus grande taille forment ces excellents carrossiers qu'on ne rencontre qu'en Angleterre ; ceux de plus petite taille, plus légers, mélangés de plus de sang pur, produisent le cheval dit de chasse.

Les prix élevés de ces chevaux sont connus ; ils expliquent les énormes bénéfices des éleveurs. Excepté le coût de la saillie qui se paie très-cher, l'éducation de ces chevaux de prix n'occasionne pas plus de frais que celle d'une race commune.

La race des gros chevaux de charge se propage par l'accouplement consanguin ; elle surpasse en taille et en volume les plus lourds chevaux des autres pays. On les élève principalement dans le Linkolnshire.

Pour ce qui concerne les soins qu'exige l'éducation du cheval, ils peuvent se résumer de la manière suivante :

Le poulain doit recevoir en suffisance le lait maternel pendant une année : c'est le fondement de sa croissance et du développement de ses membres ; la mère reçoit 5 kilog. d'avoine par jour et du foin à discrétion. La seconde année, les poulains entrent dans un riche pâturage, où ils reçoivent encore tous les jours une ration de graines ; ce bon traitement se poursuit pendant l'hiver, où ils restent une grande partie du jour en liberté dans la cour qui touche l'écurie : ces soins doivent nécessairement développer vigoureusement leur taille et leurs forces.

En général, les Anglais tiennent beaucoup à ce que les chevaux soient dehors autant que possible : ils prétendent qu'un jeune cheval, toujours à l'écurie, ne peut pas bien se porter ; aussi, ne voit-on pas chez eux de ces maladies, de ces souffrances aux organes de la respiration, si fréquentes chez les chevaux anglais, lorsqu'ils sont soumis au régime des écuries dans d'autres pays. Avec les soins que lui donne l'éleveur anglais, le cheval se forme promptement ; à dix-huit mois ou deux ans, on peut déjà l'atteler ; entre deux et trois ans, il peut prendre part aux courses de chevaux. Il est vrai de dire que, dans aucun autre pays, on ne trouve des hommes aussi intelligents, aussi habiles pour soigner les chevaux, qu'en Angleterre : c'est inné chez eux.

Les mots saillie ou monte sont les expressions consacrées pour désigner l'accouplement dans l'espèce du cheval. Les méthodes suivies pour diriger l'acte de l'accouplement sont importantes à connaître, parce qu'elles exercent une puissante influence sur la conservation des étalons et sur la fécondation des juments.

L'époque de la monte est déterminée par l'apparition des chaleurs et du rut. Elle se manifeste à l'extérieur par des signes très-apparents dans les juments. Pour les mâles il n'existe pas, à proprement parler, un temps de rut ; dans toutes les saisons ils sont aptes à saillir les juments disposées.

Dans la jument en chaleur, la physionomie et l'habitude extérieure sont changées ; plus vive dans ses mouvements, elle se tourmente et s'agite sans cesse, hennit fréquemment. Son appétit est diminué et sa soif est ardente, comme dans un accès de fièvre. Elle s'agite dans sa stalle, tient la queue souvent redressée, se campe fréquemment comme pour uriner, gratte le sol et témoigne, par d'autres signes non douteux, de ses vifs désirs de la copulation. C'est au printemps que ces signes apparaissent et que l'accouplement doit avoir lieu.

Ce n'est guère que six mois après la monte, que des signes non douteux permettent de prononcer sur l'état de plénitude. A cette époque, en effet, le ventre a acquis de l'ampleur; il est avalé; les flancs sont creux et cordés. Les mouvements du fœtus dans le ventre sont quelquefois assez sensibles au flanc droit, pour que la vue puisse les saisir. C'est surtout, lorsque la mère est couchée sur le côté gauche, qu'elle se trouve dans les conditions les plus favorables pour être examinée.

Le terme le plus ordinaire de la gestation dans les juments est de 330 jours, le plus faible de 287 et le plus fort 419. L'époque de la mise-bas s'annonce par des signes faciles à saisir. Quelques jours avant le part, le ventre est entièrement avalé; les flancs sont creux, la colonne vertébrale tout à fait voussée en contre-bas; les mamelles gonflées sont dures et sensibles, et laissent écouler à la pression un liquide gluant, visqueux, sans couleur : c'est le premier lait, ou colostrum. La vulve gonflée et dilatée donne écoulement à une humeur aqueuse, quelquefois sanguinolente. Souvent la jument se pose comme pour uriner; ses membres postérieurs sont engorgés; sa marche est pénible et chancelante.

Lorsque l'acte de la mise-bas va s'opérer, la jument est dans une agitation presque continuelle; sa queue, qui, d'abord, était agitée, est bientôt maintenue droite. Alors commencent les efforts, dont le premier effet est l'apparition d'une forme arrondie, sorte de vessie mommée *bouteille*, qui se crève, et qui renfermait les eaux dans lesquelles le fœtus nageait. Les voies étant ainsi préparées, on ne tarde pas à voir apparaître les parties antérieures du jeune sujet représentant assez bien un cône. D'abord, les sabots antérieurs, puis les phalanges, puis les métacarpes, puis le thorax et les épaules; alors la bête redouble d'efforts pour faire franchir le vulvo-utérin à ces parties dont le diamètre est plus considérable. Une fois cette difficulté surmontée, toutes les parties postérieures sortent sans efforts, et le jeune sujet glisse jusqu'à terre sur les jarrets de sa mère. Si le cordon ombilical ne se rompt pas, les personnes présentes au moment du part le déchirent en le tordant. Dans aucun cas, l'hémorragie n'est à craindre, et la ligature du cordon est toujours inutile.

Quelquefois les femelles ont besoin de secours étranger pour mettre au jour le produit de leur conception; mais ces secours doivent être éclairés. Si le part se prolonge, le plus sûr est d'avoir recours aux lumières d'un vétérinaire.

Quelques lavements d'eau tiède déterminent le rejet des matières que contenait le rectum. Après la mise-bas naturelle, la jument bien bouchée doit être revêtue de couvertures; on lui donne de l'eau blanche tiède, pour calmer sa soif ardente.

L'avortement est l'expulsion hors de la matrice d'un fœtus, qui ne se trouve pas dans les conditions nécessaires pour vivre de sa vie propre.

Les causes générales de l'avortement sont : les années pluvieuses; une alimentation insuffisante, ou de mauvaise qualité; une alimentation trop substantielle; un mâle trop fort pour les femelles; la contagion; les violences extérieures; une boisson trop froide, surtout lorsque les femelles sont en sueur; les indigestions; l'excès de repos; la monte des femelles en état de plénitude; la frayeur causée par le tonnerre ou les explosions violentes et soudaines.

A peine le nouveau-né est-il au monde, qu'il devient l'objet des soins de sa mère; elle le débarrasse d'un enduit muqueux, qui forme une couche assez épaisse sur sa peau;

si elle négligeait ce soin, il faudrait le saupoudrer de sel de cuisine.

A l'âge de cinq ans, le cheval est arrivé à son entier développement et peut rendre les services auxquels il est apte par sa conformation; mais son utilisation efficace, et surtout durable, dépend de trois conditions indispensables : le *pansage*, le *repos* et l'*alimentation*.

Le pansage est une des conditions les plus influentes sur la santé du cheval, condition trop souvent négligée, et dont l'inobservation est parfois la cause du dépérissement de beaucoup de chevaux et quelquefois même du développement de maladies redoutables. Il faut que la peau soit maintenue dans un état parfait de propreté par un pansement journalier. Les Anglais ont si bien compris l'utilité du pansage, qu'ils l'emploient non-seulement pour la conservation de la santé de leurs chevaux, mais pour en augmenter la beauté.

Le cheval doit être pansé chaque matin, à l'écurie si le temps est trop froid ou trop pluvieux, et au dehors préférablement si la saison le permet. Les instruments qui servent au pansage sont l'*étrille*, l'*époussette*, la *brosse*, l'*éponge*, le *cure-pied*, le *peigne*, les *ciseaux* et le *couteau de chaleur*, qui est une lame d'acier flexible, mince et non tranchante, munie d'un manche à chacune de ses extrémités, avec laquelle on racle la surface de la peau pour en faire écouler l'eau ou la sueur qui en humecte les poils. L'usage des autres instruments que nous venons de citer, est suffisamment connu.

Le repos est plus que le pansage encore; il doit avoir une durée double au moins de la durée du travail; c'est une condition essentielle de conservation, dont il est d'autant plus important de bien apprécier l'influence, que les conséquences des excès de labeur ne se manifestent qu'à la longue.

L'écurie doit être spacieuse, salubre et convenablement

disposée, pour permettre au cheval d'y prendre commodément sa nourriture et d'y jouir du repos réparateur de ses forces : il faut que l'écurie ait au moins 4 mètres de hauteur et que son étendue permette d'accorder à chaque cheval, qui doit y être logé, un espace de 7 mètres carrés, dont 175 centimètres en largeur et 4 mètres en longueur.

La salubrité des écuries dépend de leur aération, qui doit être facile; de l'état de leur sol, qui doit être solide, tout à fait imperméable et légèrement incliné sous les animaux; et enfin, des soins de propreté qu'on leur donne. Ces soins consistent à faire enlever chaque matin avec la fourche et faire ressortir de l'écurie toute la litière convertie en fumier par le contact des urines et des excréments.

Les *râteliers* et les *mangeoires* sont les meubles disposés à la place de chaque cheval pour recevoir les aliments. Le râtelier est une grille en bois de 82 centimètres de hauteur, destinée à former avec le mur, devant lequel elle est placée, une espèce de cage dans laquelle on met la ration de fourrage; il doit être disposé de manière que la poussière des fourrages qu'il contient ne tombe pas dans la mangeoire et sur la crinière des chevaux.

L'auge de la mangeoire est construite en bois ou en pierre; le bord supérieur de sa paroi antérieure est élevée au-dessus du sol d'un mètre dix centimètres.

L'âge du cheval se reconnaît par la forme de ses dents; il en compte 36 à 44, que l'on distingue en 12 incisives, 4 angulaires ou crochets et 24 molaires.

Les dents incisives, au nombre de six à chaque mâchoire, ont été distinguées en dents caduques, ou dents de lait, et dents de remplacement. Les premières font leur éruption quelque temps après la naissance; à deux ans, la cavité a tout à fait disparu dans toutes les incisives caduques, et les dents de remplacement vont faire leur éruption, rangées en arrière des caduques et sortant successivement les pinces de deux et demi à trois ans, les mitoyennes de trois et demi à quatre ans, les coins de quatre et demi à cinq ans; en montrant d'abord le bord antérieur, puis, un ou deux mois après, le bord postérieur.

Les crochets, ou angulaires, sont au nombre de deux à chaque mâchoire, et situés dans l'intervalle qui sépare les incisives des molaires. Les juments en sont ordinairement dépourvues.

Après leur éruption, les dents continuent à prendre de l'accroissement, tant du côté de la racine qu'en dehors de l'alvéole; en sorte que les parties usées par le frottement sont continuellement remplacées par d'autres, en changeant de forme, et c'est sur l'appréciation de ce fait qu'est fondé un des principaux moyens de reconnaître l'âge des chevaux.

L'étude de l'âge des monodactyles par l'inspection des dents peut se diviser en plusieurs périodes très-distinctes :

1° Éruption des dents incisives caduques, depuis la naissance jusqu'à 10 mois ;

2° Rasement de ces mêmes dents, de 10 à 30 mois ;

3° Éruption des dents incisives de remplacement, de 30 à 60 mois ;

4° Rasement de ces mêmes dents, de 5 à 8 ans ;

5° Forme ovale, puis ronde, qui prend graduellement la table des incisives inférieures, sur laquelle apparaît le fond de la cavité dentaire interne (étoile radicale), avec le cul-de-sac du cornet externe dont la disparition annonce 12 ans ;

6° Triangularité successive des incisives inférieures, et disparition également successive du cul-de-sac de la cavité dentaire extérieure dans les incisives supérieures, de 12 à 17 ans ;

7° Biangularité complète ou aplatissement d'un côté à

l'autre des incisives inférieures, de 17 à 20 ans et au-delà.

On donne le nom de *robe* à l'ensemble des poils et des crins, qui revêtent la peau du cheval. La couleur des robes se distingue par : *robe blanche*, *robe grise*, mélangée de poils noirs et de poils blancs; *robe noire*, soit noir franc, noir vernissé brillant, noir mal teint; *robe alezane*, couleur roussâtre, soit alezan clair, alezan doré, alezan-cerise, alezan-châtaigne, alezan brûlé; *robe café au lait*; *robe isabelle*, même couleur que la robe café au lait, avec teinte noire, ou plus ou moins foncée; des poils le long de l'épine dorsale, d'une couleur plus foncée, s'appellent *raie de mulet*; *robe baie*, teinte rouge du corps, teinte noire des extrémités et des crins : il y a bai clair, bai-cerise, bai châtain, bai marron, bai brun; *robe souris*; *robe aubert*, mélangé de poils rouges et de poils blancs; *robe du mille fleurs*; *robe de fleur de pêche*; *robe poil de loup*, etc.

Les harnachements du cheval de trait se composent : du *collier*, dont les accessoires sont les *traits*, le *surdos*, les *fourreaux* et la *ventrelle*; de l'*avaloir*, *fessière* ou *reculement*; de la *bride*, composée de deux parties distinctes, le *mors* et la *monture*. Les parties constituantes de la monture sont la *têtière*, les *montants*, les *œillières* ou *aboutoirs*, le *frontal*, la *sous-gorge* et la *muserole* ou *cache-nez*; et enfin, les *guides* et les *rênes*.

La première condition à laquelle doit satisfaire un bon collier, est de s'adapter parfaitement sur toutes les régions du corps avec lesquelles il est en contact, c'est-à-dire qu'il ne doit être ni trop large, ni trop étroit. Trop large, il fatigue et blesse le cheval; trop étroit, il nuit à la liberté de la respiration et de la circulation, et peut provoquer des accidents très-fâcheux.

Les traits peuvent être en cuir, en chanvre, ou en fer. Le surdos, ou porte-trait, est une large courroie, placée traversalement sur le dos de l'animal et destinée à soutenir les traits. Il porte à ses extrémités libres un étui en cuir ou fourreau qui sert à les loger. On appelle ventrelle la courroie, qui passe sous le ventre et s'attache de chaque côté au trait, qu'elle empêche de remonter.

L'*avaloir* ou *fessière* est l'appareil du reculement ; cette fessière est terminée à chacune de ses extrémités par un gros anneau de fer auquel est attachée une chaîne ou courroie de reculement.

La bride et les guides n'exigent pas d'autre détail, ils varient selon l'usage et la volonté du maître.

DE L'ANE ET DU MULET.

L'âne est un quadrupède que les caractères zoologiques rangent dans les mammifères pachydermes, ongulés, slipèdes. C'est une espèce du genre cheval, ayant sa physionomie propre bien distincte. Elle est trop bien connue pour qu'il soit besoin de la décrire.

L'âne présente un grand nombre de variétés, quant à la couleur et à la longueur du poil, qui, tantôt est court et ras, tantôt est long, plat et soyeux, tantôt laineux et recoquillé, et passe par toutes les nuances du noir au brun, au roux, au gris-noir, gris de souris, gris blanc et rouge vineux.

L'âne ne varie pas moins sous le rapport des formes et du volume que sous celui de la robe, et l'on en rencontre depuis la taille d'une forte chèvre jusqu'à celle d'un cheval d'une moyenne grandeur.

Chez l'âne comme chez le cheval, l'âge se détermine par l'état des dents ; le nombre, les époques de chute et d'éruption de celles-ci sont absolument les mêmes.

L'âne est chez nous le symbole de la paresse et de l'ineptie ; mais c'est à tort qu'on voudrait juger des qualités physiques et morales de l'âne, par la race appauvrie répandue en France. Ce n'est plus là qu'une descendance abâtardie de l'animal que les voyageurs nous montrent fier et superbe à l'état sauvage, au milieu des steppes de la Tartarie, et dans les déserts de l'Arabie, où il se fait remarquer par la beauté, l'élégance de ses formes, la vivacité de ses mouvements et la légèreté de ses allures.

Dans le midi de l'Italie, les ânes conservent à l'état de domesticité, toutes leurs qualités primitives, et les gens riches le préfèrent, pour la selle, au cheval, qu'il égale souvent en force, en grâce, en vitesse, et qu'il surpasse en adresse et solidité; mais, sorti des pays chauds, il perd en force, en beauté, en vivacité, en raison de l'abaissement de la température du pays où il est transporté, et du nombre de générations qui existent entre lui et l'animal importé dont il procède.

La longévité moyenne de ce solipède est de 15 à 18 ans. Elle se prolonge jusqu'à 30, lorsqu'il est bien soigné; la femelle vit plus longtemps que le mâle.

Dans l'usage du commerce on ne connaît que deux races. Les gros baudets, ou ânes de Poitou, et les grands baudets, ou ânes de Gascogne. On ne parle pas des autres.

Les ânes du Poitou ont 145 à 150 centimètres, ceux de la Gascogne ont quelques centimètres de taille de plus. Les premiers sont gros, étoffés, carrés, à soies ordinairement longues, frisées, pelage noir uniforme sans raies, nez blanc. Les seconds, plus grands, plus hauts, plus minces dans toutes leurs parties, à poil ras, robe noir-bai ou bai-brun.

La gestation de l'ânesse dure de 11 à 12 mois; huit jours après la mise-bas, elle peut être saillie de nouveau. On doit éviter de faire travailler les ânesses nourrices, ainsi que celles pleines de six mois.

Du mulet.

On appelle mulet le produit de l'accouplement de l'âne avec la cavale, ou du cheval avec l'ânesse. Dans ce dernier cas cependant, l'animal produit prend plus particulièrement le nom de bardeau, tandis que dans le premier, il conserve le nom commun de mulet.

Il est généralement reconnu que les mulets tiennent et participent plus de la mère que du père. Ainsi le mulet ressemble-t-il davantage au cheval, est-il plus grand, plus vigoureux, surtout lorsqu'il provient d'une grande et forte jument, et le bardeau emprunte-t-il davantage de l'âne.

Le mulet doit à l'âne sa tête grosse et lourde, ses oreilles longues, son pied sûr, son tempérament excellent; à la cavale, sa mère, des formes plus belles, une plus grande taille, un peu plus de docilité et de vivacité. Plus vigoureux que l'âne, et craignant le froid moins que lui, plus sobre, plus robuste, moins sujet aux maladies que le cheval, il ne redoute pas, comme lui, la chaleur et les brusques changements de température; il résiste aussi mieux à la fatigue qu'aucun d'eux, conserve plus longtemps sa vigueur, et est doué de plus de longévité. Il dure, dit-on, de 40 à 50 ans.

Ainsi que des chevaux, on rencontre des mulets sous presque toutes les robes. Le pelage le plus commun est le bai-brun et noir mal teint. Ils ont parfois, comme les ânes, la bande cruciale.

Quoique les mulets se distinguent en mâles et femelles, et que, chez tous, les organes de la génération soient parfaitement conformés, il est reconnu, qu'à l'exception de quelques cas bien rares, ils sont incapables de se reproduire, et que leur fécondité n'est jamais transmissible. Le seul moyen de les multiplier, c'est l'accouplement de l'âne et de la jument.

En Italie, en Espagne, pays de collines, de montagnes, de ravins et de précipices, l'usage des mulets, soit pour le transport à dos des marchandises et bagages, soit pour la selle, est aussi commun que celui des chevaux l'est chez nous. Leur pas plus sûr, plus ferme, leur sobriété, les font préférer aux chevaux.

En France, et surtout dans les pays plus riches en bruyères qu'en prairies, les mulets sont employés au labourage, à la charrette et au bât.

* * *

CHAPITRE XXIV.

Des races bovines.

On n'est pas bien fixé sur le nombre de têtes de la race bovine en France; le recensement qu'on en a fait en 1841, porte le nombre à six millions six cent quatre-vingt-un mille; pour les îles britanniques, on en porte le nombre à huit millions.

Le bœuf est un mammifère ruminant, et présente : absence de dents incisives à la mâchoire antérieure, huit à la postérieure, toutes larges en forme de palettes et rangées régulièrement; douze molaires, six de chaque côté; des ongles derrière les sabots; cornes dirigées latéralement et relevées le plus souvent en forme de croissant; tête terminée par un large mufle; fanon ou repli de la peau à la face antérieure de l'encolure; quatre mamelles inguinales; queue terminée par un flocon de poils; corps de grande taille, supporté par des membres épais.

Nous nous occuperons d'abord des espèces qui fournissent les bêtes de travail (*bos taurus*). Il y en a quatre qui ne sont pas naturalisées en France, le *buffle*, l'*yack*, le *bison* et le *zébu*.

Le buffle est noir; en Grèce et en Italie, il est employé au labourage, et sa femelle fournit un lait qui sert à faire un fromage rond, fort renommé.

L'yack, bœuf du Thibet, ressemble au buffle par les formes, et en diffère par une grosse touffe de poils qui couvre le sommet de sa tête, et une sorte de crinière. Ce bœuf, ainsi que le buffle, se plaît dans les lieux inondés et marécageux.

Le bison, plus trapu que les précédents, a la tête courte, grosse; une excroissance charnue sur le garrot, un poil laineux, très-long et très-épais, qui recouvre la tête, le chanfrein, le cou et les épaules. Son pelage est noir marron. Il est originaire des plaines du Missouri, naturellement docile et inoffensif. On peut filer son poil.

Le zébu (bœuf à bosse) de l'Inde, est un peu connu en Europe; il est presque la seule race bovine domestique de l'Inde et de l'Afrique. On en distingue plusieurs variétés : les unes à une seule, d'autres à deux bosses, toujours sur le garrot.

La *race écossaise sans cornes* est originaire d'Asie; on la trouve précieuse sous les rapports du travail et du lait. Elle est caractérisée ainsi : absence complète de cornes, et même aplatissement et concavité aux lieux où elles s'élèvent dans les autres races; exhaussement au milieu du front; quoique de grande taille, beaucoup de corps; poitrail et croupe très-larges; épaules très-musculeuses; fanon descendant au-dessous du genou; poil ras et fin, blanc mêlé de rose et de rouge; une grande douceur, et néanmoins beaucoup de force et de courage; abondance de lait et facilité de l'engraissement. Les produits de cette race unie aux vaches à cornes se sont constamment montrés sans cornes, ou avec de petits cornillons qui ne tardent pas à tomber.

On signale en Suisse trois races bien distinctes de bêtes à cornes: celle de *Fribourg*; celle de *Hasli*; celle de *Schwitz*: la dernière est plus précieuse que les deux autres : bonne laitière, s'engraissant aisément, elle est encore éminemment propre au travail, aussi l'avons-nous placée dans la section des travailleurs. Voici ses principales marques distinctives : couleur variable, en général bai-brun, avec

une raie fauve sur le dos ; fesses lavées ; poil de l'intérieur des oreilles fauve ; tête large, carrée, chignon bien
prononcé, cornes fortes, noires, œil vif, chanfrein court,
large et charnu ; encolure courte bien muselée, fanon
bien détaché, sans descendre fort bas ; extrémités fortes,
jarrets larges bien évidés ; ensemble du corps exprimant
la force et la vigueur. — Ces caractères adoucis se trouvent chez la vache, ses mamelles amples sont garnies de
six mamelons, et ses vaisseaux mammaires sont très-apparents.

Les caractères de la *race auvergnate de Salers*, éminemment travailleuse, sont : taille d'un mètre et demi ;
poil court, doux, luisant, presque toujours d'un rouge
vif, sans taches ; tête courte, front large, tapissé, chez
le taureau, d'une grande abondance de poils hérissés ;
cornes courtes, grosses, ouvertes ; encolure forte ; corps
épais, ramassé, cylindrique ; allure pesante, aspect vigoureux. Cette race se répand au loin, pour tracer des sillons et ensuite approvisionner les boucheries. Les femelles
de cette race robuste sont peu abondantes en lait, mais
celui qu'elles fournissent est très-riche en caséum.

La taille du bœuf d'*Aubac* est à peu près la même que
celle du bœuf de Salers ; les plus estimés sont ceux dont
la robe ressemble à celle du blaireau, avec les oreilles et
les joues couleur de suie.

Les bœufs de *Quercy* sont plus vigoureux que robustes ;
ils travaillent avec ardeur, mais peu de temps de suite.
Leur poil est rouge, blond ou jaune paille.

La race *charoloise*, même taille, poil le plus souvent
rouge de diverses nuances, quelquefois blanc comme du
lait. Après avoir, comme bête de labour, fait un excellent service, le bœuf charolois s'engraisse facilement et
sa viande est excellente.

La race *comtoise*, ou du *Jura* ; taille moyenne, dans
les poils toutes les bigarrures de couleurs, au milieu des-

quelles la plus dominante est le rouge foncé ; ce poil est fort, épais et dur, frisé sur la tête. Cette race est plus propre au travail que disposée à prendre beaucoup de graisse et à fournir une grande abondance de lait.

La race *camarque*. Petite taille, pelage noir, sauf quelques individus à poils rouges ; demi-sauvages ; chair dure, filandreuse, à peine mangeable. — Des pâtres à cheval gardent ces bœufs en troupeaux ; ils trouvent, non sans danger, les moyens de les amener au travail.

RACES BOVINES LAITIÈRES ET D'ENGRAISSEMENT.

Tout le bétail d'Angleterre peut être rangé en trois classes principales, celles à longues cornes, à courtes cornes et sans cornes.

Comme le but essentiel de l'éleveur anglais est d'obtenir un bétail bien gras, qui s'engraisse facilement, promptement, et qui donne une viande délicate, avec le moins de dépenses nécessaires en temps et en fourrage ; il recherche principalement ces qualités dans ses élèves, comme donnant le plus de profit. Cela se conçoit aisément dans un pays où la viande est la principale nourriture de l'homme, où elle se paye plus ou moins cher, selon sa qualité succulente, la finesse de ses filaments, sa quantité de graisse, le volume des os, et selon la partie du corps d'où elle est tirée. Aussi le fermier anglais regarde moins sur le mérite d'une vache comme bonne laitière, que sur son aptitude à s'engraisser ; il veut des formes rondes, une petite tête, des jambes fines à prendre du genou, une queue effilée et le cou mince, toutes ces formes étant des marques certaines du peu de développement des ossements et des parties sans valeur. Enfin, il préfère une taille moyenne, vu que chez les animaux à jambes hautes, la viande est moins délicate et la charpente trop forte.

Là où on regarde davantage sur le mérite d'une vache laitière, le fermier demande un derrière volumineux et une devanture légère, un poitrail large et profond, les jambes de devant vigoureuses, les hanches garnies, le corps pas trop long, un dos plein et droit, les cuisses de derrière longues et bien arrondies. Ces signes servent de type pour le gros bétail en général.

La race à courtes cornes du Holderness ou de Theeswater, est de la taille la plus élevée; elle est de couleur rouge tachetée de noir et de blanc; elle est sans contestation, d'origine hollandaise. On la retrouve répandue dans le Yorkshire et dans les comtés du centre où l'état de laitier est pratiqué. C'est des meilleurs sujets de cette race et avec des soins incalculables que l'intelligence de l'éleveur anglais a su tirer l'espèce Durham, qui, par sa grande taille, son mérite comme vache laitière, tout aussi bien que par sa facilité à s'engraisser, se distingue de toutes les autres vaches anglaises courtes cornes. Voici ses caractères : poils doux et moelleux, nuancés d'un beau rouge et d'un blanc bien pur, tantôt disposés par larges plaques, tantôt régulièrement mélangés, couvrant toute la partie supérieure et latérale du corps; les jambes unissent la finesse à la vigueur; la tête petite va en se rétrécissant jusqu'au museau et est portée sur un cou large, musculeux et plein de force; narines très-ouvertes; yeux proéminents, d'une douceur remarquable; oreilles grandes et minces, près du sommet de la tête; cornes arquées, très-courtes, lisses, pointues; poitrine large; épaules projetées en arrière; dos horizontal, depuis le garrot jusqu'à l'origine de la queue; reins larges, arrière-main long, peau douce et souple.

Les produits en lait des vaches Theeswater ou Durham, des Yorkshire et des Airshire, ne dépassent pas en moyenne 1890 litres par an, ou 175 kilog. en beurre; tandis que la vache hollandaise donne jusqu'à 2800 litres, et la bonne race suisse 2000 à 2100 litres annuellement, lorsqu'elles sont aussi bien nourries qu'en Angleterre.

C'est une preuve de plus que le fermier anglais ne regarde pas uniquement sur le mérite de bonne laitière, et qu'il donne toujours la préférence aux individus qui réunissent à cette qualité celle de s'engraisser facilement, qui donnent plutôt une bonne qualité qu'une grande quantité de lait. C'est ce qui nous explique pourquoi on ne rencontre pas en Angleterre comme en Hollande, des races proprement dites grandes laitières.

Parmi le bétail de l'Écosse, qui a la réputation d'être très-endurant, la vache d'Airshire est la meilleure laitière, quoique de petite taille.

Ainsi que nous venons de le dire, la race hollandaise, peu propre à supporter de rudes travaux, est éminemment laitière : c'est au point de donner jusqu'à 15 et 18 litres de lait par jour ; mais, il en est de ce lait comme de celui des vaches helvétiques, il ne fournit pas de beurre et de fromage en proportion de son abondance.

Cette race est répandue dans le nord et l'ouest de la France : elle est caractérisée par une taille élevée, un poids moyen de 400 à 450 kilog.; la robe le plus souvent pie ; la tête allongée, effilée ; les cornes noires, longues, minces, en demi-cercle ; l'encolure mince ; tempérament lymphatique ; et toujours maigre, quoique consommant beaucoup.

Après la vache hollandaise, les races helvétiques sont les plus remarquables par l'abondance du lait qu'elles fournissent. Celle de Fribourg ou de Berne est colossale, celle de Hostie est petite, celle de Schwitz tient le milieu entre les deux autres.

Dans la race bernoise, les mâles et les femelles ne diffèrent point par le volume du corps ; les bœufs et les vaches ne pèsent pas moins de 500 à 600 kilog ; la robe est bigarrée de noir, de blanc et de rouge, cette dernière nuance prédominant le plus souvent sur toutes les parties du corps, à l'exception de la tête qui est ordinairement blanche ; cette partie est courte et grasse ; l'encolure est fort épaisse et empâtée ; le poitrail est large ; le fanon est lâche et descend fort bas ; le corps est massif, le ventre énorme, l'origine de la queue fort élevée, allure lente et lourde, peu propre au travail.

Les vaches de cette race ont des mamelles énormes, d'où découlent jusqu'à 24 litres de lait par jour, fraîchement vêlées ; mais ce lait est abondant en sérosité, pauvre en caséum et surtout en butirum, et il est le produit d'une énorme quantité de fourrage. Aussi, déplacée des pacages luxuriants des vallées helvétiques, la vache suisse diminue sensiblement son rendement en lait.

On connaît deux principales races *normandes*, celle du Cotentin et celle du pays d'Auge, l'une et l'autre remarquables par leur corpulence.

La taille de la première est d'environ 165 centimètres, le poids brut de 700 à 800 kilog. ; ses formes contrastent avec celles de la race de Salers ; elle offre, en effet, en outre de la grande différence de taille et de poids : couleur tantôt rougeâtre, marquée de blanc, tantôt brunâtre avec des teintes noires, en quelque sorte bronzée ; tête longue, mince, cornes allongées, pointues ; structure peu massive, corps long, dos voûté, ventre volumineux, membres menus, jarrets étroits, queue attachée bas et enfoncée entre les fesses qui sont minces.

La race du pays d'*Auge*, comme la précédente, est le produit d'une importation de la race hollandaise ; elle se propage dans des limites étroites, car dans de riches pâturages, comme ceux de la Normandie, il convient d'engraisser, non d'élever du bétail.

Après celle de Normandie, la *race gascogne* est la plus répandue en France : couleur ordinairement grise avec des teintes brunâtres, particulièrement à la tête ; tête volumineuse dans toutes ses dimensions ; cornes grosses et longues ; fanon descendant fort bas ; épaules épaisses ;

dos courbé ; peu de hanches ; queue attachée bas ; jarrets larges ; cuir fort. Cette belle race tient le milieu entre celles de haut cru et celles de nature ; elle est presque aussi estimée dans les boucheries que les races normandes.

Après la Normandie, l'*Anjou* est une des provinces où l'élève et l'engrais du gros bétail sont pratiqués avec le plus de succès. Les bœufs de cette race travaillent jusqu'à l'âge de sept ou huit ans. On les conduit alors à l'engrais, où ils passent souvent deux ans ; leur chair, qui est fort estimée, se consomme principalement à Paris.

L'Allemagne est un pays où l'on s'occupe avec succès de l'élève, de l'engraissemnt ou de l'amélioration du gros bétail. Grâces à d'heureux croisements et à des soins continus, elle possède aujourd'hui des races bovines précieuses pour le travail, comme pour la viande et le lait qu'elles fournissent.

Les principales races allemandes sont celles de Franconie, de la Bavière rhénane et la race Frise, dont les caractères se rapprochent trop de la race hollandaise, pour que nous la décrivions ici.

La *race allgaue*, que l'on trouve dans la partie basse du Voralberg, et qui de là s'est répandue dans le Wurtemberg et la Franconie, n'a d'autre défaut que d'être très-petite ; mais sa conformation et la finesse de sa nature, comme race de boucherie, la rendent supérieure à celles de la Suisse. Il est à regretter qu'on n'entreprenne pas l'amélioration de cette race par elle-même, en en élevant la taille par le régime et l'appareillement.

La *race hongroise*, avec ses cornes démesurées, n'est ni travailleuse, ni laitière ; sa destination est la boucherie.

Les croisements sont, comme on sait, des alliances entre des individus de même espèce et de races différentes ; les produits qui en résultent, nommés *métis*, sont féconds. On se propose, par ce mode de propagation, de donner des qualités et d'effacer des défauts.

Aussi faut-il avoir en vue, en croisant nos vaches avec le taureau Durham, de faire des élèves plus particulièrement propres à l'engrais; car, pour former de bonnes laitières par le croisement, les taureaux de bonne race hollandaise ou suisse sont certainement préférables; on est sûr d'en obtenir de grandes améliorations, si on se montre aussi sévère pour le choix des bêtes destinées à l'accouplement, que le sont les Anglais.

Au reste, les animaux de la race Durham sont élevés avec tant de petits soins et si artificiellement, qu'on ne peut espérer un bon résultat de leur croisement dans d'autres pays, qu'en leur donnant les mêmes soins minutieux, d'aussi bon et abondant fourrage qu'ils ont l'habitude d'en recevoir dans leur patrie; au reste, comme ils ont été élevés et habitués à rester en plein air une grande partie de l'année, ils ne se plaisent pas dans nos étables; ils dépérissent au point qu'il est difficile et chanceux de conserver, dans les produits de ces accouplements, les belles formes, si avantageuses pour l'engrais, de la race Durham.

En fin de compte, il n'est nullement démontré qu'il soit avantageux chez nous, de sacrifier à ce seul avantage celui de faire de meilleures laitières, et de former des bœufs forts et robustes pour le travail.

En sorte qu'au lieu de faire de fortes dépenses pour se procurer des individus de la race anglaise, il serait plus rationnel de suivre les préceptes du célèbre éleveur anglais Backwel; c'est-à-dire, d'améliorer notre race indigène, parmi laquelle on rencontre d'excellents sujets isolés, en ne choisissant pour l'accouplement que des sujets qui se distinguent par leurs bonnes qualités; donner à ces produits des soins minutieux et une riche nourriture, parmi laquelle le lait est de condition rigoureuse dans les premiers mois, afin de favoriser le développement du corps et des formes aussi promptement et aussi fortement que possible. En continuant avec de telles précautions l'accouplement consanguin, on est sûr de créer une race excellente sous tous les rapports.

Il n'y a réellement de bénéfice à l'éducation du bétail, qu'en choisissant des sujets de bonne race, et qu'en donnant à ces animaux une nourriture convenable et en proportion de leur appétit, afin qu'ils rendent en lait et en graisse ce qu'ils coûtent en soins et en fourrage.

Les signes de la chaleur dans la vache diffèrent de ceux de la jument, en ce que chez elle l'œil est égaré, le nez au vent comme pour aspirer les effluves du mâle, et les oreilles mobiles comme pour en écouter les mugissements; elle oublie de paître, s'agite, se tourmente, bondit à l'aventure, et se jette souvent sur les bœufs. On doit ajouter la diminution, quelquefois le tarissement de lait, et la mauvaise qualité de celui qui reste dans les mamelles.

On voit plus de vaches que de juments revenir en chaleur plusieurs fois dans le courant de l'année; il en est qui offrent des signes de cet état tous les mois, même plus souvent; on les nomme *taurelières*; elles ne tiennent presque jamais, donnent peu de lait et restent maigres : on a remarqué que le plus souvent elles sont affectées de pommelière ou d'une autre maladie de poitrine.

Si la froideur de la vache tient à sa faiblesse, il faut ajouter au foin quelques substances excitantes, telles que du sel, des fèves, des lentilles ou de l'avoine.

La durée de la gestation est, pour l'ordinaire, de neuf, quelquefois de dix et même de douze mois. La gestation dure quelques jours de plus pour les veaux mâles que pour les femelles, et chez les vaches les plus âgées et les plus fortes.

Comme les vaches retiennent bien plus facilement que

les juments, on peut les présumer pleines quand elles ont été saillies, fussent-elles encore disposées à recevoir le mâle ; car la sécrétion lactée, ayant lieu constamment dans les vaches laitières, ne peut pas être considérée comme un signe de gestation. Un signe moins équivoque est la disposition à l'engraissement.

Le renflement du ventre est, à mi-terme de la gestation, fort apparent, mais les mouvements du fœtus sont alors moins sensibles qu'ils ne l'étaient un mois plus tôt. Bien plus que dans la jument, les mouvements du fœtus seront sensibles à droite chez la vache, parce que chez elle la matrice, repoussée par la panse, est plus de ce côté. Au reste, la position du fœtus varie beaucoup ; plus le terme approche, plus il se jette vers les muscles abdominaux, sur lesquels il repose aux approches du vêlage.

L'exploration vaginale consiste à introduire la main dans le vagin, pour s'assurer du resserrement de la fleur épanouie et de la dilatation de la matrice, double indice de la présence du fœtus.

La vache est sujette à avorter ; on veillera à ce qu'elle ne franchisse pas les fossés, les haies ; à ce qu'elle rentre à l'étable et en sorte librement ; on écartera d'elle les chiens hargneux et on la traitera avec la plus grande douceur.

Le sol de l'étable ne sera pas incliné de devant en arrière ; s'il l'était pour l'écoulement des urines, il faudrait, au moyen de la litière, en rétablir le niveau. Il est des agronomes qui conseillent de l'exhausser à la partie postérieure ; en Hollande, on le creuse à la partie correspondante à l'abdomen de la vache. L'inclinaison du sol peut causer l'avortement et même la chute de la matrice.

Les aliments de la vache pleine seront plutôt des racines, des tubercules sous forme de soupes ou de buvées que du foin ou de la paille.

Si la femelle porte pour la première fois, on lui manie les pis de temps à autre pour la disposer à se laisser traire. Lorsque le terme approche, on isole la vache et on lui donne une bonne litière. On la visite tous les soirs; et, lorsqu'on reconnaîtra les signes d'une parturition prochaine, on veillera pour administrer des secours au besoin.

Les phénomènes de la parturition et les soins à donner sont les mêmes que ceux décrits pour la jument au chapitre précédent. La délivrance, ou l'exclusion du délivre, suit de près la sortie du petit. Si, comme cela arrive souvent, les efforts expulsifs se prolongent sans résultat au-delà de vingt-quatre heures, il faut donner une ou deux bouteilles d'un breuvage chaud vineux, aromatisé avec la cannelle ou la muscade.

Quoique naturellement unipares, les vaches donnent quelquefois des jumeaux, et il peut s'écouler plusieurs jours entre la naissance des deux petits. On a vu des vaches qui, après avoir avorté vers le cinquième mois, ont mis bas, au terme de la gestation, un veau bien portant.

Le foin, la paille, les autres fourrages secs ne conviennent pas aux vaches fraîche-vêlées. Ce sont les végétaux cuits, les racines, tubercules, choux, et autres fourrages en soupes, qui leur conviennent éminemment.

Dès le huitième jour après la mise bas, on trait la vache nourrice. L'abondance de lait fait que les pis s'engorgent quelquefois : des abcès s'y forment, ils sont suivis d'ulcères, de fistules; d'autrefois, il s'y développe des crevasses, des pustules. On prévient ces accidents en trayant les vaches d'une manière douce, plusieurs fois dans la journée, et jusqu'à ce qu'il ne coule plus de lait, en lavant le pis avec de l'eau émolliente, et en s'abstenant de corps gras, dont l'effet est de provoquer la suppuration.

Il est rare qu'on laisse le jeune veau avec sa nourrice; le plus souvent on les sépare dans la même étable, et on amène le veau à sa mère d'abord quatre à cinq fois, puis trois fois par jour. On le laisse téter à discrétion, et on tire ensuite tout le lait qu'il a laissé dans le pis.

La quantité de lait que reçoit le veau nourri à l'auget est de cinq litres par jour, au commencement, et du double au bout de dix à douze semaines; lorsqu'il commence à manger, on diminue sa ration de lait et on lui donne de l'écrémé : il y a des éleveurs qui donnent du lait à leurs veaux jusqu'à l'âge de cinq mois.

Les veaux nouvellement sevrés sont sujets à la constipation ou à la diarrhée. Dans le premier cas, on introduit avec précaution dans le fondement un doigt bien huilé; on fait un suppositoire de savon; on donne quelques lavements émollients. Dans le second cas, qui est plus ordinaire, on fait prendre des jaunes d'œufs avec du vin; on fait boire de l'eau ferrée; on soumet quelquefois les veaux à l'usage complet des fourrages secs; plus souvent on est obligé de les remettre à la mamelle.

Il y a des inconvénients à mettre ensemble des veaux nouvellement sevrés; ils se tettent, ou ils se lèchent. Le premier de ces tics les fait dépérir; le second peut donner lieu à la formation des égagropiles.

Le procédé de nourrir le gros bétail à l'étable pendant l'été même, que l'on appelle aussi *stabulation*, passe avec raison par le plus perfectionné. Quoique nécessitant des dépenses et des soins plus grands que la nourriture au pâturage, il offre, sous le rapport de la production du fumier, un avantage si grand sur les autres méthodes, qu'il a été adopté par tous les bons agriculteurs.

Partout où vient le trèfle, la luzerne, le sainfoin, ou les vesces, on peut nourrir à l'étable; il y a même des localités où l'on a réussi à introduire ce mode de nourriture, quoique le sol ne produise que du trèfle blanc, de la spergule, du sarrasin, du seigle pour faucher en vert. Néanmoins, dans des cas pareils, à moins de circonstances toutes particulières, il y aura généralement plus d'avantage à tenir des moutons.

L'herbe des prés est une ressource à laquelle on est quelquefois forcé de recourir dans la nourriture à l'étable, mais ce n'est qu'exceptionnellement; elle convient trop à la dessiccation, pour qu'on puisse avec avec avantage la faire consommer en vert, emploi pour lequel elle est inférieure à la plupart des fourrages artificiels.

Pour ce qui est du fourrage vert, on doit le couper tous les jours, autant que possible le matin ou le soir; dès qu'il est rentré, on l'étend auprès de l'étable dans un lieu frais, à l'abri du soleil et de la pluie, pour éviter la fermentation. Les premiers fourrages verts doivent être donnés en petite quantité à la fois et mélangés avec du sec, soit foin, soit paille; à cet effet, il est bon de hacher le tout ensemble. Il faut à une vache de moyenne taille 45 à 50 kilog. de fourrage vert par jour : on peut nourrir une vache, pendant l'été, avec environ 30 ares de trèfle ordinaire, ou 10 à 15 ares de luzerne.

La nourriture d'hiver la plus convenable et la moins chère partout où l'on est privé de résidus, se compose de racines et de regain. Parmi les premières, les pommes de terre sont les plus généralement employées; crues, elles sont écrasées aussi complétement que possible, et mélangées avec du fourrage sec, haché et mouillé. On met ce mélange dans une cuve ou dans une caisse; on le presse fortement, et on le laisse fermenter pendant trois jours. Cette nourriture est fort goûtée du bétail.

La distribution de la nourriture se fait en hiver de même qu'en été. Quoique les accidents de météorisation y soient peu à redouter, on ne doit pas négliger cette règle, de ne donner la nourriture que par petites portions à la fois; les bêtes rebutant, en général, le fourrage sur lequel elles ont soufflé à plusieurs reprises. On fait boire plus ou moins souvent, selon la proportion d'aliments secs : pendant que les animaux terminent leur repas, on les étrille. Pendant la belle saison, les bains de rivière sont très-salutaires aux vaches et aux bœufs

La disposition générale et la distribution intérieure des étables sont d'une haute importance pour la santé des animaux et pour la commodité du service. Une bonne étable doit être aérée, fraîche en été et chaude en hiver. Outre les soupiraux, il faut des fenêtres pour laisser pénétrer la lumière.

La meilleure mangeoire pour les bêtes à cornes est une auge ; quelquefois elle est munie d'un râtelier. Néanmoins, ce dernier n'est pas indispensable. L'auge doit être, en général, peu profonde et à fond arrondi, de manière que les bêtes puissent la vider avec facilité. Dans les étables nouvellement construites, on joint à l'auge une mangeoire plate, sur laquelle on place le fourrage sec. D'ailleurs, chaque cultivateur suit ses idées pour ce qui concerne la distribution intérieure de ses étables, et s'arrange selon son local.

On peut poser, en quelque sorte, dès la jeunesse de la vache, les bases d'une abondante production en lait, par une bonne nourriture, un régime et un traitement appropriés, et surtout à partir du premier veau, par les soins que l'on met à habituer la vache à se laisser traire volontiers et régulièrement, par la précaution qu'on a de tirer chaque fois tout le lait, et de faire saillir à l'époque convenable.

La vache n'est ordinairement en plein produit qu'après le troisième veau ; elle continue le même rendement jusqu'à son septième ou huitième ; à partir de cette époque, le produit diminue à chaque nouveau vêlage. C'est l'époque à laquelle il faut engraisser la vache et la donner au boucher.

Il est certain qu'on peut juger par des signes extérieurs du mérite d'une vache laitière. C'est un nommé François Guénon, qui, dans une brochure que nous recommandons à l'étude des éleveurs, indique d'une manière très-détaillée les signes auxquels on reconnaît si une vache est bonne, médiocre, ou mauvaise laitière.

La traite a lieu communément deux fois par jour, rarement trois; elle doit être faite avec adresse, avec soin et régularité. De la douceur et des soins sont nécessaires, lorsqu'on trait, afin que la vache ne retienne pas son lait. En lui donnant un peu de sel à chaque trait, on s'attache beaucoup l'animal. On doit prendre le trayon avec toute la main, et non avec un ou deux doigts et le pouce; on trait à deux trayons en même temps et on a soin de les prendre toujours opposés. On doit traire promptement et continuer jusqu'à ce que tous les tuyaux refusent. Le dernier lait est le plus gras et le meilleur; il est important de ne pas le laisser. Si on néglige de le tirer, outre que le produit subséquent en lait s'en ressent, on trouve dans les traites suivantes des morceaux de lait coagulé. Aussitôt après la traite, on passe le lait à travers un couloir, afin d'en enlever toutes les substances étrangères, et on le porte à la laiterie.

Il est à remarquer que, dans la majorité des cas, les vaches qui donnent le produit absolu le plus élevé, ne donnent pas le plus, relativement à ce qu'elles consomment. D'après les expériences faites, 100 kilog. de foin (ou équivalent) ne rendent chez de grosses vaches suisses que 37 litres de lait; tandis que, consommés par de petites vaches, pesant en moyenne 275 kilog. poids vivant, ils rendent 39 litres.

Du reste, le produit dépend non-seulement de la quantité journalière du rendement, mais encore du nombre de jours que la vache reste productive. Cette question est parfaitement définie dans la brochure du sieur Guénon.

Le système de cet artiste a pour fondement des signes extérieurs et apparents, situés à la partie postérieure du corps de tous les individus de l'espèce bovine. Ces signes sont des épis, ou écussons de poil remontant à l'inverse de la direction descendante ordinaire. Les qualités lactifères ne diffèrent qu'à raison des différences existant dans la forme caractéristique des épis ou écussons. Ajoutons que les vaches de chaque classe ont leur genre d'épi différencié par l'étendue du poil remontant et la forme variable de cette même étendue. Chaque genre de dessin correspond à l'activité de la sécrétion des glandes mammaires et à la puissance des vaisseaux lactifères.

La production du lait étant toujours dans un rapport parfait avec les grands épis et les contre-épis placés dans le voisinage de la vulve ainsi que sur les mamelles, l'on peut toujours décider, sans risque de se tromper beaucoup, que si l'étendue de ces épis est grande, le réservoir sécréteur du lait est également grand, et, par suite, le produit abondant ; si, au contraire, l'étendue d'un épi est petite, la sécrétion du lait sera faible. Les marques distinctives formées par le poil à sens inverse des épis étant visibles même sur les taureaux, on peut alors combiner les accouplements de telle manière, que la force productive soit portée là où elle se trouve en infériorité.

Les renseignements les plus certains sur l'âge des bêtes bovines et des bêtes ovines sont fournis dans ces animaux, comme dans le cheval, par l'appareil dentaire ; mais, en outre, les cornes, dans ceux de ces animaux qui en sont munis, peuvent encore être considérées comme des parties chronométriques qui donnent des indications moins positives, il est vrai, mais cependant assez constantes et assez saisissantes pour qu'on puisse y recourir avec avantage.

Dans le bœuf on compte 56 dents dont 24 grosses molaires, 4 petites molaires supplémentaires, et 8 incisives à la mâchoire inférieure seulement ; la supérieure porte, au lieu de dents, un point d'appui, lorsqu'elles coupent le faisceau d'herbe ramassé par la langue. Comme dans le cheval, les dents incisives sont les seules qui soient réellement chronométriques.

L'étude de l'âge des bêtes bovines se divise en deux périodes bien distinctes : l'éruption et l'usure des dents caduques, et l'éruption et l'usure des dents de remplacement.

L'éruption des pinces de remplacement s'opère à l'âge de 19 à 20 mois. De deux ans et demi à trois ans paraissent les premières mitoyennes. De trois ans et demi à quatre ans s'opère l'éruption des secondes mitoyennes, et de quatre ans et demi à cinq ans celle des coins de remplacement. Dans cinq ans et demi à six ans, la rangée incisive parvient au rond. De six ans et demi à sept ans, rasement des premières mitoyennes. De sept et demi à huit ans, rasement des secondes mitoyennes. De huit à neuf ans, rasement des coins et nivellement des deux tiers de leur ovale,

De dix à onze ans, forme carrée de l'étoile dentaire.

De douze à quatorze ans, rondeur de l'étoile dentaire.

De quatorze à dix-sept ans, la table dentaire affectée par l'usure.

CONNAISSANCE DE L'AGE DU BŒUF PAR L'INSPECTION DES CORNES.

Vers quatorze à quinze mois, la production épidermique tombe, et laisse la corne à nu, avec sa teinte luisante. Il y a formation d'un sillon peu distinct qui limite le premier cercle représenté par toute la pousse de la corne depuis la naissance : c'est la marque de la première année.

De vingt mois à deux ans, formation d'un second sillon, qui limite l'étendue du second cercle : marque de deux ans.

De deux ans et demi à trois ans, nouveau sillon plus profond que les deux précédents : marque de trois ans.

De trois ans et demi à quatre ans, formation d'un nouveau cercle à la base de la corne. Ce cercle est généralement regardé comme le premier des nœuds de la corne, qui marque quatre ans.

De quatre ans et demi à cinq ans. Nouvel anneau semblable au nœud de quatre ans, et toujours ainsi pour les années suivantes.

Ainsi, lorsqu'on veut reconnaître l'âge du bœuf par l'inspection des cornes, il suffit de compter, à partir de leur sommet jusqu'à leur base, la succession des sillons qui séparent leurs cercles ; mais les deux premiers sillons n'étant apparents que jusqu'à trois ans, on doit regarder comme l'expression du travail de trois ans, toute la portion de corne située au-dessous du premier sillon apparent.

CHAPITRE XXV.

Des bêtes ovines et du porc.

Du mouton.

Le mouton est un animal domestique de la famille des ruminants à cornes creuses.

La France en élève annuellement cinq millions, et les Iles-Britanniques dix millions. Le seul marché de Londres en fournit douze cent mille par an à la consommation, et ce nombre ne fait à peu près que la dixième partie de la consommation totale du royaume. Le nombre de moutons existant en Angleterre est estimé à quarante millions ; on compte qu'en France il y avait 31,612,162 têtes, lors du recensement de 1841.

Le mâle adulte se nomme *bélier* ; la femelle *brebis*. On appelle *antenois* ou *antenoise* l'animal qui vit à la deuxième année de sa vie ; *agneau* ou *agnelle*, celui qui n'a pas encore atteint cet âge ; *mouton* ou *moutonne*, le mâle ou la femelle qui ont subi la castration.

Les naturalistes pensent que le mouton, tel qu'il existe à l'état de domesticité dans toutes les parties de l'ancien continent, a eu pour origine le *mouflon* existant encore aujourd'hui à l'état sauvage sur quelques points montagneux de l'Europe.

Le mouton tient du mouflon son tempérament, ses mœurs, sa stupidité ; il en a l'organisation extérieure et à peu près la forme osseuse du squelette. Mais le mouflon est couvert de poils, qui cachent quelques petits flocons de laine frisée ; tandis qu'à l'état de domesticité, le mouton s'est couvert de laine, ses cornes ont disparu dans certaines variétés, sa tête grosse et longue est devenue petite et courte, et sa queue montrueuse en Barbarie. Il a perdu entièrement la faculté de se suffire à lui-même ; il est devenu faible, plus délicat ; il n'a pas même garde l'instinct de sa conservation.

C'est ainsi que le mouton est devenu incapable de vivre, sans être continuellement surveillé et dirigé par l'homme ; aussi, de nos soins dépend la conservation des qualités qu'il a acquises par nous : son régime de vie, son entretien doivent donc d'abord attirer notre attention.

Un berger, pour être capable de rendre les services qu'on attend de lui, doit être doué de plusieurs qualités importantes, et doit avoir quelques connaissances de la partie qui nous occupe ; il lui faut de la patience et de la douceur ; il lui faut une vigilance soutenue, qui s'étende non-seulement sur tout son troupeau en masse, mais encore sur chacune de ses bêtes en particulier ; il faut que son œil se promène de l'une à l'autre pour juger par leur appétit de l'état de santé ou de maladie. Pendant l'hiver, il doit leur préparer et distribuer avec intelligence les diverses rations de nourriture plusieurs fois par jour. Il doit pouvoir aider les brebis à mettre bas, quand le part est difficile, et donner aux agneaux les secours que réclame leur faiblesse. Les symptômes des maladies les plus ordinaires doivent lui être familiers, ainsi que les moyens que l'on emploie pour combattre ces maladies.

Il faut qu'il soit capable de diriger l'accouplement des mâles et des femelles, pour conserver la pureté de la race, ou l'améliorer.

La castration, la clavelisation, la saignée, appartiennent au berger ; aucune phase de l'existence du mouton, depuis la naissance jusqu'à la mort, n'est en dehors de l'influence du berger.

Après le choix du berger, le logement du troupeau doit occuper sérieusement l'éleveur de bêtes à laine. Le bâtiment de la bergerie doit être assez vaste pour contenir à l'aise les animaux que l'on veut y renfermer, assez aéré pour que la chaleur ne s'y maintienne point à un degré trop élevé, et continuellement ventilé pour que les gaz méphitiques ne puissent jamais y séjourner ; enfin, elle doit être meublée de râteliers et d'auges propres à recevoir la nourriture du troupeau dans les mauvais jours. Pour des moutons en bonne santé, la chaleur est beaucoup plus à craindre que le froid. Dans une étable fermée, la chaleur qui sort de leur corps, et celle du fumier, infectent l'air et mettent ces animaux en sueur. Ils s'affaiblissent dans ces étables où ils sont entassés ; ils y prennent des maladies ; la laine y perd sa force. Lorsque les bêtes sortent, l'air les saisit, arrête subitement leur sueur et les met en danger. Ce sont les causes des rhumes et de la morve dont ils sont souvent affectés ; il est donc nécessaire, pour la conservation de leur santé, que la température des bergeries ne diffère guère de la température extérieure.

L'espace accordé à chaque bête dans la bergerie, doit être, pour le moins, une fois la largeur et deux fois la longueur de chacune.

Après toutes les précautions qu'exige le renouvellement du bon air dans la bergerie, il est facile de comprendre qu'on ne doit pas laisser accumuler pendant plusieurs mois le fumier sous les moutons; il faut que l'étable soit toujours garnie d'une bonne litière fraîche et abondante.

Si, malgré ces précautions, une bergerie se trouve dans un état d'infection que l'on veut faire cesser, les fumigations de chlore, par le chlorure de chaux et l'acide sulfurique, en l'absence des moutons, sont un remède efficace.

Le pâturage est incontestablement le régime le plus convenable à la santé des bêtes ovines, et le propriétaire d'un troupeau trouvera toujours du bénéfice à procurer à ses moutons un parcours abondant pendant toutes les saisons de l'année; pour atteindre ce but, il faut se créer des prairies, qui se succèdent sans interruption, qui bravent les froids de l'hiver et les chaleurs de l'été. Compter sur la vaine pâture serait folie, si on veut entretenir un troupeau profitable pour la laine et la boucherie.

Il faut à un mouton de taille moyenne 4 kilog. d'herbe fraîche de prairie naturelle; cette herbe, quand elle est fanée, se réduit à un kilog. de foin, dont se contente également le même mouton nourri au sec. En prenant ce fait pour base de nos calculs, nous reconnaîtrons qu'il faudra consacrer un hectare de prairie à l'entretien de 10 moutons pendant une année; ou une contenance équivalente, cultivée en racines ou céréales.

A moins d'obstacles très-grands, on doit faire sortir chaque jour les bêtes à laine, en ne donnant chaque jour accès au troupeau que dans une portion du champ; sans cela, elles gâteraient beaucoup plus d'herbe avec les pieds qu'elles n'en brouteraient.

Pendant la belle saison, on peut lâcher les moutons dès le lever du soleil, pourvu qu'il n'y ait ni rosée, ni brouillard; sinon, il faut attendre que le soleil les ait dissipés, car ils pourraient causer aux animaux des coliques dangereuses. Durant les grandes chaleurs de la journée, il est absolument nécessaire de les conduire à l'ombre pour s'y reposer.

Le soleil tombant à plomb sur leur tête, peut leur donner des vertiges qui les font tourner, et même le mal appelé la chaleur, qui les tue rapidement, si le berger ne les secourt aussitôt par une abondante saignée. Il n'est aucun prétexte qui puisse dispenser de prendre la précaution que nous recommandons; sans cela, il n'est pas rare que quelques-uns tombent suffoqués et périssent, pour ainsi dire, instantanément. Un berger soigneux ne brave jamais ce danger; il se retirera devant le soleil, et conduira ses moutons dans un endroit frais où ils puissent à leur aise ruminer et digérer la nourriture amassée dans la journée dans leur premier estomac. Dès que le soleil commence à devenir moins ardent, on ramène le troupeau au pâturage, dont on le laisse jouir jusqu'à la nuit.

A l'approche de l'hiver, le parcours devient moins productif. C'est alors qu'un supplément de nourriture doit être distribué à l'étable; mais, quelque bien choisie que soit la nourriture sèche, elle est moins convenable aux moutons que la nourriture verte, à laquelle ils sont accoutumés. On peut se créer une grande ressource dans cette saison, en cultivant quelques pièces de pimpernelle où les moutons trouvent toujours à paître, puisque ni les froids, ni la neige ne suspendent la végétation de cette plante. Celui qui élève des bêtes à laine commettrait d'ailleurs une grande faute, s'il n'avait à sa disposition une quantité suffisante de navets, pommes de terre, betteraves, carottes, pour tempérer au moins l'action malfaisante du sec sur son troupeau pendant l'hiver.

Pendant que les moutons sont renfermés à l'étable, il faut, outre leur ration du matin et du soir, leur donner à midi de la nourriture fraîche : ce qui les empêchera de dépérir et de s'altérer outre mesure. Ce qui concerne la boisson des moutons est fort simple : de l'eau pure en petite quantité, voilà la règle.

L'humidité sous toutes les formes est dangereuse pour les bêtes à laine : le brouillard, la pluie, la rosée, le serein, les pâturages trop succulents. Le berger évitera donc de les pousser à boire ; il suffit de les conduire une fois en deux ou trois jours à l'abreuvoir, suivant que la nourriture et la saison sont plus ou moins altérantes. On ne doit jamais oublier qu'un mouton en bonne santé boit peu ; c'est presque un signe de maladie de le voir courir à l'eau avec avidité.

Un troupeau en pays sain, et pendant la belle saison, peut très-bien se passer de sel ; mais cet assaisonnement est fort nécessaire pendant les mois pluvieux et froids de Novembre à Avril ; il réchauffe les moutons, leur donne de la vigueur, empêche les obstructions, et fait couler les eaux superflues, qui sont la cause de la plupart de leurs maladies. On le distribue dans l'auge avec quelque nourriture, ou bien on le fait fondre dans l'eau pour en arroser le fourrage. Un kilog. tous les huit jours est suffisant pour quarante moutons.

Nous ne décrirons pas ici les innombrables races de moutons, elles se réduisent toutes à deux genres bien distincts : 1° moutons à laine frisée ; 2° à laine lisse.

Les premiers ont une taille moyenne, une toison à mèches très-ondulées, à brins très-fins ; leur hygiène exige des pâturages bien sains ; les contrées humides leur sont fatales ; ils n'utiliseraient pas convenablement de gras pâturages.

Les seconds ont une toison non tassée, à mèches longues, pendantes, pointues, dont le brin plus grossier

peut devenir assez fin dans les variétés perfectionnées;
ils arrivent à une taille élevée; ils sont essentiellement
propres à la boucherie; ils supportent très-bien l'humidité constante de certains climats, et ne peuvent prospérer sans une nourriture très-abondante.

Le *mérinos* doit être classé au premier rang du premier
genre de moutons à laine frisée. Pendant longtems, l'Espagne posséda seule cette belle race; elle en prohiba toujours sévèrement l'exportation; cependant, en 1723 la
Suède, en 1765 la Saxe, en obtinrent un troupeau; la
France n'obtint la même faveur que 20 ans plus tard.

Les éleveurs saxons, négligeant la taille, s'attachèrent
uniquement à la production d'une laine sans égale pour
la finesse; et ils atteignirent parfaitement ce but, puisque
nulle laine ne peut entrer en concurrence avec la leur
pour la confection des étoffes fines.

Le troupeau espagnol introduit en France, fut placé
à Rambouillet, et là on est parvenu, après des essais
d'abord infructueux, à identifier tout à fait les moutons
mérinos avec le sol : on y réussit si bien, qu'après quelques années de soins mieux entendus qu'en Espagne, on
put remarquer que les produits étaient supérieurs à ceux
des bêtes nées en Espagne même.

Ce que l'on avait en vue à Rambouillet était surtout de
naturaliser les mérinos dans les fermes et de déterminer
les cultivateurs à améliorer leur race du pays, par le
croisement avec le pur sang espagnol.

Longtemps les fermiers s'obstinèrent dans leur indiffé-
rence pour la naturalisation des moutons espagnols, qui
ont eu cependant une influence immense sur la prospérité de l'agriculture française, par l'amélioration de nos
laines, dont elle a fait augmenter prodigieusement la
production dans toute l'étendue du pays.

Le mérinos d'Espagne est d'une taille moyenne, son
poids est de 50 à 55 kilog. Ces dimensions peuvent aug-

menter ou diminuer, selon le régime auquel on le soumet. Cette espèce de mouton est moins vive, moins précoce, plus lente à se développer, et d'une charpente osseuse plus forte que nos espèces communes : mais c'est surtout par la toison qu'elle se distingue et s'éloigne le plus de toutes les autres races de bêtes à laine. Tout le corps de l'animal est quelquefois couvert de laine, sauf les aisselles, le plat des cuisses et le bout de la face. Aussi, le mâle à préférer pour la reproduction, doit être celui qui unira la plus grande finesse à la plus grande quantité de laine ; le poids de la toison, sa finesse, son égalité, son toucher moëlleux, faisant tout le mérite de cette race et le profit de l'éleveur.

Toutes les brebis d'un troupeau ne demandent pas le bélier précisément à la même époque, mais on recommande de les faire saillir toutes dans le même mois, pour que les agneaux soient tous à peu près de même force. Pour que l'exécution en soit possible, il est nécessaire de tenir les béliers séparés des brebis et de le leur donner à toutes dans le même temps. Il faut préférer la monte précoce à la monte tardive, pour éviter, chez les premiers, une excitation fatigante et nuisible, et ne pas faire servir à chaque bélier plus de 40 à 50 brebis.

Pendant la gestation, la brebis exige beaucoup de soins, une grande surveillance et une nourriture saine et suffisante, pour éviter l'avortement, qui ferait perdre une année pour la reproduction. Cette période critique a ordinairement une durée de 150 jours : l'approche de l'agnellement s'annonce vingt à trente jours d'avance, par un écoulement d'abord peu sensible, qui va toujours en augmentant, par le gonflement des parties sexuelles, et le pis se forme alors.

Quand ce dernier symptôme se manifeste sur une brebis, il est prudent de ne plus la mener aux champs, de peur qu'elle ne mette bas hors de la bergerie.

L'amélioration du mouton commun se produit à l'aide du métissage. En faisant accoupler des brebis à laine jarreuse (mauvaise) avec des béliers à laine fine, on voit la jarre disparaître, presque en entier, dès la première génération, ou, au plus tard, à la seconde ; et la laine devient demi-fine. Et ces métis à laine demi-fine, accouplées avec des béliers à laine fine, ont produit des agneaux dont la laine est devenue souvent presque aussi fine que celle de leur père.

Lorsqu'au contraire on mêle un bélier à grosse laine avec des brebis à fine laine, les agneaux ont la laine moins fine que celle de leur mère et moins grossé que celle du père. Lorsqu'on donne à des brebis un bélier qui porte plus de laine qu'elles, un grand nombre de leurs agneaux, étant devenus adultes, auront des toisons qui pèseront le double, et quelquefois le triple, de celles de leurs mères. Au reste, le métissage n'est point aussi généralement applicable qu'on l'avait cru d'abord, et il devient même nuisible dès qu'il est pratiqué sur des espèces trop éloignées l'une de l'autre ; c'est en vain que l'on a essayé de croiser les bêtes à laine lisse avec les bêtes à laine frisée ; on n'a obtenu que des extraits bâtards et sans aucune valeur.

Le perfectionnement d'une race se fait par la race elle-même, en propageant habilement et en développant les caractères spéciaux qui apparaissent de temps à autre, par la seule influence du régime et du climat.

A Rambouillet, on s'est attaché principalement à obtenir des animaux d'une santé vigoureuse, porteurs d'une toison pesante. A Naz, on a sacrifié les qualités pour la boucherie, à celles de la finesse de la laine, sans égale en France.

C'est en Angleterre que l'on trouve les variétés les plus perfectionnées des fortes races de moutons, que nous désignons sous le nom de moutons de plaine.

Deux races principales y sont élevées : la race de Leicester, connue sous le nom de Dishley à longue laine, et celle de Southdown à courte laine ; sans compter les moutons *cheviot* des contrées montagneuses, élevés sur des steppes et dans de maigres pâturages.

L'éleveur anglais estime surtout dans les moutons, comme dans le gros bétail, le fort rendement en viande de bonne qualité et néglige plutôt la laine comme un accessoir ; il prétend que la laine est à la viande chez le mouton, comme la paille est au blé dans les céréales, et qu'il est tout aussi défavorable de sacrifier la quantité de la viande à la qualité de la laine, que la quantité de graine à celle de la paille.

Le motif de ce raisonnement se trouve dans l'énorme consommation de viande que fait l'Angleterre ; article qui se paye cher, tandis que la laine est à très-bon marché, vu l'énorme production de cette matière, tant dans le pays même que dans ses colonies de l'Océanie.

Les moutons de Leicester et de Southdown répondent entièrement au but que cherchent à atteindre les éleveurs ; le poids moyen des individus de la première espèce est de 55 à 65 kilog., et de la seconde de 40 à 50 : la viande de ces derniers est plus recherchée et se paye plus cher. Leur laine, recherchée pour le peignage, est aussi d'un prix plus élevé.

Ces moutons ne sont jamais conduits par troupeaux au parcours ; ils pâturent librement dans les clos des prés naturels, ou des champs semés en verdure ou en racines, et un seul homme suffit pour en surveiller, sans chien, jusqu'à mille pièces, qui sont toujours abondamment pourvues de fourrage vert de nature variée, de racines, de foin, et même de graines. C'est dans ces clos qu'ils restent dehors, hiver et été, sans autre couvert que l'ombre des haies et des arbres.

Quand on compare ce traitement à celui qu'on fait subir aux moutons dans notre pays, où, serrés en troupeaux, ils sont obligés de se disputer au parcours quelques brins d'herbe, à travers de maigres pâturages et des champs vides; on trouve, d'un côté, l'image de la privation, de l'autre, celle de l'abondance. Il ne faut donc pas s'étonner du peu de rapport dont se plaignent nos propriétaires, puisque le bénéfice qu'on tire d'un troupeau est toujours en rapport avec le traitement qu'on fait éprouver aux animaux qui le composent. Des moutons mal nourris, maladifs par défaut de soins, ne peuvent donner de profit, ni en laine, ni en chair.

La nourriture journalière que reçoit un mouton en Angleterre, peut être estimée de 2 1/2 à 5 kilog. de foin, ou équivalent.

La race Dishley est très-propre chez nous pour croiser les races indigènes, et spécialement celles du nord de la France et de l'ouest; en particulier les races qui ont déjà la laine longue: c'est au moyen du croisement de ladite race Dishley avec la race Southdown, que les Anglais se procurent des laines un peu moins longues, mais plus fines que celles qu'ils obtiennent des bêtes Dishley pur-sang. Ces métis reçoivent en Angleterre le nom de *Halfbred*.

Un point fort essentiel dans l'acclimation des bêtes de race anglaise, consiste dans leur logement: elles ne sauraient prospérer dans une bergerie fermée.

Lorsqu'on se sert du parcage des moutons pour fertiliser ses terres, on les tient enfermés dans une enceinte mobile, appelée parc; ce parc est formé de claies, que l'on dresse les unes au bout des autres, sur quatre lignes formant un carré, et que l'on soutient au moyen de crosses ou bâtons courbés par l'un des bouts.

L'étendue que doit avoir un parc se calcule généralement d'après ce principe, qu'un mouton, de race moyenne, peut fertiliser un mètre carré environ dans un espace de temps d'autant plus bref que les animaux sont plus abondamment nourris. Dans les longs jours, on fait entrer les moutons dans le parc une heure après le soleil couché, c'est-à-dire vers neuf heures ; alors, comme les herbes ont beaucoup de suc, comme la fiente et les urines sont très-abondantes, un parcage de quatre heures suffit pour amender la terre ; les moutons devront donc être changés de place trois fois, depuis le soir jusqu'au matin ; la 1re à une heure, la 2e à cinq heures, et la 3e à neuf heures. Lorsque le mois de Septembre arrive, les nuits sont plus longues, les bêtes à laine ont moins de temps pour pâturer ; les plantes ont moins de suc ; les urines et la fiente sont moins abondantes : il ne faut alors faire que deux parcs la nuit.

L'engraissement du mouton n'est considéré en France que comme une branche accessoire de l'économie des bêtes à laine. La production de la laine et du fumier sont les objets que l'on a surtout en vue.

Il y a trois méthodes d'engraissement: l'engrais d'herbe, l'engrais de pouture et l'engrais mixte.

L'engrais d'herbe dépend de l'abondance et de la quantité des herbes ; lorsqu'ils sont bons, on peut engraisser les moutons en 8 à 10 semaines. On doit laisser les moutons au repos le plus possible, les mener très-doucement, prendre garde qu'ils ne s'échauffent, les faire boire plus souvent, et avoir soin de combattre immédiatement les diarrhées qui peuvent survenir. La luzerne et le trèfle sont les plantes qui engraissent le plus vite, mais elles donnent une couleur jaune à la graisse et produisent souvent des météorisations. Les herbes des prés et des bois sont très-propres à l'engraissement des moutons.

L'engrais de pouture se pratique en hiver : après avoir tondu les moutons, on les enferme dans une bergerie et on ne les laisse sortir qu'à midi, à l'heure où on nettoie l'étable ; le soir, le matin, et même pendant les longues nuits, on leur donne à manger au râtelier. Leur nourriture se compose de bon fourrage, de graines, ou d'autres aliments très-nutritifs.

Pour l'engrais mixte, on commence à faire pâturer les moutons dans des chaumes, après la moisson, jusqu'au mois d'Octobre, pour les disposer à l'engrais ; ensuite on les met dans un champ de navets, le jour, et le soir on les fait rentrer à la bergerie, où on leur donne de l'avoine avec du son, de la farine d'orge, etc. Les navets bien sains sont presque aussi bons que l'herbe, pour l'engraissement.

De la chèvre. — La chèvre est la vache du pauvre et des montagnes arides ; mais nul animal n'est plus redoutable pour les bois, les vergers, les champs cultivés : ses ravages sont incalculables et son parcours est tout à fait intolérable dans les pays cultivés. La chèvre doit donc être mise en dehors de la grande culture.

Ordinairement on fait saillir la chèvre dans le mois de Novembre, parce que, sa gestation durant cinq mois, elle peut commencer à trouver de l'herbe fraîche quelque temps après le part.

Ces animaux mettent souvent bas plusieurs petits à la fois, ordinairement deux, quelquefois trois ; cependant leur part est presque toujours fort laborieux, et dans cette circonstance, elles ont besoin d'être plus aidées que les brebis.

Nos chèvres communes ne sont utiles que pour leur lait et leur chair ; mais il existe deux variétés exotiques qui, tout en offrant les mêmes avantages, fournissent en outre un poil très-fin et très-précieux : ce sont les chèvres d'*Angora* et de *Cachemire*. C'est de leurs poils qu'on fait les étoffes de cachemire, qui se payent à des prix si élevés.

Des porcs. Il y en avait 5,600,000 en France, lors du recensement de 1841.

On ne peut pas révoquer en doute que le sanglier ne soit la souche de nos races de cochons domestiques ; tous nos porcs produisent avec le sanglier des individus complétement féconds.

Les vieux mâles passent leur vie cachés au fond des taillis les plus épais ; ils n'en sortent que pressés par leurs besoins dominants, la faim et l'amour. C'est à la chute du jour, ou durant la nuit, qu'ils vont chercher leur nourriture. Les femelles, à la différence des vieux mâles, vont ordinairement de compagnie avec leurs petits, de deux et même de trois ans ; et quelquefois plusieurs troupes se réunissent : les plus forts défendent les plus faibles et opposent aux attaques une résistance redoutable.

Les laies portent quatre mois ; près de mettre bas, elles s'isolent et fuient les mâles, qui pourraient dévorer leurs petits. Suivant leur âge, elles mettent au monde de 4 à 10 marcassins, qu'elles allaitent trois ou quatre mois, et sur lesquels elles veillent avec la plus grande sollicitude.

Leur accroissement dure 5 à 6 ans, et leur vie s'étend à 25 ou 30 ; mais dès la première année on les voit déjà manifester les besoins de l'amour ; et, dès la seconde, ils sont en état d'engendrer.

Le cochon est un animal du genre des mammifères et de l'ordre des pachydermes. Sa dentition est fort différente de celles des autres animaux domestiques du même ordre. Sa tête, que l'on appelle *hure*, est grosse et allongée ; le museau, que l'on nomme *groin*, se prolonge et s'amincit sensiblement.

Les mâchoires sont munies de 44 dents, dont 4 canines, qui s'allongent d'une manière remarquable, et sortent de la bouche de l'animal, en se recourbant par le haut en portion de cercle. C'est ce que l'on appelle les *défenses* du sanglier, ou les *crochets* du porc domestique.

Ses yeux sont très-petits ; le corps est couvert de poils

raides et rares, nommés *soies*; la queue est courte, se contournant en spirale. Les pieds ont quatre doigts, dont deux seulement appuient sur le sol ; le nombre des mamelles est souvent de plus de dix.

Le mâle se nomme *verrat*, la femelle se nomme *truie*, les jeunes s'appellent *porcelets* ou *gorets*. Le nom de *porc*, de *cochon*, s'applique à l'animal mâle ou femelle qui a subi la castration.

De tous nos animaux domestiques, le porc est le plus fécond, le plus facile à élever, à nourrir, à acclimater. Sa fécondité est si étonnante qu'elle excita l'attention d'un calculateur, qui trouva que la production d'une seule truie, à la troisième génération, se monte déjà à 69 femelles, sans compter les mâles. Ces 69 femelles, leurs filles, petites-filles et arrière-petites-filles, produisent à chaque ventrée trois mâles et trois femelles ; le produit général de la succession d'une truie, après dix générations, nous donne 6,434,858 de sujets ; soit, près du double de ce que nous en avons en France.

Dans les qualités utiles d'un animal comme le porc, destiné uniquement à la table de l'homme, l'éleveur doit chercher à produire autant de chair et de graisse que possible, en choisissant la race qui s'engraisse le plus promptement et avec le moins de frais, et qui donne le moins d'os.

Ainsi, il faut qu'un porc de bonne race ait la tête et les joues fortement garnies de viande et de graisse, un cou épais et court ; qu'il soit profond en poitrine et en corps, lourd et rempli de côtes, les cuisses bien fournies et les jambes courtes ; enfin, il faut qu'il ait une peau fine, mince et garnie de peu de soie. On a cherché à croiser notre cochon indigène avec la race chinoise, ou napolitaine ; mais, tout essai fait, on a reconnu que le cochon commun était toujours le plus productif.

A l'âge de huit mois, le verrat saillit déjà des truies

du même âge; on n'a point remarqué de dégénération dans la race.

Le rut de la truie se manifeste par un mouvement désordonné; elle saute sur les autre porcs; sa bouche est baveuse et écumante; elle recherche et provoque le verrat, qu'ordinairement on renferme quelques jours avec elle pour assurer la fécondité.

Aux approches de l'accouplement, le verrat doit recevoir une nourriture choisie, mais pas trop abondante : un peu de grain, de l'avoine, du sarrasin, du seigle, produisent fort bien l'effet désiré.

La truie porte communément 113 jours, et met bas le 114e; un dicton vulgaire fixe la durée de la gestation à 3 mois 3 semaines et 3 jours; mais on a observé que l'âge, la race et d'autres circonstances influent sur le terme de l'enfantement, qui peut être fixé de 109 à 123 jours après la monte.

D'habitude on les fait porter deux fois par an; ce qui leur laisse tout le temps de nourrir convenablement leurs porcelets, et ce qui permet de régler le port, de façon que les petits n'arrivent jamais qu'après la fin des grands froids, et toujours assez tôt pour prendre des forces avant l'hiver.

L'approche du part s'annonce par le gonflement des mamelles, qui se remplissent de lait. Dès lors la surveillance doit redoubler; au premier cri que les douleurs arrachent à la truie, on doit se trouver près d'elle pour l'aider, et surtout pour protéger ses petits qu'elle pourrait dévorer, ou simplement blesser par inattention.

Aussitôt la délivrance opérée, il faut lui faire prendre une boisson fortifiante, composée d'eau tiède, de lait et d'un peu d'orge cuite : on ne la quittera point qu'elle n'ait accueilli tous ses petits; dès qu'elle leur a laissé prendre la mamelle, on peut être sûr qu'elle sera dorénavant pour eux une bonne mère.

18

La nourriture de la truie qui a cochonné doit être succulente et abondante ; on doit cependant la lui distribuer avec ménagement, surtout les premiers jours, autrement les petits sont exposés à contracter la diarrhée ou d'autres maladies mortelles. Donnez peu et souvent, des racines bouillies, mêlées de son et de lait tiède.

Les porcelets tettent leur mère chacun à une mamelle, et ils n'en changent point, tant qu'ils sont allaités. Au bout de 15 jours, on peut commencer à faire boire aux petits un peu de lait tiède, mélangé de quelques pincées de farine ; on augmente peu à peu cette nourriture, en les accoutumant à être séparés de leur mère, d'abord dans les instants où ils boivent, ensuite plus longtemps ; et enfin, au bout de six semaines ou deux mois, on ne les laisse plus teter, et la séparation doit devenir complète.

Les gorets, après le sevrage, doivent recevoir des soins tout spéciaux. Leur habitation doit être assez vaste ; le froid ne doit pas y pénétrer, si c'est l'hiver ; mais il est très-utile de donner du jour et d'y entretenir un air pur et une litière abondante. Si ce sont des gorets d'été, rien n'est plus favorable à leur bien-être que de joindre à leur toit une petite cour, dans laquelle ils puissent venir s'ébattre. L'eau et une étable propre sont aussi nécessaires à la santé des porcelets qu'une nourriture choisie.

Dans les premiers temps du sevrage, on doit donner à manger quatre à cinq fois par jour, et laver chaque fois l'auge avant d'y déposer un autre repas. L'erreur la plus préjudiciable à l'éducation du cochon est de croire que cet animal se plaît dans les ordures, et de n'accorder, en conséquence, aucune attention à la propreté du toit qui doit l'abriter.

La disposition de la porcherie sera donc telle, que l'on puisse entretenir facilement dans chaque loge la propreté convenable ; on aura ces loges réunies dans une cour particulière, à l'abri des vents froids, et garnie de quelques arbres, pourvue d'un bassin rempli d'eau, afin que les animaux puissent se mettre à l'ombre en plein air, se laver et se frotter toutes les fois qu'ils en sentiront le besoin.

La réussite et le profit de l'engraissement du porc dépend : du choix de la race; de l'age de l'animal; de la saison pendant laquelle on procède à l'engraissement; de la castration et de l'état de repos dans lequel on tient le porc; de la nourriture, de sa préparation, de sa distribution.

Il est certain que les races à jambés courtes, à reins larges, aux membres ramassés, connues sous le nom de porcs anglo chinois, provenant du croisement de l'espèce européenne avec celle de la mer du Sud, s'engraissent plus vite, avec moins de nourriture, et qu'au moment de l'abat, le déchet est moindre que dans aucune de nos variétés d'Europe. Mais ce porc est moins fécond que le porc commun; il exige plus de soins, et son lard n'est pas aussi goûté.

L'âge de l'animal est aussi fort à considérer : avant un an il serait trop jeune, après trois ans il serait trop vieux; l'époque intermédiaire de 18 mois à deux ans devra être préférée toutes les fois qu'on voudra obtenir beaucoup de lard réuni à une chair abondante et savoureuse.

La saison la plus convenable pour réussir dans un engrais, commence à l'automne et finit avec l'hiver.

La castration doit être nécessairement pratiquée sur les mâles destinés à l'engraissement. Elle n'est pas indispensable pour les femelles; car il est démontré par l'expérience que l'engraissement d'une truie non châtrée sera plus prompt et moins coûteux que celui d'une truie châtrée, pourvu que l'on ait soin de faire féconder la première avant de la mettre à la graisse. En général, la castration est appliquée de très-bonne heure, souvent même avant le sevrage des gorets ; à cet effet, elle ne présente presque aucun danger pour le jeune animal. D'autres fois, on attend quelques mois, afin de laisser au corps le temps de se développer ; on obtient ainsi des bêtes grasses, d'un poids plus considérable et d'une qualité supérieure ; mais aussi on court le risque de perdre la bête par suite des souffrances beaucoup plus grandes qu'elle éprouve à mesure que son âge est plus avancé.

Les racines sont la véritable base de l'engraissement du porc, surtout la betterave et la pomme de terre ; on le régle ainsi qu'il suit : on fait d'abord consommer des racines cuites, que l'on distribue mêlées avec des eaux grasses ; puis on mêle aux racines un peu de farine de seigle, de sarrasin ou d'orge, et l'on termine par de la farine seule, délayée dans très-peu d'eau, de manière à former une pâte.

Les résidus de la fabrication de l'eau-de-vie sont une des substances les plus propres à l'engraissement du porc.

Le lait aigri, ou le petit-lait épaissi avec un peu d'orge concassée, engraisse aussi très-promptement le porc.

Le résidu de la fabrication de la bière donne beaucoup de chair, mais peu de lard. Les marcs d'amidon, par contre, engraissent promptement, donnent une chair et un lard fermes et abondants.

Les tourteaux huileux donnent un lard insipide, mou et huileux.

Les tripailles, le sang et les autres déchets de boucherie, ainsi que la chair de cheval, fournissent une bonne nourriture aux porcs d'engrais.

Le moyen le plus économique d'engraisser les porcs est de les laisser à la glandée : les glands donnent aux porcs une chair et un lard très-fermes.

Le seigle, l'orge, l'avoine, le sarrasin et le maïs font aussi une bonne nourriture ; mais il faut ne les donner qu'à la fin, parce que les porcs rebuteraient les légumes, si on les avait accoutumés aux graines farineuses.

Du lapin.

Le tort que les lapins font à l'agriculture, a excité contre eux l'animadversion des cultivateurs, quelque précieux qu'ils soient par leur poil, leur peau et leur chair.

Une des principales causes qui ont empêché la multiplication des lapins domestiques, est la mortalité, qui enlève souvent des portées entières, par manque de soins.

On peut donner trois sortes d'habitations aux lapins : des garennes libres dans les montagnes sablonneuses et incultes, où ces animaux se plaisent et se multiplient abondamment. Des garennes forcées, entourées de tous côtés par des fossés, des murs et des haies, qui empêchent les animaux de s'écarter de l'habitation. Des clapiers, ou garennes domestiques, formés d'une cour fermée, entourée de murs à fondations profondes ; le clapier doit être pavé, afin que les jeunes lapins ne puissent fouiller la terre ; il faut y placer, pour les mères, des cabanes élevées à 20 centimètres de terre, garnies d'une litière qu'on renouvelle de temps en temps. Les lapins doivent être garantis contre l'humidité ; sans cela, ils périraient.

La race *riche* est la meilleure ; son poil, en partie d'un gris argenté, et en partie de couleur d'ardoise plus ou moins foncée, est plus long, plus doux et plus soyeux que celui du lapin gris ordinaire ; sa peau est employée comme fourrure dans plusieurs pays du nord ; elle se vend ordinairement le double des peaux de lapins communs.

L'élève de la race *Angora* est la plus répandue ; leur poil soyeux est d'un excellent usage dans la bonneterie.

CHAPITRE XXVI.

Des oiseaux de basse-cour.

L'éducation des oiseaux de basse-cour est une industrie lucrative, et qui demande peu de frais, quand on sait proportionner le nombre et l'espèce de volatiles qu'on élève, à l'étendue de l'exploitation du sol et des produits qu'on récolte, et surtout à la facilité qu'on a de s'en défaire avantageusement.

On divise communément les oiseaux de basse-cour en *gallinacés*, oiseaux dont le bec est ordinairement pointu et les doigts du pied libres : la *poule*, le *dindon*, le *paon* ; et en oiseaux *aquatiques*, à bec large et plat, à doigts réunis par des membranes : le *canard*, l'*oie*, etc.

Dans presque toutes les fermes, on laisse aux volailles la liberté de vaguer dans les cours, au milieu des bestiaux, afin qu'elles puissent recueillir dans les fumiers et dans les litières les grains échappés des mangeoires ou rendus dans les excréments sans avoir été altérés par la digestion ; ce qui procure le double avantage de les nourrir, pour ainsi dire, sans frais, et de débarrasser les fumiers d'une foule de grains, qui, plus tard, germeraient dans les terres, au grand détriment de la culture. Aux yeux de la plupart des cultivateurs, c'est même là le plus grand avantage qui résulte de l'éducation des volailles.

Si on tient la volaille dans un enclos fermé, cette basse-cour doit présenter : un amas de sable, parce qu'en été surtout les poules aiment à s'y rouler pour se débarrasser de la vermine qui les ronge ; un carré de gazon, pour qu'elles puissent y paître et prendre leurs ébats ; au niveau du sol, des baquets couverts dans lesquels, en passant leurs têtes par des ouvertures pratiquées exprès, elles puissent s'abreuver d'une eau pure qu'on a soin de renouveler chaque jour en hiver, et deux fois par jour en été; une ou deux mares pour les oiseaux aquatiques, à moins qu'il n'existe dans le voisinage de la ferme un ruisseau ou un étang, où l'on devra les laisser vaguer tout le jour au gré de leur caprice, en ayant soin seulement de les appeler vers la maison pour la distribution de leur nourriture: la volaille remarque bientôt l'heure de ces distributions, et, ce moment venu, elle accourt d'elle-même au logis.

Pour la demeure des oiseaux de basse-cour, il faut autant que possible seconder leur instinct; ainsi, comme il est reconnu qu'un instinct naturel porte les poules à se serrer au poulailler l'une contre l'autre, les dindons à percher en plein air sur des arbres, les canards et les oies à se nicher sous des toits pratiqués dans des lieux bas et humides, les pigeons à occuper le faîte des bâtimens les plus élevés, il faut tenir compte de tous ces indices dans la disposition d'une basse-cour. Le renouvellement de l'air dans leurs demeures est de première nécessité, ainsi que les soins de la propreté: l'un et l'autre influent beaucoup sur leur santé et, par la suite, sur la qualité de leur chair.

Il faut donc de l'espace à leurs demeures; il faut les blanchir à la chaux, y brûler quelquefois une botte de paille, les nettoyer à fond de temps en temps, et renouveler fréquemment leur litière.

De la poule.

Le poulailler doit être construit dans un endroit sec et exposé à l'est ou au sud-est, de manière à recevoir les rayons du soleil, aussitôt qu'il parait sur l'horizon. Il faut qu'il ne soit ni trop froid l'hiver, ni trop chaud l'été; que les poules puissent s'y plaire et ne soient pas tentées d'aller coucher et pondre à l'aventure. Le poulailler doit être subdivisé en plusieurs logements, destinés spécialement aux poules, aux dindons, aux canards, aux oies, et en outre aux nouvelles couvées, aux volailles à l'engrais et aux volailles malades. Les canards et les oies doivent occuper les cases inférieures. Dans chaque pièce, des ouvertures garnies de volets sont disposées l'une vis-à-vis de l'autre, de manière qu'en été il s'établisse un courant d'air, qui assainit et rafraîchit le poulailler, et qu'en hiver il suffise de tenir les volets fermés, pour y maintenir une température douce. Ces fenêtres se composent d'un grillage très-serrré, pour interdire l'accès du poulailler aux ennemis des volailles.

La grandeur du poulailler dépendra de la quantité de volaille qu'on veut entretenir. Chaque poule a besoin d'un emplacement de 50 centimètres carrés. Le mobilier d'un poulailler consiste : dans l'échelle pour l'entrée et la sortie des poules ; dans le juchoir, qui est une large échelle de bois appuyée d'un côté à la partie supérieure du mur du poulailler, et de l'autre reposant sur le sol avec une inclinaison telle, que les poules, juchées dans le haut, ne salissent pas celles qui sont placées au-dessous ; les échelons inférieurs doivent être placés assez près du sol pour faciliter l'accès aux poulets qui n'ont pas la force de s'y jucher en volant ; et enfin, dans les nids, dont on facilite l'accès aux poules par de petites échelles, qui leur permettent d'y arriver sans efforts et sans qu'elles courent le risque de casser leurs œufs.

La personne qui soigne la basse-cour, doit être douce, patiente, adroite et vigilante ; elle doit se faire aimer de ses volailles, en leur donnant à manger, dans le creux de la main, une nourriture dont elles sont friandes ; en protegeant les plus faibles contre les attaques des autres.

La distribution de la nourriture doit se faire chaque jour à la même heure : le matin au lever du soleil, et le soir vers trois heures ; la moindre irrégularité dans ces distributions tourmente la volaille. On doit surveiller les allures des poules, afin de profiter de leurs dispositions à pondre ou à couver ; visiter les nids où elles pondent, et faire le triage des œufs destinés à être consommés ou couvés. La nourriture chaude paraît donner aux poules une excitation qui favorise leur fécondité : il faut la leur présenter à l'intérieur, ou à la portée du poulailler ; on attache ainsi les poules à leur demeure.

La femelle du *coq* s'appelle *poule* ; les petits, d'abord *poussins*, puis *poulets*. On appelle *chapon* et *poularde* le coq et la poule que la castration a rendus impropres à la reproduction. Il existe des variétés nombreuses de poules ; nous parlerons seulement des plus répandues.

La *poule ordinaire* est, en général, d'une couleur rouge-brun, mais on en trouve de toutes les couleurs ; tantôt elle porte une crête très-développée, tantôt elle a la tête garnie d'une huppe, qui parfois lui retombe par-dessus les yeux ; quelquefois elle porte sous le cou une espèce de barbe charnue, ayant le même caractère que la crête ; tantôt cette barbe est aussi composée de plumes, et lui forme une espèce de collier. Du reste, aucun de ces caractères n'indique des qualités particulières.

La *poule anglaise* est remarquable par les petites dimensions de toutes les parties de son corps. Ses pattes sont garnies de plumes jusqu'au bout des ongles ; ses ailes sont presque toujours pendantes et traînantes sur le sol ; elle a une fort grande aptitude à s'engraisser, mais elle pond des œufs très-petits ; elle s'accouple facilement avec le *faisan*, et donne naissance à un métis plus facile à élever et d'une chair presque aussi délicate que le faisan pur-sang.

Les *poules russes*, connues sous le nom de *poules américaines*, de *poules de Padoue*, sont remarquables par le développement extraordinaire de leurs membres, surtout de leurs pattes très-longues et très-vigoureuses ; leur queue et leur crête sont peu développées. Leurs œufs sont teints d'une légère nuance aurore ou jaunâtre. Les poussins de cette variété sont difficiles à élever. Ils naissent presque sans duvet, et arrivent à une taille assez forte avant d'avoir des plumes. Cependant, on recherche volontiers ces poules, à cause de leur fécondité, de leur précocité et de la plus grande quantité de chair qu'elles produisent.

Un bon coq doit avoir une taille élevée, des pattes larges, armées d'ongles épais et de forts ergots, des cuisses charnues et bien fournies de plumes, une poitrine large, un cou élevé, une crête droite et d'un rouge vif, les ailes fortes, la queue longue et courbée en forme de faucille. Il doit avoir un œil noir, sec et ardent, une démarche fière ; en un mot, il faut que tout son extérieur annonce la hardiesse et la force.

Un bon coq est toujours près de ses poules ; il veille sur elles avec un soin jaloux ; il peut facilement en servir dix ou douze. Le coq commence à cocher dès l'âge de trois mois, et sa grande vigueur dure trois à quatre ans ; ce moment arrivé, il faut le remplacer par un plus jeune.

Une bonne poule doit être noire et de moyenne grandeur ; elle doit avoir la tête grande, l'œil vif, le cou épais, la crête rouge et pendante et les pattes bleuâtres. Une poule trop grasse pond des œufs imparfaits, il faut la manger.

Les poules n'ont pas besoin d'être cochées pour produire des œufs ; mais les poules vierges pondent moins, et leurs œufs sont impropres à l'incubation. Une bonne poule pond chaque année 120 à 150 œufs. En général, elles pondent presque toute l'année, excepté au temps de la mue, en Novembre et Décembre. Les jeunes poules commencent à pondre vers l'âge de dix mois ; on choisit pour couver, les plus grosses, les mieux emplumées et celles qui craignent le moins l'approche de l'homme et des animaux. Chez quelques poules le désir de l'incubation se manifeste cinq ou six fois dans l'année, chez d'autres une ou deux fois seulement. Un fermier intelligent tirera parti de ces dispositions.

Si l'on aime mieux faire pondre les poules que les faire couver, il faut alors leur faire passer le désir de couver, en les enfermant seules dans une cage, dans quelque lieu frais, obscur et loin de tout bruit. On les laisse ainsi deux jours sans les visiter, sans leur donner ni à boire ni à manger; ce qui détruit ordinairement l'espèce d'inflammation nerveuse qui les excitait à l'incubation. On peut aussi les disposer à couver par une nourriture très-excitante, en leur déplumant le dessous du ventre, qu'on enflamme en le frottant avec des orties, ou quelque liqueur alcoolique.

Les poules qui se disposent à couver pondent chaque jour, et même quelquefois deux fois par jour. On reconnaît facilement l'approche du moment de l'incubation; il faut alors préparer dans un endroit séparé du poulailler, chaud, sec, à l'abri des fourmis et autres animaux, un nid bien garni de foin. Ces nids consistent en paniers d'osier de la grandeur de la poule, que l'on ferme par des couvercles à claire-voie pour laisser pénétrer l'air, et que l'on recouvre d'une toile pour intercepter le bruit et la lumière. On peut donner à une poule une douzaine d'œufs à féconder, si la couvée a lieu pendant un temps froid; en été, on peut lui en donner 15 à 18, si elle est large et en état de les bien couvrir. Les œufs les plus propres à être couvés, sont ceux des poules d'un an qui ont été couvertes par un jeune coq; ils doivent ne pas avoir plus de vingt jours, ne pas surnager sur l'eau, et être transparents, lorsqu'on les examine au soleil.

La poule couve avec tant de constance, qu'elle se laisserait souvent mourir d'inanition sur ses œufs, si l'on n'avait soin de l'en ôter pour la faire boire et manger, au moins une fois par jour; à moins de placer auprès d'elle de l'eau, du grain, pour qu'elle puisse manger sans se déplacer.

Dans les temps chauds et secs, il faut avoir soin de baigner chaque jour les œufs dont l'incubation est avancée, pour leur conserver l'humidité nécessaire à l'éclosion.

Au bout de 20 à 22 jours, tous les poussins doivent éclore. Ils se frayent ordinairement un chemin à travers la coquille, le matin du 22e jour. On visite alors le nid, et on jette les œufs clairs ou pourris. Si la coque de l'œuf est très-dure, on favorise la sortie du poussin, en frappant avec précaution sur le gros bout de l'œuf, et en détachant avec une épingle les morceaux brisés de la coquille. Si le petit a commencé à se faire jour, mais qu'il soit trop faible pour se dégager entièrement, on ranime ses forces en lui faisant avaler dans une cuillère quelques gouttes de vin. Quand tous les poussins sont éclos, on les sort du nid avec leur mère, et on les place dans un endroit chaud où ils puissent se promener sans danger; on peut soutenir leurs forces avec du vin, le premier jour.

Tous les soirs, on les replace dans le panier où ils ont été couvés. La première nourriture qu'on leur distribue, doit être de la mie de pain trempée dans du vin, ou mêlée avec des œufs durs, hachés très-menu; puis, lorsque leur bec commence à se durcir, on leur donne des criblures de blé ou autres grenailles fines. On la leur distribue sous une cage d'osier, dont les barreaux sont assez espacés pour laisser pénétrer les poussins, mais pas assez pour donner passage aux volailles.

La nourriture ordinaire des poules se compose de criblure et de son bouilli. L'orge moulue ou à demi-cuite leur est très-profitable, et leur fait pondre de gros œufs. On fera bien de leur jeter quelquefois de la verdure pour les rafraîchir. On leur donne aussi des fruits gâtés, des pommes de terre cuites, etc.

Pour économiser le grain, on a imaginé de fournir aux poules des vers, dont elles sont avides, en établissant des verminières; on les prépare en creusant une fosse, dont on tapisse le fond d'un lit de paille de seigle, hachée très-menu, d'une épaisseur de $0^m,16$; on recouvre cette paille d'une couche de crottin de cheval, et ensuite d'une autre couche de terre sur laquelle on répand du sang de bœuf, avec du marc de raisin, de l'avoine, du son, des tripailles, et ainsi de suite, jusqu'à ce que la fosse soit remplie. On recouvre le tout de broussailles et de larges pierres, pour empêcher la volaille d'y gratter. Cette espèce de couche ne tarde pas à entrer en putréfaction, et à donner naissance à des milliers de vers et d'insectes. Chaque matin, un homme en tire la portion de la journée, et la répand dans un coin de la basse-cour; car il serait dangereux de laisser la volaille en manger à discrétion. Ce supplément de nourriture est salutaire aux poules.

Pour conserver les œufs pendant l'hiver, il faut les tremper dans l'huile ou les couvrir d'eau de chaux, de grain bien sec, de sable pur, de sciure de bois, ou de plâtre en poudre.

Les plumes doivent être arrachées aussitôt après la mort de l'oiseau et pendant qu'il est encore chaud; il faut se hâter de les faire sécher au four, de peur qu'elles ne s'échauffent et ne s'attachent ensemble.

C'est à l'âge de quatre mois qu'il convient de châtrer les coqs et les poulets, pour en faire des chapons et des poulardes, dans le but de rendre leur chair plus grasse et plus délicate. Nous nous abstenons de décrire cette opération assez difficile, qui ne doit être confiée qu'à des mains habiles et exercées.

Quand on veut engraisser un chapon ou une poularde, on le met dans une cage à plusieurs loges assez étroites, pour que la volaille ne puisse pas s'y remuer, et disposée de manière que la tête de l'animal sorte par un trou. Le plancher de cette cage est à claire-voie, et donne passage aux excréments. Une petite auge qui règne tout le long des cellules, contient la nourriture. On place ces cages dans un endroit chaud et obscur. Au Mans, on fait avaler aux volailles, deux ou trois fois par jour, 7 ou 8 boulettes de farine de millet, maïs, sarrasin, orge ou avoine, trempées dans de l'eau ou du lait, sans leur donner à boire. Au bout de 15 jours, elles sont chargées de graisse.

Les maladies des volailles sont généralement le résultat d'une mauvaise nourriture, de la disette, ou de la malpropreté de l'eau, et de l'infection des poulaillers.

La *pépie* vient des causes indiquées; cette maladie empêche la volaille de manger. L'animal a l'air triste et se tient à l'écart; sa langue prend une teinte jaunâtre, et on voit bientôt se développer à son extrémité une pellicule cornée, d'un blanc mat, qu'il faut enlever doucement avec une aiguille ou un canif; on lave ensuite la plaie avec du vinaigre, et on l'enduit de beurre frais; on tient l'animal enfermé quelques jours, et on le nourrit de son mouillé.

La maladie du *croupion* est produite par la malpropreté et l'infection du poulailler. Il se forme au-dessus du croupion une tumeur que l'on incise avec un couteau bien tranchant; on donne issue au pus en la pressant avec les doigts, et on lave la plaie avec du vinaigre, de l'eau salée, ou du vin. Pendant la convalescence, il faut soumettre la volaille à un régime rafraîchissant.

La *diarrhée* est occasionnée par une trop grande quantité de nourriture humide; on nourrit les poules qui en sont attaquées, avec des pois cuits, de l'orge ou du pain trempé dans le vin.

On les débarrasse de la *vermine*, en employant des lotions avec une décoction du *cumin* ou d'*absinthe poivrée*, et avec de l'eau de *savon*.

La *mue* est une maladie périodique, commune à tous les oiseaux. Ils sont alors tristes et mornes ; ils mangent peu ; quelques-uns succombent, surtout les poulets tardifs. Pour garantir la volaille des dangers de la mue, il faut la tenir chaudement, la faire rentrer de bonne heure et la nourrir de millet et de chènevis.

Du dindon.

Le dindon est originaire d'Amérique. Il a été apporté en France, sous François Ier. Sa couleur varie du noir au blanc ; sa tête et son cou, presque entièrement dégarnis de plumes, sont recouverts de caroncules charnues, qui passent rapidement du blanc au rouge et au bleu, selon l'état paisible ou animé de l'oiseau. Le mâle se distingue principalement de la femelle, à l'âge adulte, par le développement de ces caroncules et par sa queue qui se déploie en forme de roue, comme celle du paon.

Le coq d'Inde est le maître des basses-cours ; il tyrannise toutes les autres volailles, se livre facilement à de violentes colères, même contre les hommes, lorsqu'on le tourmente, lorsqu'on l'excite par des sifflements ou par la vue d'étoffes rouges.

La poule d'Inde ne commence guère à pondre qu'à un an ; elle aime à établir son nid dans des lieux cachés, dans des buissons, dans de hautes herbes, autour des fermes. Il en résulte presque toujours que ses œufs sont perdus et deviennent la proie des renards, des belettes ou des rats. Il n'y a qu'un seul moyen d'éviter ces pertes ; c'est de palper la poule tous les matins pour reconnaître si elle doit pondre dans la journée, et de la tenir enfermée jusqu'à qu'elle ait donné son œuf. Ordinairement elle ne pond que tous les deux jours.

Pour l'incubation, on lui met d'habitude vingt œufs dans son panier. Sa constance est bien plus grande que celle la poule ; il suffit de mettre devant elle à boire et à manger ; elle ne quitte pas son nid et se prête même à faire deux couvées de suite.

Les dindonneaux naissent ordinairement avec un petit bouton jaunâtre sur la pointe supérieure du bec ; on le leur retire avec une épingle. Comme ils sont très-sensibles au froid, on doit faire en sorte qu'ils éclosent en Mai, et que l'endroit où on les laisse aller et venir soit chaud. A leur naissance, on les nourrit comme les jeunes poulets ; après huit jours, on les laisse aller brouter l'herbe dans les environs, et on leur donne un mélange de salades cuites et hachées, d'orties, de pois, du gruau cuit dans du lait, de l'avoine, du petit blé, etc.

Les dindonneaux sont exposés à une crise très-dangereuse, au moment où leurs caroncules commencent à se développer. Il faut les réchauffer au soleil et près du feu, leur faire prendre des boissons fortifiantes, leur donner du chènevis, du fenouil, du persil, etc. Ils sont exposés, comme les poussins, à la pépie, à la goutte, aux indigestions et à la diarrhée ; mais la maladie la plus dangereuse est le bouton, qui se développe dans le bec et le gosier, et à l'extérieur sur toutes les parties non garnies de plumes. On le croit contagieux : il faut séquestrer l'animal, lui donner du vin et des aliments échauffants.

Le dindon est très-vorace ; on le nourrit et on l'engraisse de pommes de terre, de glands, de châtaignes, de noix et de quelques farines de peu de valeur ; l'engraissement se termine en faisant avaler à l'animal la nourriture qu'il ne prendrait pas de lui-même en quantité nécessaire : ce sont surtout les châtaignes et les noix qu'on lui administre de cette façon ; on augmente peu à peu la dose, qui peut aller jusqu'à 150 noix par jour.

La *pintade*, originaire de l'Afrique, est tachetée de noir et de blanc ; sa grosseur est celle de nos fortes poules ; son front est couvert d'une espèce d'excroissance conique, charnue, courbée en arrière, de couleur bleuâtre ; elle a aussi des caroncules charnues, d'un très-beau rouge, qui pendent à côté de l'ouverture du bec.

C'est un fort bel oiseau, mais désagréable par ses cris aigus; sa ponte ne commence jamais avant que la saison ne soit devenue chaude; elle pond environ 150 œufs par an; les œufs sont petits et de forme un peu conique, mais d'une grande délicatesse.

Le *paon* est originaire de l'Inde. On connaît son admirable plumage, la belle queue du mâle et l'aigrette élégante qui orne sa tête. On s'adonne fort peu à l'éducation de ce bel oiseau, dont les jeunes sont cependant un mets fort délicat. On les nourrit et les élève comme les dindonneaux; leurs maladies sont les mêmes.

Le cri du paon est fort désagréable; il annonce le changement de temps.

Le *faisan* est un fort bel oiseau, renommé par la délicatesse de sa chair. On ne l'a jamais complétement réduit à l'état de domesticité. On connaît trois espèces de faisans : le faisan commun, le faisan argenté et le faisan doré. Les régles de l'incubation sont les mêmes que pour les autres gallinacés.

On trouve, en général, préférable de faire couver les œufs de faisan par de petites poules communes. La première nourriture des jeunes doit se composer d'œufs hachés menu; il est presque indispensable de leur distribuer de temps à autre des œufs de fourmis. Les faisans doivent être élevés dans des cours grillées de tous côtés; sans cela ils prennent leur vol dans les bois, d'où jamais ils ne reviennent.

L'*oie* est un de nos plus utiles oiseaux domestiques; elle fournit un duvet précieux, des plumes à écrire, et en outre une graisse abondante et une chair de bonne qualité. Avec le foie d'oie on fait ces excellents pâtés de foie gras, d'une réputation européenne.

Il y a deux races d'oies domestiques, la grande et la commune; celle-ci n'est qu'une variété de la première.

Un mâle suffit à cinq ou six femelles. On reconnaît que

le moment de la ponte est venu, lorsqu'on voit l'oie apporter de la paille dans son bec pour construire son nid, et rester longtemps posée sur ses œufs; il faut alors l'attirer dans un lieu convenable, en y plaçant de la paille et des orties, dont elle aime l'odeur, et en y commençant un nid qui doit être plat, pour que tous les œufs soient également couverts. On peut laisser couver à chaque femelle 14 à 15 œufs. L'incubation dure de vingt-sept à trente jours.

Il arrive souvent que des œufs éclosent quelques jours avant les autres; il faut alors sortir promptement les oisons du nid, autrement la mère croit sa tâche terminée et abandonne sa couvée; on les tient chaudement et on ne les rend à leur mère que lorsque tous les œufs sont éclos.

On commence à leur donner des œufs cuits et hachés, mélangés de jeunes orties, de pain ou de farine d'orge, blé ou sarrasin; au bout de cinq ou six jours, on remplace cette nourriture par de la bouillie de maïs et des pommes de terre cuites.

Pour engraisser les oies, on a soin de les plumer sous le ventre, de leur donner une nourriture abondante, et de les enfermer dans un lieu obscur, étroit et tranquille. C'est au mois de Novembre qu'on commence l'opération; plus tard on la tenterait en pure perte. Il y a deux modes d'engraissement: le premier, plus long, mais plus économique, consiste à leur présenter une pâtée de pois, de pommes de terre, de farine d'orge, d'avoine et de maïs.

Le second procédé est plus prompt; on prend l'oie trois fois par jour, on la place entre les jambes, on lui ouvre le bec et on lui fait avaler sept ou huit boulettes; on lui fait ensuite boire du lait ou de l'eau de son. Cet engraissement dure quinze à vingt jours.

Il y a deux sortes de plumes d'oie: les grandes, qui se tirent des ailes et servent à écrire; les petites, qui s'emploient à faire des oreillers et suppléent à l'édredon.

Pour les avoir, on plume les vieilles oies trois fois l'an, à la fin de Mai, à la mi-Juin et à la fin de Septembre. Les mères ne doivent être plumées que six semaines ou deux mois après qu'elles ont couvé, et les oisons pas avant l'âge où ils ont toutes leurs plumes. On reconnaît que le duvet est mûr, lorsqu'il se détache de lui-même : si on l'enlève trop tôt, il se conserve mal et les vers s'y mettent. On plume l'oie sous le ventre, autour du cou et sous les ailes. Les plumes qu'on arrache aux oies quelque temps après leur mort, ont une mauvaise odeur et se pelotonnent. On fait sécher les plumes au four une demi-heure après qu'on en a retiré le pain, et on les conserve dans des tonneaux ou dans des sacs placés en lieu sec.

Les oies, commes les poules, sont sujettes à la pépie, à la diarrhée, à la vermine et à la constipation ; on les en guérit par les mêmes moyens. Elles sont fort sujettes à l'apoplexie : cette maladie se manifeste par un tournoiement continu sur elles-mêmes ; elles périraient bientôt, si on ne les saignait, en leur ouvrant avec une forte aiguille, ou un canif, une veine assez apparente, placée sous la membrane qui sépare les ongles.

La ciguë, dont les oisons sont très-avides, et la jusquiame, sont pour eux des poisons : à peine en ont-ils avalé une feuille, qu'ils tombent, les ailes étendues, et périssent dans les convulsions, si on ne leur administre du lait frais avec de la rhubarbe.

Le *canard* est le plus facile à élever de tous nos oiseaux de basse-cour ; il est aussi le moins coûteux et le plus productif, quand son éducation se fait dans des localités favorables.

Le canard commun d'Europe descend évidemment du canard sauvage. Le mâle se distingue de la femelle, appelée *canne*, par deux ou trois petites plumes retroussées, que l'on remarque à la naissance de la queue, quelquefois aussi par la teinte vert-foncé de sa tête et de son cou.

On élève en France deux variétés de canards communs, qui diffèrent d'une manière très-sensible par la dimension du corps, savoir : le *canard barboteur* ordinaire, et le *canard de Normandie*, d'une grosseur considérablement plus forte.

Tout ce que nous avons dit concernant la nourriture, la ponte, l'incubation, l'élève, l'engraissement et les maladies des oies, peut s'appliquer au canard ; seulement nous ferons remarquer que le canard exige de l'eau plus impérieusement que les oies.

Le *canard musqué*, ou de *Barbarie*, diffère de notre canard par ses formes et ses mœurs ; il est plus gros et plus fort. L'eau ne lui est point nécessaire. Le mâle ne porte point sur la queue la petite touffe de plumes retroussée qui dénote le canard commun ; c'est par la tête qu'il se distingue de sa femelle ; ses joues et la partie supérieure de son bec sont garnies de caroncules rouges très-larges, mais qui ne sont point extensibles ; son plumage est blanc ou noir-cuivré, mais sans mélange des deux couleurs sur le même individu.

La femelle pond des œufs plus gros et teints d'une autre nuance que les œufs de la canne commune ; elle aime à faire son nid dans des endroits retirés, et à les couver où elle les a pondus ; elle est meilleure couveuse que la canne ordinaire, mais elle n'aime point à être renfermée pendant l'incubation : il faut la laisser à la place qu'elle a choisie.

Le canard de Barbarie s'allie assez volontiers à notre canne commune, et produit avec elle des métis fort gros et fort bons, mais, en général, inféconds. On l'engraisse par le même procédé que celui indiqué pour les autres canards, et sa chair est excellente, pourvu qu'aussitôt après sa mort, on lui tranche la tête, qui communiquerait au reste du corps une odeur musquée.

Du pigeon. On en distingue deux variétés : le *pigeon colombien* et le *pigeon de volière*.

Le pigeon colombien est moins fécond, il ne fait que trois pontes par an, mais il demande beaucoup moins de soins, parce qu'il sait aller au loin chercher sa nourriture ; aussi l'élève-t-on en plus grande quantité que le pigeon de volière.

Lorsqu'on veut peupler un colombier, on va chercher loin de chez soi, de jeunes pigeons d'un an, on les enferme dans le colombier, en leur donnant à manger et à boire jusqu'à ce qu'ils se soient accouplés et qu'ils se mettent à couver ; alors on peut commencer à ouvrir la fenêtre, pour les appeler au dehors, et leur donner leur nourriture. Peu à peu l'on diminue la distribution, que l'on supprime complètement quelques jours après l'éclosion des premiers petits ; dès ce moment l'on peut être sûr que les pigeons n'abandonneront plus leur demeure, pourvu qu'on la tienne propre et qu'on ne les trouble pas. Cette espèce de pigeons pourvoira à son entretien en allant ramasser sa nourriture dans les champs ; mais si on veut en tirer quelques produits, il est indispensable de leur donner à manger pendant l'hiver. On emploie pour cet usage du sarrasin ou des vesces, dont ces oiseaux sont très-friands.

Le pigeon de volière a donné naissance à une foule de sous-variétés. Sa fécondité est très-grande, quand il est nourri ; il n'est pas rare de lui voir donner une couvée chaque mois, et s'il n'est pas prouvé que son éducation soit avantageuse, au moins est-il certain qu'elle ne met pas en perte ; du reste, aucune volaille ne demande moins de soins. Le pigeon est sujet à peu de maladies, et se reproduit fort bien, sans qu'on ait besoin de surveiller son incubation.

Des animaux nuisibles en agriculture.

La *fouine*. Pendant l'été elle vit dans les bois, mais

elle se glisse de nuit dans les habitations et les jardins des fermes, où elle mange la volaille, les œufs et les fruits. En hiver elle s'y établit à demeure.

La *belette*. Elle a à peu près les mêmes habitudes que la fouine.

Le *putois*. Plus grand que la fouine, et reconnaissable à l'odeur infecte qu'il répand ; ainsi que la *martre*, il cause de grands dégâts dans les garennes, dans les basses-cours et les colombiers.

On dresse contre eux des lacets de fil de laiton et d'autres piéges, ou des trappes.

La *taupe* n'est autrement nuisible qu'en bouleversant les semis et en coupant les racines qu'elle rencontre en creusant ses galeries souterraines.

La manière de la prendre est très-connue.

Le *rat* tue les poussins et les pigeonneaux, mange le grain, creuse les murs, ronge la paille et le foin, en un mot, il cause plus de dommages que les *souris*. Il faut détruire ces hôtes incommodes par les trappes, le poison et les chats.

Les oiseaux ne sont guère nuisibles à l'agriculture que par la consommation qu'ils font des graines et des fruits ; par contre, ils détruisent partout d'immenses quantités d'insectes.

Les *pigeons colombiens* sont les plus nuisibles ; ils vivent presque uniquement aux dépens du cultivateur.

Parmi les mollusques, deux genres seulement sont sensiblement nuisibles aux intérêts de l'agriculture : ce sont les *hélices*, *escargots* ou *limaçons*, et les *limaces*. Il faut les ramasser avec soin et les détruire.

DES INSECTES NUISIBLES.

Les insectes destructeurs des céréales sont, parmi les coléoptères, le *taupin strié*, les *charançons* ou *becmares*, et surtout la *calandre* ; ils détruisent immensément de grains, en dévorant, à l'état de larves surtout, l'intérieur farineux du blé.

Parmi les lépidoptères, c'est l'*alucite des grains*, ou *teigne des blés*, qui est le plus nuisible. Ces larves, ou chenilles grises-blanches, s'insinuent dans les grains, une en chaque graine, y dévorent toute la farine, puis lient plusieurs de ces graines ensemble, et forment des tuyaux d'une soie blanche, dans lesquels elles passent à l'état de nymphe, pour se transformer en teignes. On n'a encore trouvé aucun moyen bien efficace de faire périr ces dangereux ennemis, sinon, en séchant le blé au four à une chaleur de 36 à 40 degrés Réaumur.

Parmi les diptères, une petite espèce de mouches cause des ravages dans les moissons ; elle pique, soit les collets des tiges, soit le chaume tendre du blé, y dépose ses œufs, et les jeunes larves, dévorant la substance interne, interceptent ainsi la sève nourricière ; en sorte que l'épi demeure sec et stérile.

Les ravages que font les *courtilières* et les *vers blancs des hannetons* sont connus de tous les agriculteurs. Il faut s'en débarrasser par tous les moyens et en s'efforçant d'en écraser le plus possible, ainsi que la foule d'autres scarabées, qui attaquent les tiges, les feuilles, les fleurs, les fruits et les racines des plantes.

Dès l'état cotylédonaire, la plupart des légumes de nos jardins sont dévorés par les *altises*, qu'on appelle *puces*, parce que, à l'aide de leurs grosses et longues cuisses, elles sautent. Il est difficile de garantir les jeunes plantes contre cet ennemi destructeur ; le plus sûr moyen est de procurer à ces plantes, par la fertilité du sol, une vigoureuse végétation.

Les plantes de la famille des crucifères, comme choux, raves, etc., sont ravagées, ainsi que les arbres, par les chenilles, plutôt que par des coléoptères. Il faut détruire leurs nids, et les ramasser soir et matin dès leur éclosion.

Les *sauterelles* qu'on voit si communément sauter dans les prairies, sont, pour les naturalistes, de véritables *criquets*, ainsi que les *sauterelles de passage*. Personne n'ignore les déplorables déprédations qu'occasionne le passage de ces insectes, qui, après avoir tout ravagé, finissent par se dévorer entre eux.

Les *cicadaires*, ou *cigales et ranatres*, si remarquables au printemps, dans les prairies, par l'écume qu'elles y déposent, épuisent la sève, ou font faner plusieurs glumacées dans leur fructification naissante. Tous les épis blanchissants et stériles de seigle et d'autres céréales ont été atteints par ces insectes.

Deux larves de teignes sont principalement devenues des fléaux pour les blés recueillis dans les greniers. L'une est l'*alucite*, appelée aussi *pou volant* ou *papillon des grains*, et l'autre est la *fausse-teigne*, appelée aussi *ver des blés*. Cette dernière est plus universelle que l'*alucite*; ce ver, d'abord jaunâtre, devient gris et noirâtre en grandissant. Sa tête et la première articulation sont noirâtres, luisantes; il a six pattes aux trois premières articulations.

Ces fausses-teignes attaquent non seulement le froment, mais aussi le seigle et l'avoine. Il est plus facile, en agitant souvent les tas de blé, de diviser les coques des insectes et de faire périr leurs larves, que celles des alucites.

Plusieurs sociétés d'agriculture ont proposé des prix en faveur des meilleurs moyens pour détruire ces insectes malfaisants. La chaleur d'une étuve ou d'un four est le moyen efficace de les faire périr, et ce remède est très-praticable pour le blé destiné au moulin, parce qu'on ne craint pas d'altérer son germe.

Une gelée de 6 degrés, pendant deux nuits, fait aussi périr les alucites et les fausses-teignes; soit leurs œufs, soit leurs larves.

Le *charançon* et la *calandre*, insectes très-nuisibles au blé, sont aussi très-difficiles à détruire ; on propose les moyens suivants :

Placer dans le grenier à blé quatre ou cinq poignées de chanvre ayant encore son chènevis dans les balles, fraîchement récolté ; l'odeur pénétrante du chanvre frais fait fuir le charançon des lieux où il a été déposé.

En peignant avec du goudron, provenant des fabriques de gaz, les parois intérieures du grenier à blé, son odeur pénétrante doit aussi faire fuir ces insectes.

Une découverte récente indique un nouveau procédé pour détruire les charançons. En mélangeant avec une très-petite partie de chaux une certaine quantité de terre, ou d'autre matière, contenant des charançons, et en ajoutant à ce mélange du sel ammoniaque en poudre, on tue ces insectes. Dans cette opération, l'ammoniaque est décomposé par la chaux et le dégagement du gaz détruit instantanément le charançon. L'ammoniaque liquide produit le même effet.

DES INSECTES ET DES MALADIES QUI AFFECTENT LES ARBRES FRUITIERS.

Le *kermès* est connu de tous les cultivateurs sous la dénomination de punaise ; on sait combien il est nuisible à la culture du pêcher et de la vigne en espalier. Les insectes vivants, éclos par milliers pendant l'été, sont fixés sur le jeune bois, sur les rameaux surtout, où ils sont presque imperceptibles. A la fin de Mai ils prennent leur développement et se remplissent de plus de 1500 œufs de couleur rousse ; ces œufs éclosent vers la fin de Juin : à cette époque, ces insectes se font remarquer sous une forme aplatie, un peu oblongue, d'un jaune pâle, d'une extrême petitesse ; dans cet état, ils quittent leur mère, qui est mourante, et viennent se fixer sous les feuilles, jusqu'à l'automne ; lors des premiers froids, ils viennent se placer sur les rameaux et sur du bois plus vieux.

On détruit ces insectes en enlevant les feuilles infectées, avant qu'ils ne les aient abandonnées, et en les brûlant à l'écart.

La présence de ces insectes pernicieux est presque toujours dévoilée par les fourmis qui circulent autour d'eux.

Du tigre (acarus) et de ses variétés.

Cet insecte est connu sous trois formes différentes; la première espèce, de couleur grise, est placée longitudinalement sur les branches et fortement adhérente à l'écorce; elle occasionne de très-grands préjudices aux arbres qui en sont infestés, en suçant et desséchant une partie de leur écorce.

Les pêchers, les poiriers et les pommiers surtout, placés sur des terres brûlantes, sont affectés de la seconde espèce, qui, pendant le cours du mois de Juillet, donne naissance à des myriades de petites mouches à ailes rondes, de couleur grise, et comme couvertes de poussière. Ces mouches s'attachent de préférence en dessous des feuilles et en rongent le parenchyme, ce qui les fait dessécher. Par suite de ce butinage, ces feuilles se trouvent enduites d'une liqueur brune, gommeuse et sucrée, semblable à du caramel; pour éviter le dépôt de leurs larves sur les branches, on détruit radicalement ces petites mouches lors de leur apparition, en les asphyxiant par les moyens que nous allons indiquer pour la destruction du puceron vert; et après les avoir précipitées sur le sol, au moyen d'un copieux arrosement, on les couvre de terre.

La troisième espèce de tigre n'est, pour ainsi dire, pas visible à l'œil; ce n'est qu'en grattant l'écorce que l'on y découvre de petites plaques blanches, au milieu desquelles on remarque de petits points d'un carmin assez vif. Ces insectes sont quelquefois tellement multipliés et entassés, qu'il est difficile de les reconnaître séparément. Les huiles les plus communes, employées avant le premier mouvement de la sève, les détruisent radicalement, sans nuire aux arbres.

Du puceron vert et de sa variété de couleur brune.

Ces deux variétés de pucerons sont trop connues pour exiger une description ; on sait également qu'elles sont très-nuisibles à la culture. On les détruit au moyen de la fumée de tabac. Pour cela, il faut couvrir l'arbre avec un morceau de calicot mouillé, pour empêcher la sortie de la fumée qui sera introduite sous la toile, à l'aide du soufflet fumigatoire, connu pour l'usage des serres ; à son défaut, on se sert d'un tout petit fourneau, garni d'une petite quantité de charbon en pleine combustion. Après l'avoir introduit sous la toile, on jette la quantité de tabac nécessaire pour entretenir la fumée trois ou quatre minutes ; après quoi, on retire l'appareil ; puis un arrosement, fait avec la pompe à main, débarrassera les arbres comme par enchantement. Il faut quelquefois répéter cette opération 15 ou 20 jours après.

Il est un autre *hémiptère*, qui a reçu le nom de *puceron lanigère*, sans doute à cause d'une espèce de duvet qui recouvre une partie de son corps. Cet insecte affecte plus particulièrement le pommier, pour lequel il est souvent mortel. Pour le détruire, on recommande des injections faites avec un lait de chaux saturé de lessive ; ou, de faire des fumigations avec diverses substances caustiques et corrosives ; ou, enfin, de profiter de l'absence des feuilles pour flamboyer toutes les parties infestées, soit avec de la paille, soit avec de la corde goudronnée et saupoudrée de fleur de soufre ; d'autres recommandent l'emploi de l'essence de térébenthine.

Composition propre à la destruction du kermès, des tigres et de la larve du puceron vert.

Prenez quatre litres d'eau, ou de lessive, ce qui vaut mieux, dans lesquels on fera dissoudre un demi-kilog. de savon vert ; jetez-y la quantité de chaux vive nécessaire à produire une bouillie claire, semblable à celle dont se servent les badigeonneurs ; ce mélange sera employé immédiatement, par un temps sec, à l'aide d'une brosse ou d'un pinceau, avec lequel on parcourra toutes les parties infectées. Les huiles de poisson et de lin remplissent le même but. Ce travail doit être fait avant les premières traces de la végétation printanière ; autrement l'on courrait risque de fatiguer les yeux des branches.

Ces opérations sont généralement trop négligées, en ce que la mort de l'arbre, occasionnée par les causes qui viennent d'être signalées, n'arrive que graduellement et d'une manière presque insensible.

Moyen de détruire les fourmis.

Parmi les procédés sans nombre qu'on indique pour détruire les fourmis, le suivant nous paraît le plus efficace. On place, à quelque distance du pied de l'arbre infecté, un petit tas de fumier à demi-consumé, légèrement humide, sur lequel on dépose quelques fruits secs, ou, mieux, un morceau de sucre ; puis on recouvre le tout avec un pot à fleurs ; ces insectes ne tardent pas à venir s'amonceler sous le vase ; dès lors il est facile de les détruire, à l'aide d'une poignée de paille, avec laquelle on les flambe.

Maladie de la cloque et moyen d'en préserver les arbres.

Cette maladie affecte l'extrémité des jeunes bourgeons et leurs feuilles naissantes ; on la reconnaît sous l'aspect d'une teinte rouge purpurine. Un seul jour de froid humide suffit pour la faire paraître, et plus le temps froid se continue, plus elle se multiplie ; dès lors cette maladie devient grave et n'attend plus que quelques jours de beau temps pour se faire reconnaître sous cette forme crispée et boursouflée, très-favorable à la propagation des pucerons et autres hémiptères. Ces inconvénients, auxquels il faut encore ajouter celui d'une perte de sève pour les bourgeons utiles, doivent suffire pour faire disparaître cette maladie, aussitôt sa première apparition ; il ne faut pas attendre qu'elle soit sur le point de tomber, comme on le pratique trop souvent. Dans le premier cas, cette opération se fait avec les ongles, au moyen desquels on retranche les jeunes feuilles qui sont atteintes de la cloque ; mais, si on ne vient opérer que lorsque la maladie est accrue et que les feuilles sont devenues grandes, on les fera couler légèrement entre les doigts, pour en extraire les parties affectées et celles que les pucerons font recoquiller : quant aux bourgeons atteints de cette maladie, on en fera l'extraction à la manière du pincement.

Maladie connue sous le nom de grise.

Cette maladie n'est rien moins que la présence d'un insecte, imperceptible à l'œil nu, appelé *tetranychus telarius*, par Linnée.

On le trouve sur les melons et les haricots, sur les rosiers et les dahlias, sur le tilleul et surtout sur le pêcher, sur lesquels il fait quelquefois des ravages considérables, en rongeant le parenchyme de leurs feuilles, et leur fait prendre un aspect poudreux, puis parsemé de petits filaments, semblables à des fils d'araignée, ce qui lui a valu le nom de *grise*. C'est particulièrement pendant les temps de sécheresse que cet insecte se multiplie. Le seul moyen d'en garantir les plantes et les arbres consiste dans les arrosements faits, le soir, à l'aide de la pompe à main, pour en étendre les eaux avec force sur les feuilles déjà atteintes, et sur les autres, pour les en préserver.

Maladie du blanc ou *meunier*.

Cette maladie se fait remarquer sous l'aspect d'une couleur blanche farineuse, adhérente sur les diverses productions de l'année, sur lesquelles elle se trouve précédée par de petits accidents assez semblables aux dartres de la peau, ce qui lui a fait donner le surnom de *lèpre du pêcher*. Tous les moyens de préserver les plantes de cette maladie, ont été infructueux jusqu'à ce jour. On pense que les alternatives de pluie et de chaleur la développent.

Maladie du rouge.

Le rouge est aussi une maladie dont la nature a échappé complétement aux recherches faites jusqu'à ce jour ; cependant on a remarqué que les terres brûlantes et les années sèches donnent plus souvent lieu à cette maladie ; d'où l'on peut conclure qu'elle vient des racines, toutes les fois qu'elles manquent d'humidité, ou que celle-ci y arrive trop précipitamment.

De la gomme.

Cette maladie, qui cause souvent la mort du pêcher, de l'abricotier et des arbres à fruits à noyaux en général, provient d'un engorgement de la sève qui s'extravase par les plaies et s'y coagule. Il faut ravaler de suite la branche qui a la gomme, si l'on veut conserver l'arbre. Si la gomme est au tronc de l'arbre, il n'y a plus de remède, l'arbre périra.

AVIS A CONSULTER.

Nous avons dit, en parlant de la *grêle* (pages 61 et 62), que le meilleur conseil à donner aux cultivateurs, pour se prémunir contre ce terrible fléau, était d'avoir recours aux compagnies d'assurance, parce que, moyennant une faible rétribution, ils sont garantis de la perte irréparable que la grêle leur occasionnerait en détruisant leur récolte sur pied.

Au nombre des compagnies que nous croyons devoir recommander à tous les propriétaires et fermiers, nous plaçons

L'ARC-EN-CIEL,

Société d'assurances mutuelles contre la grêle,

Légalement constituée et autorisée par le gouvernement, en date du 16 Septembre 1845.

Cette assurance est établie à Mulhouse, sous la direction de M. Jean Benner.

Sa circonscription s'étend sur les 23 départements suivants :

Haut-Rhin, Bas-Rhin, Vosges, Meurthe, Moselle, Meuse, Haute-Marne, Haute-Saône, Doubs, Côte-d'Or, Eure, Loir-et-Cher, Loiret, Eure-et-Loir, Yonne, Seine-et-Marne, Seine, Seine-et-Oise, Aube, Marne, Aisne, Oise, Seine-Inférieure.

Des agents principaux sont établis dans chacun des arrondissements de ces 23 départements.

Les frais d'assurance ne peuvent s'élever par année
au-dessus du maximum suivant :

CLASSES.	NATURE DES RÉCOLTES.	MAXIMUM.
1re	Seigle, blé, méteil, orge, avoine, épeautre, maïs, millet et généralement toutes récoltes pendantes par racines	1 1/2 %
2e	Sarrazin, vesces, pois, haricots, vergers, colza, œillettes, prairies artificielles et betteraves pour graines..	5 %
3e	Vignes, houblonnières, plantations de tabac, lin, chanvre, potagers, arbres à fruits, pépinières, cloches et panneaux, bois taillis âgés de moins de quatre ans, et toutes les récoltes pendantes par branches............	4 %

TABLE DES MATIÈRES.

	Pages.
Avant-propos	VII

CHAPITRE Ier.

| Du sol et de la nature diverse des terres | 12 |

CHAPITRE II.

| Des instruments et des machines aratoires | 18 |

CHAPITRE III.

| Des amendements | 26 |

CHAPITRE IV.

| Des engrais | 34 |
| Des composts | 45 |

CHAPITRE V.

Des façons à donner au sol	47
De la profondeur des labours	49
Du nombre de labours	49
Époque favorable aux divers labours	50
Des diverses modes de labours	51
De la direction et des diverses espèces de labours	52

CHAPITRE VI.

Des agents de la végétation. De l'air	55
De l'eau	57
De la chaleur	59
De la grêle	61
De la lumière	62

CHAPITRE VII.

Pages.

Des ensemencements et plantations 64
   Choix des semences 65
   Époque des semailles. 66
   Profondeur des semences 68
   Quantités de semences à employer. 69
   Des procédés de sémination. 70
   Préparation du terrain 72
   Choix du plant. 75
   Plantation 78

CHAPITRE VIII.

Des façons d'entretien des terres 76
   Du hersage. 78
   Du binage 79
   Du sarclage. 84
   Du butage 87

CHAPITRE IX.

Des assolements. Principes généraux 90
   Influence de la nature du sol 94
   Influence du climat 96
   Assolements en usage. 98

CHAPITRE X.

Des récoltes. Précautions générales 103
   Récoltes des fourrages 104
   De la fenaison 105
   Des moissons 113

CHAPITRE XI.

De la conservation des récoltes 118
   Du transport 119
   Des meules et gerbiers 121
   Des fenils et granges 123
   Emmagasinage des fourrages, greniers et silos . . 124

Pages.

De la conservation des racines 127
Du battage et du nettoyage des grains. 130

CHAPITRE XII.

DES CÉRÉALES. Des diverses espèces de froment 133
Du seigle 144
De l'orge 146
De l'avoine 148
Du sarrasin. 149
Du maïs. 150
Du millet et du sorgho 152
Du riz 153
Du pâturin flottant 153
Pralinage du blé 154

CHAPITRE XIII.

DES LÉGUMES A SEMENCES FARINEUSES ET DES RACINES
    NUTRITIVES 155
Les fèves, haricots, pois, lentilles . . . . . 155 à 160
La pomme de terre 161
Raves, navets, turneps, rutabagas 167
Carottes, panais, topinambours . . . . 170 à 174

CHAPITRE XIV.

DE LA CULTURE MARAICHÈRE ET DU JARDIN POTAGER . . 174
Ail, artichaut, asperges . . . . 176 à 178
Cardon, céleri, céleri-rave, cerfeuil . . . . 179 et 180
Chicorée frisée. 181
Chou, chou-rave, chou-navet, chou-fleur . . . 182 à 184
Concombre, cornichons, cresson, échalotes . . . 185
Epinards, laitue pommée 186
Melon 187
Oignon, oseille, persil, poireaux . . . . . 189 à 191
Radis, salsifis, scorsonères, tomates, fraisiers. . 192

CHAPITRE XV.

DES PLANTES FOURRAGÈRES 194

Pages
Des pâturages et des prairies 195
De l'irrigation 201
Le lupin, l'antyllide, les trèfles 209
Le mélilot, la luzerne 211
La gesse, les vesces 212
Le sainfoin, l'ajonc 213

CHAPITRE XVI.

Des plantes oléagineuses, etc. Le colza 214
La navette, la cameline, le pavot . . . . . 217 à 219
Le soleil, sésame, madia 220
Le lin, le chanvre. . . . . 224 à 225
La betterave, la chicorée . . . . 226 à 230
Le tabac. 230
La patate 234

CHAPITRE XVII.

De la culture du houblon 235
De la garance 245
De la gaude. 247
Du pastel 248
De l'indigotier 251
Du sumac 252

CHAPITRE XVIII.

De la viticulture 253
Nomenclature des raisins 263
Conduite de la vigne dans les jardins. 271

CHAPITRE XIX.

Arboriculture 275
De la pépinière 278
De la greffe 281
De l'arrachage et de la plantation 296

CHAPITRE XX.

De la taille des arbres fruitiers 298

Pages.

Du pincement 316
De l'ébourgeonnage 318
Du palissage et de l'effeuillage 319

CHAPITRE XXI.

DES PRINCIPALES ESPÈCES D'ARBRES FRUITIERS. Abrico-
    tier, amandier, cerisier 320
Châtaignier, cognassier 321
Figuier, Framboisier 322
Groseiller 323
Mûrier noir, néflier, noisetier 324
Pêcher 325
Poirier 326
Pommier 327
Prunier 328
Noyer 329
L'olivier 331
Mûrier blanc 332

CHAPITRE XXII.

DES ANIMAUX DOMESTIQUES 342
Hygiène. 344
De la nutrition. 345
De la multiplication des animaux domestiques . . . 350
De l'élève du bétail 355

CHAPITRE XXIII.

DE LA RACE CHEVALINE 357
De l'âne 371
Du mulet 372

CHAPITRE XXIV.

DES RACES BOVINES. Du bœuf de travail 374
Des races laitières et d'engraissement 377

CHAPITRE XXV.

DES MOUTONS 392

Pages.

De la chèvre 404
Du porc. 404
Du lapin 411

CHAPITRE XXVI.

DES OISEAUX DE BASSE-COUR 412
De la poule. 413
Du dindon 421
De la pintade 422
Du paon , du faisan , de l'oie 423
Du canard 425
Du pigeon 427
Des animaux nuisibles 427
Des insectes nuisibles. 428
Des insectes et des maladies qui affectent les arbres
   fruitiers 431
AVIS A CONSULTER 437

MULHOUSE. — IMPR. DE P. BARET.